国家科学技术学术著作出版基金资助出版

卫星机动轨道确定

Orbit Determination for Maneuvering Satellite

李恒年 著

国防工业出版社

·北京·

图书在版编目(CIP)数据

卫星机动轨道确定／李恒年著.—北京:国防工业出版社,2013.6

ISBN 978-7-118-08642-3

Ⅰ.①卫... Ⅱ.①李... Ⅲ.①机动卫星-卫星轨道 Ⅳ.①V412.4

中国版本图书馆 CIP 数据核字(2013)第 087130 号

※

国防工業出版社出版发行

(北京市海淀区紫竹院南路 23 号 邮政编码 100048)

北京嘉恒彩色印刷责任有限公司

新华书店经售

*

开本 710×1000 1/16 **印张** 13½ **字数** 240 千字

2013 年 6 月第 1 版第 1 次印刷 **印数** 1—4000 册 **定价** 56.00 元

国防书店:(010)88540777 发行邮购:(010)88540776

发行传真:(010)88540755 发行业务:(010)88540717

此书同时获得

总装备部国防科技图书出版基金资助

致　读　者

本书由国防科技图书出版基金资助出版。

国防科技图书出版工作是国防科技事业的一个重要方面。优秀的国防科技图书既是国防科技成果的一部分,又是国防科技水平的重要标志。为了促进国防科技和武器装备建设事业的发展,加强社会主义物质文明和精神文明建设,培养优秀科技人才,确保国防科技优秀图书的出版,原国防科工委于1988年初决定每年拨出专款,设立国防科技图书出版基金,成立评审委员会,扶持、审定出版国防科技优秀图书。

国防科技图书出版基金资助的对象是:

1. 在国防科学技术领域中,学术水平高,内容有创见,在学科上居领先地位的基础科学理论图书;在工程技术理论方面有突破的应用科学专著。

2. 学术思想新颖,内容具体、实用,对国防科技和武器装备发展具有较大推动作用的专著;密切结合国防现代化和武器装备现代化需要的高新技术内容的专著。

3. 有重要发展前景和有重大开拓使用价值,密切结合国防现代化和武器装备现代化需要的新工艺、新材料内容的专著。

4. 填补目前我国科技领域空白并具有军事应用前景的薄弱学科和边缘学科的科技图书。

国防科技图书出版基金评审委员会在总装备部的领导下开展工作,负责掌握出版基金的使用方向,评审受理的图书选题,决定资助的图书选题和资助金额,以及决定中断或取消资助等。经评审给予资助的图书,由总装备部国防工业出版社列选出版。

国防科技事业已经取得了举世瞩目的成就。国防科技图书承担着记载和弘扬这些成就,积累和传播科技知识的使命。在改革开放的新形势下,原国防科工委率先设立出版基金,扶持出版科技图书,这是一项具有深远意义的创举。此举势必促使国防科技图书的出版随着国防科技事业的发展更加兴旺。

设立出版基金是一件新生事物，是对出版工作的一项改革。因而，评审工作需要不断地摸索、认真地总结和及时地改进，这样，才能使有限的基金发挥出巨大的效能。评审工作更需要国防科技和武器装备建设战线广大科技工作者、专家、教授，以及社会各界朋友的热情支持。

让我们携起手来，为祖国昌盛、科技腾飞、出版繁荣而共同奋斗！

国防科技图书出版基金
评审委员会

国防科技图书出版基金
第六届评审委员会组成人员

序

卫星机动轨道确定是指利用观测信息估计受控卫星运动参数，进而准确定位和精确预测卫星受控运动状态，达到制导、控制和导航的目的，是近年来卫星动力学与控制领域研究的一个热点。

卫星机动轨道确定与卫星非机动精密轨道确定问题不同，卫星非机动轨道精密确定问题，除卫星宏表面力等与卫星本体结构有关的受力模型存在误差外，系统动力学模型为相对精确的确定性模型。而对卫星机动轨道确定问题，因为系统动力学模型的不确定性，在系统模型的建立中就遇到无法统一建模的问题，而且推力加速度的量级远远高于其他摄动加速度的误差量级，观测信息主要反映卫星机动过程中的动力学模型误差，因此，卫星机动轨道确定问题研究方法与传统卫星精密轨道确定问题研究方法有不同之处。

卫星机动轨道确定本质上是机动目标跟踪问题，关于机动目标跟踪的模型、算法以及相应结论，对解决卫星机动轨道确定问题提供了很好的基础和参考，但是，卫星机动有其特殊的运动规律，作为一般性的解决方案，是卫星机动轨道确定的适用理论和算法，不能成为有效的解决方案。

本书重点讨论受控卫星机动轨道确定问题，以及相关动力学模型、参数估计、状态滤波相关理论、算法和应用问题。针对机动卫星运动的特点，讨论了卫星机动轨道确定算法及相关理论基础。讨论的问题具有明确的工程背景，直接来源于工程需求，方法和算法均直接应用于实际工程，通过构建、分析、应用或仿真过程检验等步骤，具有较强的参考和应用价值，展现了许多成效显著的创新成果，具有创新性和新颖性，对卫星跟踪、测量、导航等学科研究和发展具有一定的学术价值。

2011 年 9 月于北京

前　言

卫星精密轨道确定是一门古老而经典的学科，是航天测量与控制领域的核心学科，这里积淀着一代代专家学者的辛勤劳动和辉煌成果，本书仅是为这颗参天大树增添一片绿叶。

早在10年前，我的领导和同事希望我把工作期间为工程任务撰写的一些计算方案和算法整理成稿，一则可以追溯相关软件的算法来源；二则作为知识载体以便在此基础上再创新和再发展。因此，本书的初稿已经在西安卫星测控中心流传10年，期间也有动过集册成书的念头，但总觉得欠点成熟度。直到2011年9月，李济生院士看过初稿后，力荐我修改成书，并推荐申请国家相关科技出版基金，同年获得国家科学技术学术著作出版基金和国防科技图书出版基金资助出版。

卫星机动轨道确定仅仅是卫星轨道确定领域研究的一个小分支，主要针对受控制卫星的轨道跟踪和确定问题，讨论相关动力学模型、参数估计与优化、非线性状态滤波等相关理论及应用技术和方法。由于编写初稿时的动机原因，因此，本书可能难免过于工程化，讨论的问题具有明确的工程背景，约束和条件来源于工程需求，采用的叙述方式适应工程应用软件编码等特点，部分内容可能只适应工程应用需求的技巧和方法。

全书共8章，第1章概述；第2章卫星运动与时空系统，简要介绍与本书讨论问题精度相匹配的时间和空间系统；第3章卫星轨道确定基础，直接从工程师角度讨论基于微分修正和最小二乘等方法的非线性动力学估计问题；第4章动力学系统估计理论与方法，直接从应用基础的角度叙述算法的构建和展开过程，以及适应卫星动力学系统的估计方法；第5章卫星轨道机动运动动力学模型，介绍动力学模型和相关变分运动模型及计算方法；第6章初始轨道确定，介绍几种初始轨道确定原理和方法；第7章卫星机动轨道跟踪与机动检测，介绍推进器工作参数的实时监测和机动轨道跟踪技术和方法；第8章动力学补偿机动轨道确定，介绍机动推力估计和动力学模型补偿技术和方法。

希望本书能为科研院所相关专业研究生和科研人员提供一点参考，也能为信号处理等专业研究生和高年级学生提供工程应用案例，同时希望能够为卫星跟踪、测量、导航学科研究和发展提供一点学术价值。

本书撰写过程中，总装备部科技委李济生院士、西安测绘研究所魏子卿院士和西安交通大学韩崇昭教授给予我许多具体指导建议，同时得益于本人所在单位领导的大力支持，亲人的默默奉献以及同事的无私帮助，特别是研究团队的钱山和孙守明两位博士；并得到国家科学技术学术著作出版基金和国防科技图书出版基金、总装备部创新团队基金和西安卫星测控中心宇航动力学国家重点实验室开放基金的资助，在此一并表示感谢。

由于本书涉及较多的数学模型及算法，且引入符号较多，虽然在成书过程中，对每个公式进行了逐一推导，并进行了相应的数值计算，仍难免有疏漏，恳请读者批评指正。

李恒年

2012 年 10 月于西安

目　录

Contents

第1章 概 述

1.1 卫星机动轨道确定

轨道机动控制在当今空间探测中已经非常常见,轨道半长轴控制量从几千米到上万千米不等,轨道机动时间从数分钟到数天不等,涉及导航卫星定轨、载人航天控制、反导/反卫、空间目标跟踪等多个航天领域,具有很强的军事应用价值。应用背景主要体现在以下三个方面:一是空间攻防领域,空间攻防体现在时间域上主要是快速性,俗话说"攻其不备"或"动如脱兔",体现在空间指挥和决策中的实时性要求;在空间域上主要是轨道的大范围转移机动,体现卫星机动轨道进行跟踪和精确确定必要性和实时性要求,通俗地说就是攻击方和防御方卫星在受控状态下的可能运动,因此,对卫星机动轨道进行跟踪和精确确定是空间攻防领域卫星动力学与控制中一个核心关键。二是星际探索,时空浩瀚路漫漫,利用时空"虫洞"进行星际探索还是未来的幻想,现阶段可行的方案仍然是利用卫星燃料通过时间积累速度增量,实现星际探索飞行,其中微小电推进技术是可行的方案之一,体现在轨道跟踪上的一个核心技术就是卫星机动轨道进行跟踪和精确确定技术。三是导航星座轨道确定,导航星座要求无缝地确定精密轨道星历,卫星机动过程轨道确定技术是实现无缝精密轨道确定的前提。

卫星机动轨道确定是卫星轨道研究领域的一个分支,主要针对受控卫星的轨道跟踪和确定问题,讨论相关动力学模型、参数估计与优化、非线性状态滤波等相关理论及应用技术和方法。具体而言,就是利用观测信息估计受控卫星运动参数,准确定位和精确预测卫星受控运动状态,达到制导、控制和导航的目的,是近年来卫星动力学与控制领域研究的一个热点,是卫星精密轨道确定和机动目标跟踪相结合的交叉研究方向。

1.2 卫星精密轨道确定

关于卫星精密轨道确定,Tapley[1]指出:卫星轨道确定是指获取在制定坐标系下卫星相对引力中心的运动参数,是始于人类文明起天文学和数学家对自然天体运动规律持续关注研究的结果在人造卫星上推广,这一问题吸引了最为伟大的思想,并发展了指导今天仍然沿用的基础数学和方法。刘林[2-4]指出:精密轨道确定对应符合问题精度的受摄力学模型,根据大量观测资料同时确定与运动状态以及有关几何和物理等参数的轨道确定过程,由于扩展了传统意义下单纯的轨道改进过程,现称为精密轨道确定。在卫星精密轨道确定中应用最为成熟和广泛的基础数学和方法是基于高斯最小二乘原理的微分改进最小二乘法[5-12]。卡尔曼滤波思想在20世纪60年代创立以来,在卫星精密轨道确定研究和应用领域也获得了足够的关注度[13-23],杨元喜[22]指出:应用扩展卡罗曼滤波算法(EKF)精密定轨,必须首先构造可靠的卫星运动函数模型和可靠的观测随机模型以及选择合理的估计方法,贾沛璋[21]总结了卡罗曼滤波定轨算法的研究进展。无味卡罗曼滤波(UKF)[24-26]是近些年发展起来的一种非线性系统估计方法,它以卡罗曼滤波为框架,以无味变换(UT)为关键技术,潘泉[27]指出:UKF是一类利用离散采样策略逼近非线性分布的方法,避免了非线性函数的雅可比求导过程,对非线性分布统计量的逼近精度至少达到2阶,扩展了可处理噪声类型,在动力学系统状态维数较低的情况下,计算量与EKF基本相当,但性能优于EKF。以此为基础的卫星精密轨道确定算法已经在不同的背景下得到应用[28-35]。就特定的观测资料如何提高卫星轨道确定精度,是航天领域动力学与控制研究的课题之一。

卫星机动轨道确定与卫星非机动精密轨道确定问题不同,卫星非机动轨道精密确定问题,除卫星宏表面力等与卫星本体结构有关的受力模型存在误差外,系统动力学模型为相对精确的确定性模型。而对卫星机动轨道确定问题,因为系统动力学模型的不确定性,在系统模型的建立中就遇到无法统一建模的问题,而且推力加速度的量级远远高于其他摄动加速度的误差量级,观测信息主要反映卫星机动过程中的动力学模型误差,因此,卫星机动轨道确定问题研究方法与传统卫星精密轨道确定问题研究方法有相同和不同之处。相同之处在于具有共同的理论基础,不同之处在于补偿动力学模型的建立方法,体现问题需求切入点和应用理论基础的方法和处理技巧。

1.3 机动目标跟踪

机动目标跟踪作为目标跟踪的重要研究分支,在空中交通管制、地面侦察监视、寻的制导等军用、民用领域内有着广泛的应用,由于测量与状态的非直接对应关系,机动目标跟踪是一个混合估计问题,机动目标跟踪就是解决目标在非预期改变原有运动规律情况下的稳定精确跟踪问题。

难以对目标运动全过程进行统一建模,或所建目标模型与目标实际运动规律存在偏差或不匹配,由此引起跟踪滤波产生如“狗追兔子”般的状态滞后、滤波发散、精度降低等是机动目标跟踪的基本问题,核心问题是围绕机动目标的运动不确定性:一是尝试建立统一的动力学模型来尽量刻画机动目标的运动规律,如周宏仁[36,37]提出的当前统计动力学模型,L. X. Rong[38]总结了机动目标跟踪中的动力学建模研究情况;二是发展基于行为决策与状态估计的单模方法[39]、多模方法[40]和交互多模方法 IMM[41-45]。总之,针对机动目标跟踪问题,许多科学家和工程人员作了大量的研究,形成了丰富的研究成果,丁春山[46]总结和评述了机动目标跟踪的典型算法,指出:“机动目标跟踪典型算法由基于极大似然估计思想的单模型算法发展到基于贝叶斯估计的多模型算法,由固定结构的多模型算法发展到变结构的交互式多模型算法,研究成果已被借鉴解决其他问题”。

卫星机动轨道跟踪问题也面对机动目标跟踪同样的问题,机动目标跟踪的研究成果已可借鉴解决卫星机动轨道跟踪问题。卫星机动轨道跟踪与通常意义下的机动目标跟踪重点讨论海陆空等机动目标的跟踪与定位相比,具有如下三个特点:一是卫星轨道运动是引力主导的惯性运动,除轨道机动力外的其他动力学模型精度较高;二是相比引力项,机动推力加速度量级较小,且在合适的时间和恰当的精度内,可以选用适当的模型来定义;三是轨道运动更关注轨道能量的度量,对卫星运动来说,运动状态的微小变化可能引起轨道能量的较大差别,因此,卫星机动轨道确定对运动状态的估计精度要求更高,动力学模型的建模与补偿是本书重点关注的问题。

国内外学者针对这些需求,从不同角度研究过卫星机动轨道跟踪和精确确定方面的理论和技术。如空间防御中,M. E. Hough[47-50]针对非合作空间机动目标,就机动目标的跟踪和定位问题(包括火箭发射段和空间目标再入段)作过研究。S. Hepner[51-52]提出针对机动目标的跟踪和定位问题的自适应滤波算法,并讨论了无源跟踪时系统的能观性,但简化的动力学模型,使得滤波算法的精度和稳定性下降。Hua Su[53]引入二次多项式度量推力加速度矢量,研究了北斗 GEO 轨道机动过程中的导航星历连续拟合问题,存在的问题是引入的状态变量维数越高,系统的收敛性会降低[54-61]。国内卫星机动轨道跟踪与确定问题的研究起步较晚,主要原因是:直到 1996 年我国“东方红”3 号系列卫星采用液体常推进系统进行地球同步轨道转移控制,才有了直接的工程需求。

国内学者在卫星机动定轨方面也开展了颇有特色的工作,宋小勇等人[62]在解决受随机姿控力下的 GEO 卫星机动轨道确定中,采用一阶马尔科夫过程对机动期间姿控力进行动力学建模,并推导了基于该模型的轨道确定方法;黄勇、胡小工等人[63]在研究 GEO 卫星变轨期间的轨道确定问题时,提出了利用变轨期间推进系统遥测参数建立变轨推力模型,并将推力模型增加到动力学定轨模型中进行长弧段拟合估计推力参数的轨道确定方法;华爱辉、杨旭海等人[64]提出了利用精密跟踪测距信息监测 GEO 卫星轨道机动时间发生时刻的初步算法;并在此基础上,杨旭海、李志刚[65]提出了利用精密跟踪测距信息快速确定 GEO 卫星机动轨道的方法;宋小勇[66]通过几种机动力建模方法的比较和分析,指出本书作者[67-73]以卫星姿控发动机秒耗量及喷气速度作为轨道机动期间待估的动力学参数,构建轨道机动期间的轨控力模型,并用卡尔曼滤波进行参数估计,仿真分析表明,该方法具有较高精度且收敛速度较快。

1.4 本书的主要内容和结构

卫星轨道确定问题的主要研究工作,李济生[5]指出:“一是数学方法研究,诸如定轨所使用的统计学模型;二是尽量完善的动力学模型;三是测轨数据系统误差修正和预处理;四是定轨误差分析和抗差方法。”

刘林[3]指出:“由于各种原因,卫星在轨运行阶段会有“机动力”出现,在过去的定轨中,一般总是弃用这一过程的观测资料,只要在定轨(或预报)中,原则上只要获得喷气的方向和大小,或相应的参数(喷气的方向和大小)作为待估参数加以修正,可以用于连续轨道确定,但具体效果如何,还有待研究和试验。”

本书围绕轨道确定的数学方法,就非线性动力学参数估计问题讨论了最小二乘、加权最小二乘和顺序最小二乘状态估计算法,给出非线性动力学系统状态估计修正量满足的近似线性条件方程,系统状态转移满足的变分方程以及变分方程的数值解法,讨论了条件方程的解法以及最小二乘解的统计特征,以具体实例给出非线性动力学系统最小二乘状态估计算法的构造方法和过程,讨论了动力学系统估计理论和方法,给出针对非线性系统的顺序递推卡尔曼滤波算法、扩展卡尔曼滤波算法和无味卡尔曼滤波算法,以具体实例给出非线性动力学系统卡尔曼滤波算法的构造方法和过程。介绍了轨道确定初值确定的几种方法,给出不同测量体制下的融合滤波过程,以及考虑摄动情况下的基于拉普拉斯方程的轨道确定方法。

围绕“机动力”出现的问题,尝试研究和试验“机动力”作为待估参数加以修正连续轨道确定的理论和方法,给出和引入了几种轨道机动控制力模型,介绍了控制力模型的建立方法、计算模型和偏导数计算方法。介绍了两种机动轨道跟踪和机动检测方法,从快速检测轨道控制发动机工作参数的角度,给出基于发动机工作参数辨识的机动轨道跟踪与机动检测技术和方法;从辨识轨道机动推力加速度的角度,介绍基于发动机推力加速度辨识的机动轨道跟踪与机动检测技术和方法。给出了两种轨道动力学模型补偿机动轨道确定方法,分别以马尔科夫动力学过程为例,给出了基于马尔科夫过程的动力学模型补偿机动轨道确定方法,以推力加速度动力学模型为例,介绍基于推力加速度动力学模型补偿机动轨道确定方法,以速度增量和连续推力 $\alpha-\beta$ 模型为基础的动力学模型补偿机动轨道确定方法。

第 2 章　卫星运动与时空系统

2.1　地球运动

描述绕地卫星相对地球的精确运动规律,必须了解地球相对惯性空间的运动轨道,以及与地球运动密切相关的时间系统,本章介绍地球相对惯性空间的运动规律,以及与地球公转和自转运动密切相关的时间系统,是航天测量与控制的基础知识。地球相对惯性空间运动的概貌如下:地球绕自转轴自转,大约一天自转一周,自转轴在惯性空间的指向表现为进动和章动运动,且相对地球本体表现为极移运动。同时,地球绕太阳公转,公转周期略大于一年,公转轨道平面与地球赤道平面不重合,两个平面的交线在惯性空间的指向几乎保持不变,两个平面的夹角约为 23.44°。因此,精确度量地球在惯性空间的运动,实际上非常复杂,是天文学天体力学和测地学研究的重点,本节仅就度量卫星运动的精度出发,引用天文学天体力学和测地学相关内容,揭示和量化概貌描述中的“大约”、“几乎”等不确定因素。

2.1.1　地球自旋轴极移运动

地球实际自旋轴并不总是与地球地理平北极保持一致,天文学称地球实际自旋轴为极轴。由于太阳、月球等三体引力及其他复杂因素对地球自转运动的摄动影响,造成了极轴偏离地理平北极的运动,即极移运动。极移运动主要表现为周期为 14 个月的钱德勒摆动和大气活动引起的周年摆动,呈螺旋线运动规律,幅度不超过 0.5″。国际地球自转服务协会(IERS)负责观测和预报地球极移运动参数,向国际社会提供服务公报,下面以地球自转服务公报 C(Bulletin C)为例介绍该组织发布的极移数据:

```
                    INTERNATIONAL EARTH ROTATION SERVICE
                         EARTH ROTATION PARAMETERS
                              EOP (IERS) C 04
        FORMAT(2X,I4,2X,A4,I3,2X,I5,2F9.6,F10.7,2X,F10.7,2X,2F9.6)
* * * * * * * * * * * * * * * * * * * * * * * * * * * * * * * * * * * * * * * * * * * *
Date     MJD      x        y        UT1 - UTC       LOD       dPsi     dEpsilon
                  "        "        s               s         "        "
   (0h UTC)
YEAR = = > 1962
```

1962	JAN	1	37665	−0.012700	0.213000	0.0326338	0.0017230	0.065037	0.000436
1962	JAN	2	37666	−0.015900	0.214100	0.0320547	0.0016690	0.065045	0.000300
1962	JAN	3	37667	−0.019000	0.215200	0.0315526	0.0015820	0.065217	0.000174
1962	JAN	4	37668	−0.021999	0.216301	0.0311435	0.0014960	0.065526	0.000085
1962	JAN	5	37669	−0.024799	0.217301	0.0308154	0.0014160	0.065912	0.000054
1962	JAN	6	37670	−0.027599	0.218301	0.0305353	0.0013820	0.066302	0.000088
⋮				⋮			⋮		⋮

其中:公报 C 有效行前 9 行为注释行,第 4 行为有效数字 FORTRAN 读写文件格式说明,第 6 行为数据字段说明行,分别是时间年—月—日(UTC 0 时),该日相对儒略日,x 方向和 y 方向极移值,世界时与协调世界时的差,平太阳日误差,地球章动运动短周期项——赤经章动差,赤纬章动差。图 2.1 为地球自旋轴 2000 年—2007 年极移运动轨迹,由图中看出地球自旋轴不是总与地球地理北极重合,在 2000 年—2007 年内,与地球地理北极最大球面距离约为 0.6 角秒,约 2.91×10^{-6}rad,在地面上距离大约 18.5m。尽管相对地球半径而言极移运动是小量,但在精确度量卫星轨道运动相对地面的运动时,却不能忽略。

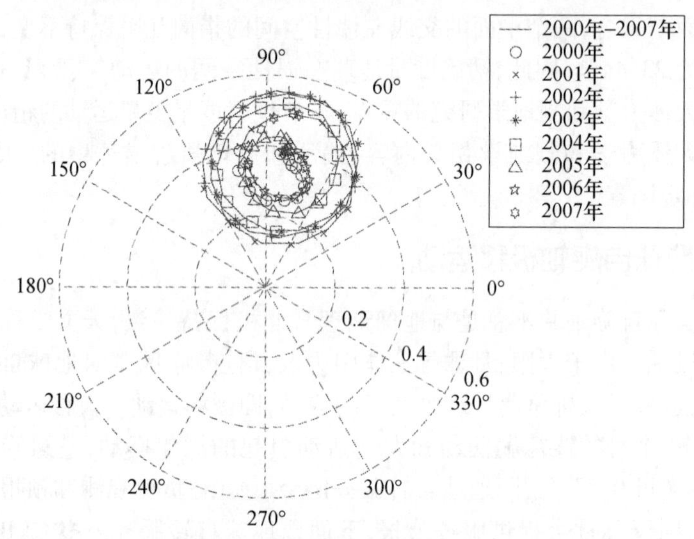

图 2.1　地球自旋轴极移运动

(从地球地理北极看,单位秒弧度 = 1/3600rad,

极移相位角由历元春分点度量)

2.1.2　地球自旋轴进动运动

地球作为在惯性空间绕极轴旋转的自旋体,由于太阳和月球引力梯度力矩等环境力矩的存在,使自旋轴表现出一定的进动和章动运动。进动运动使得春分点不断向西移动,进动周期约为 26000 年,即黄道面和赤道面交线每 26000 年在天球上自西向东旋转 1 周。尽管每年春分点向西移动约 0.014°,但在春分点为主方向的坐标系中精确度量绕地卫星运动状态时,地球自转轴的进动运动却不能忽略(见 2.2 节与 2.3 节),如图 2.2 所示,地球自旋轴进动运动引起当年春分点向西移动,每 50 年约 0.65°。

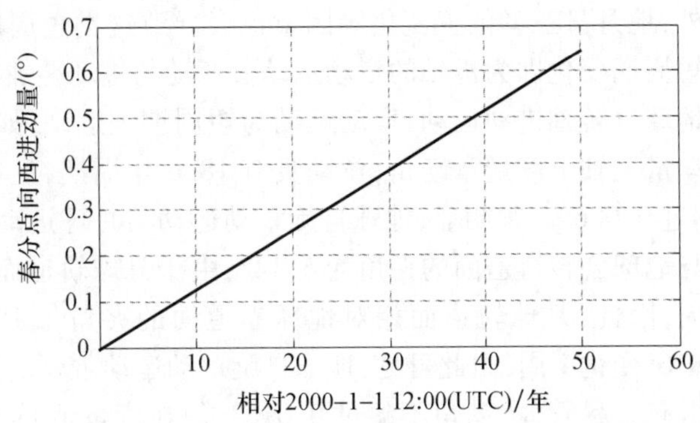

图 2.2　相对 2000 年 1 月 1 日春分点向西进动量

以固定历元 J2000.0(2000 年 1 月 1 日 12 时 UTC)时刻的平春分点和平赤道面作为主方向和基本平面,定义 J2000.0 地心惯性系,度量卫星在惯性空间中的运动参数。J2000.0 历元时刻与当前历元时刻平春分点和平赤道之间的关系如图 2.3 所示,欧拉角 ζ、ϑ、ξ 与历元时刻 T 的关系如下:

$$\begin{cases} \zeta = 2306''.2181 \cdot T + 0''.30188 \cdot T^2 + 0''.017998 \cdot T^3 \\ \vartheta = 2004''.3109 \cdot T - 0''.42665 \cdot T^2 - 0''.041833 \cdot T^3 \\ \xi = 2306''.2181 \cdot T + 1''.09468 \cdot T^2 + 0''.018203 \cdot T^3 \end{cases} \tag{2.1}$$

式中:T 为历元时刻历书时相对 J2000.0 的儒略世纪数,其表达式为

$$T = \frac{\mathrm{Jd}(T) - 2451545.0}{36525.0}$$

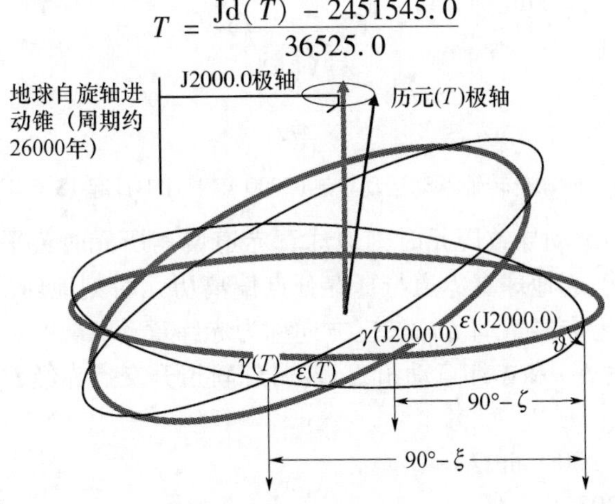

图 2.3　地球极轴进动引起平春分点指向变化

2.1.3 地球自旋轴章动运动

由于地球赤道附近隆起，地球质量分布不均匀，月球等其他三体引力导致地球自转角动量轴与地球自转轴不重合，使得地球自转轴指向产生幅度较小的短周期变化。此外，地月日三者位置变化等因素也会导致这类短周期变化。极轴的这种小幅度短周期变化即为极轴的章动运动。章动与进动叠加构成极轴的实际运动。相对地球自转轴进动运动，章动运动为短周期项运动，如图 2.4 所示。从地球自转角动量主轴上度量章动角，章动具有 18.6 年周期，且具有半月周期项，章动角不超过 0.006°。很明显，地球自旋章动运动与月球运动密切相关，月球公转轨道面与地球公转轨道面的夹角为 5.14°，由于月球轨道面每 18.6 年沿黄道面进动 1 周，因此，月球轨道面相对地球赤道面的夹角每 18.6 年由最小 18.3°到最大 28.6°变化 1 周，由此可见，地球自旋章动运动主要由月球引力对地球的梯度力矩引起。尽管，章动角不超过 0.006°，但在度量地心坐标系在惯性空间的精确指向时却不容忽视。

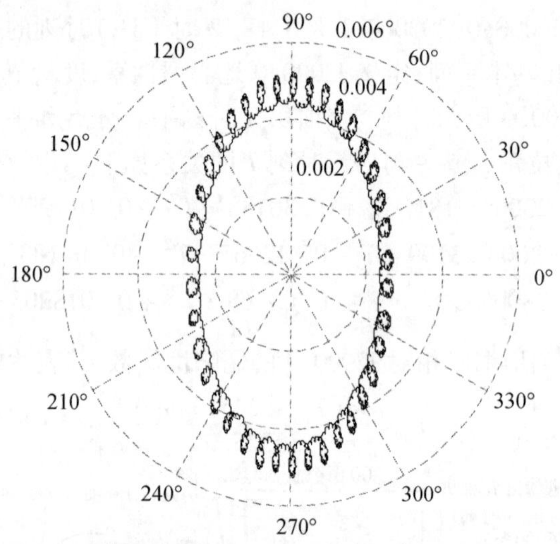

图 2.4 地球自转轴章动运动轨迹(2000 年 1 月 1 日起 18.6 年周期)

极轴的章动运动导致历元时刻地球真赤道偏离历元时刻平赤道，如图 2.5 所示，章动运动引起地球真赤道与真春分点偏离历元时刻地球平赤道与平春分点，经度方向称为赤经章动 $\Delta\psi$，纬度方向称为赤纬章动 $\Delta\varepsilon$。

赤经章动角 $\Delta\psi$ 和赤纬章动角 $\Delta\varepsilon$ 与月球轨道升交点赤经 Ω_L 之间的简化计算公式如下：

$$\Delta\psi \approx -17''.200 \cdot \sin\Omega_L$$

$$\Delta\varepsilon = +9''.203 \cdot \cos\Omega_L$$

$$\Omega_L = 125^\circ.044522 - 1934^\circ.136261 \cdot T + 0^\circ.116793 \cdot T^2 + 2^\circ.2 \times 10^{-6} \cdot T^3$$

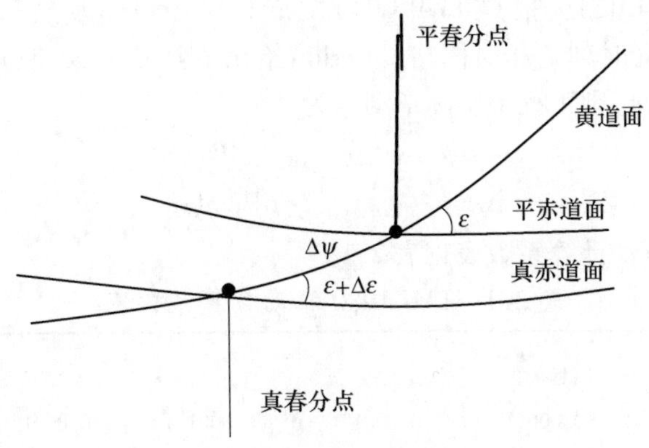

图 2.5　章动运动引起赤道面和春分点变化

（ε 为历元时刻平黄赤夹角）

式中：T 为历元时刻历书时相对 J2000.0 的儒略世纪数。

由简化计算公式可知：地球极轴章动锥半角约为 $\sqrt{\Delta\psi^2+\Delta\varepsilon^2}=0.0054187°$，章动周期等于月球轨道（白道）升交点赤经进动周期，约为 $\frac{360.0}{1934.136261}\times 100=18.61296$（年）。

工程上，一般采用 IAU 章动级数解计算章动角，由 Kinoshita（1977）和 Wahr（1981）给出的赤经章动和赤纬章动级数解表达式为

$$\Delta\psi = \sum_{i=1}^{106}(\Delta\psi)_i \cdot \sin\phi_i \tag{2.2}$$

$$\Delta\varepsilon = \sum_{i=1}^{106}(\Delta\varepsilon)_i \cdot \cos\phi_i \tag{2.3}$$

级数周期项与日月轨道有关，且存在如下关系：

$$\phi_i = p_l^i \cdot l + p_{l'}^i \cdot l' + p_F^i \cdot F + p_D^i \cdot D + p_\Omega^i \cdot \Omega$$

$$(\Delta\psi)_i = (\Delta\psi)_0^i + (\Delta\psi)_1^i \cdot T$$

$$(\Delta\varepsilon)_i = (\Delta\varepsilon)_0^i + (\Delta\varepsilon)_1^i \cdot T$$

式中：章动级数解系数见表 2.1；l 为月球轨道平近点角；l' 为黄道平近点角；F 为月球轨道升交点辐角；D 为太阳和月球平赤经差；Ω 为月球轨道升交点赤经。

根据 IAU 1980 章动理论，与历元时刻 T 的关系如下：

$$l=134.962982°+477198.8674°\cdot T+0.516753°\cdot T^2+0.0000178°\cdot T^3$$

$$l'=357.527723°+35999.05034°\cdot T-0.00016028°\cdot T^2-3°.333333\times 10^{-6}\cdot T^3$$

$$F=93.27191028°+483202.017538°\cdot T-0.0036825°\cdot T^2+3°.055556\times 10^{-6}\cdot T^3$$

$$D=297.850363°+445267.11148°\cdot T-0.001914°\cdot T^2+5°.277778\times 10^{-6}\cdot T^3$$

$$\Omega=125°.044522-1934°.136261\cdot T+0°.116793\cdot T^2+2.2°\times 10^{-6}\cdot T^3$$

在工程计算中，还需考虑 IAU 理论章动角和实际观测值之间的误差，地球

自转服务协会(IERS)公报 C(EOP C04)发布 IAU 1980 章动角和实际章动角之间的误差,按历元时刻 T 相对儒略日(mJd)给出赤经章动误差(dPsi)和赤纬章动误差(dEpsilon),则工程中实际章动角为

$$\Delta\psi = (\Delta\psi)_{\mathrm{IAU}} + \mathrm{dPsi} \tag{2.4}$$

$$\Delta\varepsilon = (\Delta\varepsilon)_{\mathrm{IAU}} + \mathrm{dEpsilon} \tag{2.5}$$

IAU 1980 章动计算系数表见表 2.1。

表 2.1 IAU 1980 章动计算系数表

p_l^i	$p_{l'}^i$	p_F^i	p_D^i	p_Ω^i	$(\Delta\psi)_0^i$ (0.0001″)	$(\Delta\psi)_1^i$ (0.0001″)	$(\Delta\varepsilon)_0^i$ (0.0001″)	$(\Delta\varepsilon)_1^i$ (0.0001″)	级数项
0	0	0	0	1	-1719960	-1742	920250	89	1
0	0	0	0	2	20620	2	-8950	5	2
-2	0	2	0	1	460	0	-240	0	3
2	0	-2	0	0	110	0	0	0	4
-2	0	2	0	2	-30	0	10	0	5
1	-1	0	-1	0	-30	0	0	0	6
0	-2	2	-2	1	-20	0	10	0	7
2	0	-2	0	1	10	0	0	0	8
0	0	2	-2	2	-131870	-16	57360	-31	9
0	1	0	0	0	14260	-34	540	-1	10
0	1	2	-2	2	-5170	12	2240	-6	11
0	-1	2	-2	2	2170	-5	-950	3	12
0	0	2	-2	1	1290	1	-700	0	13
2	0	0	-2	0	480	0	10	0	14
0	0	2	-2	0	-220	0	0	0	15
0	2	0	0	0	170	-1	0	0	16
0	1	0	0	1	-150	0	90	0	17
0	2	2	-2	2	-160	1	70	0	18
0	-1	0	0	1	-120	0	60	0	19
-2	0	0	2	1	-60	0	30	0	20
0	-1	2	-2	1	-50	0	30	0	21
2	0	0	-2	1	40	0	-20	0	22
0	1	2	-2	1	40	0	-20	0	23
1	0	0	-1	0	-40	0	0	0	24
2	1	0	-2	0	10	0	0	0	25

（续）

p_l^i	$p_{l'}^i$	p_F^i	p_D^i	p_Ω^i	$(\Delta\psi)_0^i$ (0.0001″)	$(\Delta\psi)_1^i$ (0.0001″)	$(\Delta\varepsilon)_0^i$ (0.0001″)	$(\Delta\varepsilon)_1^i$ (0.0001″)	级数项
0	0	-2	2	1	10	0	0	0	26
0	1	-2	2	0	-10	0	0	0	27
0	1	0	0	2	10	0	0	0	28
-1	0	0	1	1	10	0	0	0	29
0	1	2	-2	0	-10	0	0	0	30
0	0	2	0	2	-22740	-2	9770	-5	31
1	0	0	0	0	7120	1	-70	0	32
0	0	2	0	1	-3860	-4	2000	0	33
1	0	2	0	2	-3010	0	1290	-1	34
1	0	0	-2	0	-1580	0	-10	0	35
-1	0	2	0	2	1230	0	-530	0	36
0	0	0	2	0	630	0	-20	0	37
1	0	0	0	1	630	1	-330	0	38
-1	0	0	0	1	-580	-1	320	0	39
-1	0	2	2	2	-590	0	260	0	40
1	0	2	0	1	-510	0	270	0	41
0	0	2	2	2	-380	0	160	0	42
2	0	0	0	0	290	0	-10	0	43
1	0	2	-2	2	290	0	-120	0	44
2	0	2	0	2	-310	0	130	0	45
0	0	2	0	0	260	0	-10	0	46
-1	0	2	0	1	210	0	-100	0	47
-1	0	0	2	1	160	0	-80	0	48
1	0	0	-2	1	-130	0	70	0	49
-1	0	2	2	1	-100	0	50	0	50
1	1	0	-2	0	-70	0	0	0	51
0	1	2	0	2	70	0	-30	0	52
0	-1	2	0	2	-70	0	30	0	53
1	0	2	2	2	-80	0	30	0	54
1	0	0	2	0	60	0	0	0	55
2	0	2	-2	2	60	0	-30	0	56
0	0	0	2	1	-60	0	30	0	57
0	0	2	2	1	-70	0	30	0	58
1	0	2	-2	1	60	0	-30	0	59
0	0	0	-2	1	-50	0	30	0	60
1	-1	0	0	0	50	0	0	0	61
2	0	2	0	1	-50	0	30	0	62
0	1	0	-2	0	-40	0	0	0	63
1	0	-2	0	0	40	0	0	0	64

（续）

p_l^i	$p_{l'}^i$	p_F^i	p_D^i	p_Ω^i	$(\Delta\psi)_0^i$ (0.0001″)	$(\Delta\psi)_1^i$ (0.0001″)	$(\Delta\varepsilon)_0^i$ (0.0001″)	$(\Delta\varepsilon)_1^i$ (0.0001″)	级数项
0	0	0	1	0	−40	0	0	0	65
1	1	0	0	0	−30	0	0	0	66
1	0	2	0	0	30	0	0	0	67
1	−1	2	0	2	−30	0	10	0	68
−1	−1	2	2	2	−30	0	10	0	69
−2	0	0	0	1	−20	0	10	0	70
3	0	2	0	2	−30	0	10	0	71
0	−1	2	2	2	−30	0	10	0	72
1	1	2	0	2	20	0	−10	0	73
−1	0	2	−2	1	−20	0	10	0	74
2	0	0	0	1	20	0	−10	0	75
1	0	0	0	2	−20	0	10	0	76
3	0	0	0	0	20	0	0	0	77
0	0	2	1	2	20	0	−10	0	78
−1	0	0	0	2	10	0	−10	0	79
1	0	0	−4	0	−10	0	0	0	80
−2	0	2	2	2	10	0	−10	0	81
−1	0	2	4	2	−20	0	10	0	82
2	0	0	−4	0	−10	0	0	0	83
1	1	2	−2	2	10	0	−10	0	84
1	0	2	2	1	−10	0	10	0	85
−2	0	2	4	2	−10	0	10	0	86
−1	0	4	0	2	10	0	0	0	87
1	−1	0	−2	0	10	0	0	0	88
2	0	2	−2	1	10	0	−10	0	89
2	0	2	2	2	−10	0	0	0	90
1	0	0	2	1	−10	0	0	0	91
0	0	4	−2	2	10	0	0	0	92
3	0	2	−2	2	10	0	0	0	93
1	0	2	−2	0	−10	0	0	0	94
0	1	2	0	1	10	0	0	0	95
−1	−1	0	2	1	10	0	0	0	96
0	0	−2	0	1	−10	0	0	0	97
0	0	2	−1	2	−10	0	0	0	98
0	1	0	2	0	−10	0	0	0	99
1	0	−2	−2	0	−10	0	0	0	100
0	−1	2	0	1	−10	0	0	0	101
1	1	0	−2	1	−10	0	0	0	102
1	0	−2	2	0	−10	0	0	0	103
2	0	0	2	0	10	0	0	0	104
0	0	2	4	2	−10	0	0	0	105
0	1	0	1	0	10	0	0	0	106

2.2 时间系统

2.2.1 春分点和子午面

地球绕太阳的公转轨道平面,称为黄道面。地球赤道面与黄道面的夹角,称为黄赤夹角,约为23.44°。交线称为昼夜平分点,一年中地球在公转轨道上两次通过昼夜平分点,即春分点和秋分点,在平分点处太阳位于地球赤道面,地面上任意一点昼夜时间相等。由地心出发指向3月份太阳的昼夜平分点,称为春分点,相反,由地心出发指向9月份太阳的昼夜平分点,称为秋分点,春分点指向作为黄道和赤道交线,且在空间中指向相对不变,通常作为定义空间坐标的基准方向。定义度量绕地卫星运动参数的空间坐标系,如图2.6所示,定义以春分点为基本方向,地球赤道为基本平面的地心坐标系。

图2.6 春分点及地心坐标系定义

黄赤夹角随时间的微小变化(图2.7),一方面是由于地球自转的章动和进动运动引起地球赤道面在惯性空间的"波动";另一方面,地球公转黄道面本身也在随时间在惯性空间"波动"。同样,赤道面和黄道面的"波动"造成地心坐标系主方向和主平面在惯性空间随时间变化。

度量地球的自转运动引入春分点,度量卫星相对地球的运动引入地球零子午面,卫星相对地球的位置定义为经度、纬度和地心距,如果考虑地球的椭球形状,卫星相对地球的位置定义为大地经度、地理纬度和高程。定义通过地球地理北极和英国格林尼治村的子午平面为零子午面。零子午面与地球赤道平面的交线,称为零子午线,零子午线和地球赤道平面作为主方向和基本平面定义地球固连坐标系,度量卫星绕地运动相对地球的位置参数。

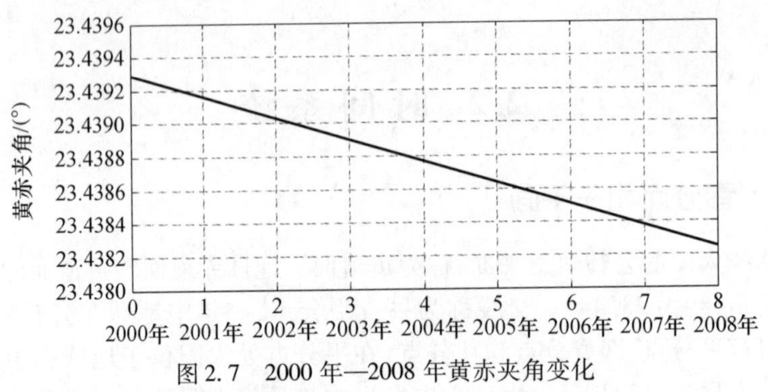

图 2.7　2000 年—2008 年黄赤夹角变化

2.2.2　平太阳日和平恒星日

指导人们日常生活的一天,为一个平太阳日,相对地球在黄道平面上公转过 0.985647°,地球绕极轴自转 360.985647°,平太阳日长度为 24h,即 86400s。由于地球自转角速度有非常微小的变化,导致地球自转 360.985647°时经历时间存在非常微小的变化,如图 2.8 所示。因此,平太阳日长度不仅存在短周期波动,而且存在长期项波动,例如,1975 年一个平太阳日比 86400s 长 3ms,1999 年一个平太阳日比 86400s 长约 1ms。

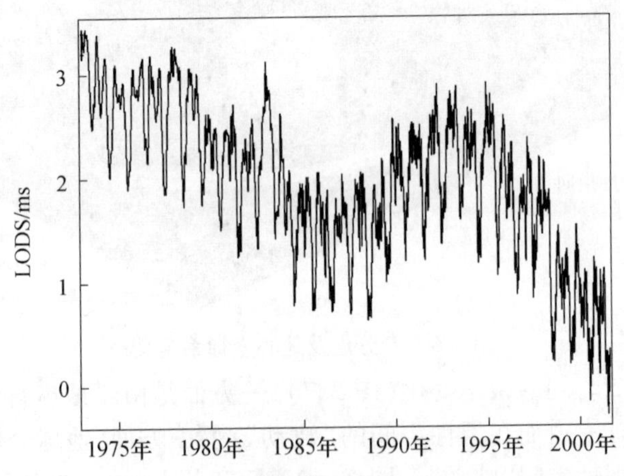

图 2.8　平太阳日(86400s)偏差(数据来自地球自转服务公报 C)
(LODS - The Length Of Day's 平太阳日时长)

平太阳日差别很小,我们日常生活中的计时钟不能自动修正这种偏差,今天时钟告诉我们一天已经结束,但地球自转运动并没有完成 360.985647°,今天或许较一个平太阳日长 1ms,明天或许较一个平太阳日长 3ms,长期项的逐步积累使得平太阳日与地球自转不再匹配,失去了协调地球公转和自转运动计时,以及指导人们日常生活的目的。因此,天文学家引入"跳秒"来克服平太阳日误差长期项积累,来协调我们的日常计时与地球自转运动,"跳秒"通常被安排在年中或年末，表 2.2 为从 1972 年起国际天文联合会引入的“跳秒”。

表 2.2 自 1972 年起国际天文联合会引入的“跳秒”

年—月—日	相对儒略日	累计“跳秒”
1972-01-01	41317.0	-11.0
1972-07-01	42048.0	-12.0
1973-01-01	42048.0	-13.0
1974-01-01	42413.0	-14.0
1975-01-01	42778.0	-15.0
1976-01-01	43144.0	-12-0
1977-01-01	43448.0	-17.0
1978-01-01	43874.0	-18.0
1979-01-01	44239.0	-19.0
1980-01-01	44786.0	-20.0
1981-07-01	45151.0	-21.0
1982-07-01	45516.0	-22.0
1983-07-01	46247.0	-23.0
1985-07-01	47161.0	-24.0
1990-01-01	47892.0	-25.0
1991-01-01	48257.0	-26.0
1992-07-01	48804.0	-27.0
1993-07-01	49169.0	-28.0
1994-07-01	49534.0	-29.0
1996-01-01	50083.0	-30.0
1997-07-01	50630.0	-31.0
1999-01-01	51179.0	-32.0
2006-01-01	53736.0	-33.0
2008-12-31	54832.0	-34.0
2012-07-01	56109.0	-35.0
注：相对儒略日见 2.2 节		

除了协调地球公转和自转的时间系统，另外一类时间系统独立于地球自转运动，以 1/86400s 时长均匀计时，由于历史原因和应用目的而引入历书时和原子时。本书为讨论卫星轨道运动的目的，仅介绍与地心坐标系统度量日月运动有关的历书时（ET），与卫星应用有关的原子时（TAI）和 GPS 时。

平太阳日描述地球的公转周期，一个平太阳日就是我们通常的“一天”，精确值等于 24h，即 86400s。地球绕太阳公转一周为 365.2425 天，也即一年中太阳通过地球上任意一点 365.2425 次。如图 2.9 所示，如果将地球绕太阳的公转轨道划分为 365.2425 等分，则每一等分等价于一个平太阳日。为了历书纪年的方便，定义平年为 365 天，每 4 年增加一天，增加一天的年，成为闰年，每 400 年减少 3 个闰年，也即每 400 年等于精确的 146097 天。因此，闰年规则为公元纪年如果能被 4 整除不能被 100 整除的年，或能够被 400 整除的年。

如2008年,能够被4整除,不能被100整除,因此,2008年是闰年,但2000年能够被400整除,因此,2000年闰年。需要注意的是,我们通常意义上的一天,并不是地球自转一周的周期。地球自转周期由恒星日度量。

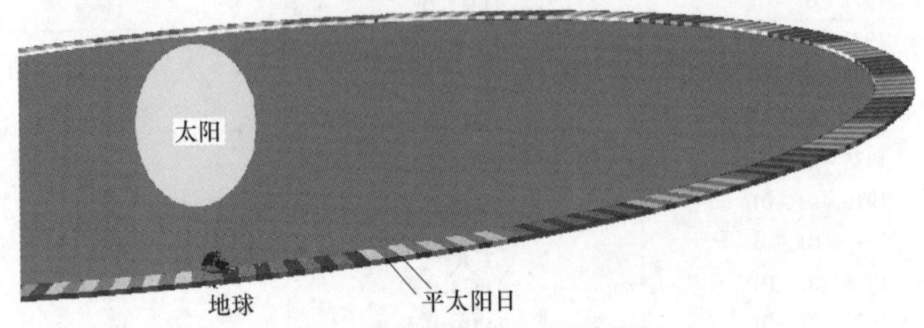

图2.9 地球公转和一个平太阳日

平恒星日描述地球的自转运动,一个平恒星日是地球自转360°所经历的时间。如图2.10所示,由于地球的公转运动,一个平太阳日地球自转角度为 $360.0° + \frac{360.0°}{365.2425} = 360.985647°$,一个平恒星日地球自转一周,自转周期为

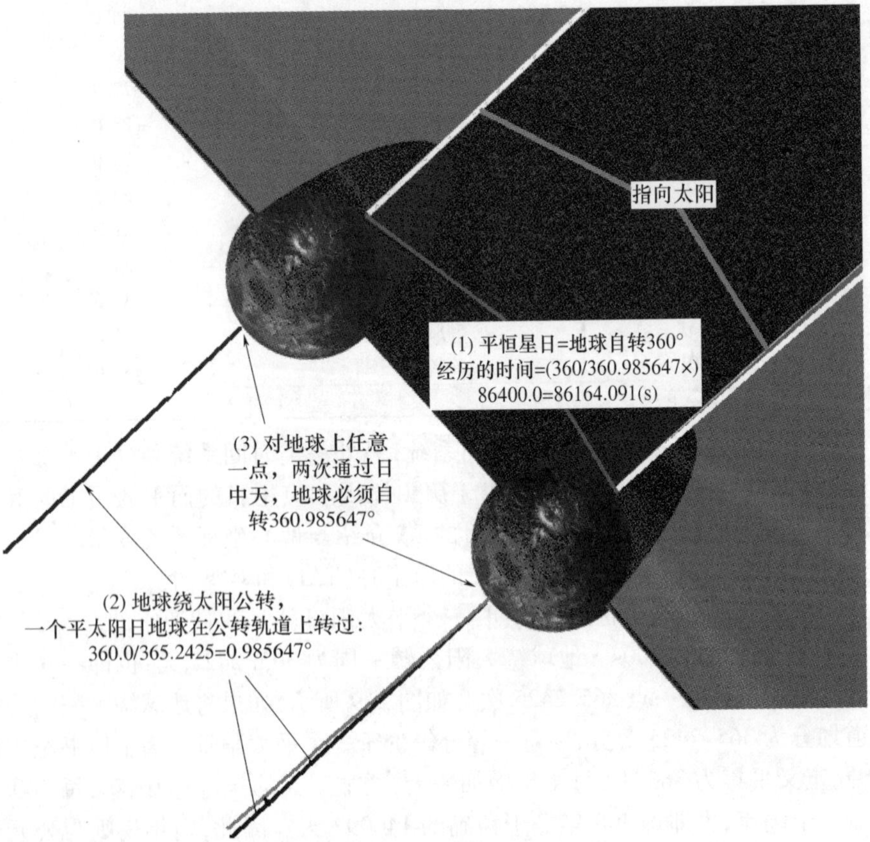

指向太阳

(1) 平恒星日=地球自转360°经历的时间=(360/360.985647×)86400.0=86164.091(s)

(3) 对地球上任意一点,两次通过日中天,地球必须自转360.985647°

(2) 地球绕太阳公转,一个平太阳日地球在公转轨道上转过:360.0/365.2425=0.985647°

图2.10 平太阳日和平恒星日

$$\frac{360.0}{360.985647} \times 86400.0 = 86164.091(\mathrm{s})$$

地球自转角速度为

$$\omega_e = \frac{2\pi}{86164.091} = 7.2921158479(\mathrm{rad/s})$$

2.2.3 葛略历与儒略日

通常采用公历纪年(葛略历)度量年、月、日、时、分、秒,如香港回归祖国日1997年7月1日0时0分0秒(北京时),但在天文计算中,葛略历不能直接告诉我们某两日之间的天数,如今天离香港回归日多少天?为此,天文学家引入儒略日的概念,定义天文学中的一个连续变量,该变量为葛略历纪年(包括时分秒)相对公元前4713年1月1日12时0分0秒的天数(包括小数部分)。因此,儒略日是与葛略历一一对应,且恒为正的连续递增变量,儒略日一天为一个平太阳日。例如:

$$\mathrm{Jd}(2000^{Y}1^{M}1^{D}\ 12^{h}0^{m}0^{s}.0\ \ \mathrm{UT1}) = 2451545.0$$

$$\mathrm{Jd}(2000^{Y}7^{M}1^{D}0^{h}0^{m}0^{s}.0\ \ \mathrm{UT1}) = 2454282.5$$

考虑到使用或表达上方便,引入相对儒略日,相对时刻不同,分别引入不同的相对儒略日,地球自转服务公报中利用相对儒略日给出时间,相对2400000.5,即

$$\mathrm{MJd} = \mathrm{Jd} - 2400000.5。$$

考虑到与国际天文联合会(IAU)定义的地心坐标系匹配,在绕地卫星测量控制中,1900年—2000年,采用贝塞尔(Bessel)年首B1950为相对时刻,即

$$\mathrm{MJd}_{\mathrm{B1950}} = \mathrm{Jd} - \mathrm{Jd}(\mathrm{B1950.0}) = \mathrm{Jd} - 2433282.4234$$

2000年后,在卫星测量控制中,采用历元J2000.0为相对时刻的相对儒略日,即

$$\mathrm{MJd}_{\mathrm{J2000}} = \mathrm{Jd} - \mathrm{Jd}(\mathrm{J2000.0}) = \mathrm{Jd} - 2451545.0$$

定义积日(JD)为公历年月日到2000年1月1日零时的天数,之所以这样,是因为后面叙述的空间飞行器动力学模型建立在坐标主轴为2000年1月1日12时(UTC)平春分点与地球赤道平面交点的地心惯性坐标系上。

假设公历年、月、日为Y、M、D,其中

$$Y \geqslant 1582,\quad 1 \leqslant M \leqslant 12,\quad 1 \leqslant D \leqslant 31$$

$$\mathrm{JD} = d(Y) + d(M) + D + \varepsilon(Y,M) + 1 \tag{2.6}$$

式中:$d(Y)$为公元纪年1月1日到2000年1月1日的天数;$d(M)$为平年当月0时到当年1月1日0时的天数;D为当日到当月0时的天数;$\varepsilon(Y,M)$为闰年

补偿。

则

$$d(Y) = [365.25(Y-2000)] - [(Y-2000)/100] + [(Y-2000)/400] \tag{2.7}$$

式中:[ ]表示取整运算。

$d(M)$:平年 12 个月,其中 1 月、3 月、5 月、7 月、8 月、10 月、12 月 31 天,4 月、6 月、9 月、11 月 30 天,平年 2 月 28 天,故

$\varepsilon(Y,M)$:闰年表示该公元纪年能被 4 整除不被 100 整除或能被 400 整除。

$$\varepsilon(Y,M) = \begin{cases} 0, & Y\text{ 为平年或 }M\text{ 小于等于 }2 \\ 1, & Y\text{ 能被 4 整除不被 100 整除} \\ 1, & Y\text{ 能被 400 整除} \end{cases} \tag{2.8}$$

积秒为当日北京时——时(H)分(M)秒(S)相对当日零时的累积秒,故

$$\mathrm{Js} = 3600.0 \times H + 60.0 \times M + S \tag{2.9}$$

2.2.4 太阳时和恒星时

地球上任意位置,其赤经或经度度量为 λ_P 处,与太阳赤经或经度 λ_S 之间的关系,定义当地太阳时(LST):

$$\mathrm{LST} = (\lambda_P - \lambda_S) \cdot \frac{24^{\mathrm{h}}}{360^{\circ}} + 12^{\mathrm{h}}$$

当地太阳时仅与当地位置和太阳位置相位差相关,因此,当地位置和太阳位置可以在任意坐标系度量。如图 2.11 所示,随地球自转,地球上任意位置 λ_P,分别经历 A、B、C、D 点,对应当地太阳时 0 时(午夜),6 时(早晨),12 时(正午)和 18 时(傍晚)。

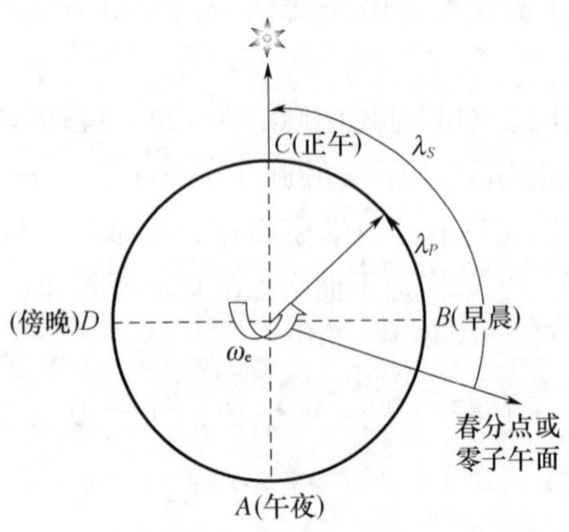

图 2.11　当地太阳时

$$\mathrm{LST}|_A(\lambda_P-\lambda_S=180°)=12^h+12^h=0^h$$

$$\mathrm{LST}|_B(\lambda_P-\lambda_S=-90°)=-6^h+12^h=6^h$$

$$\mathrm{LST}|_C(\lambda_P-\lambda_S=0°)=0^h+12^h=12^h$$

$$\mathrm{LST}|_D(\lambda_P-\lambda_S=90°)=6^h+12^h=18^h$$

地球上当地太阳时的定义,可以推广到卫星的当地太阳时,特别对于分析卫星与太阳的关系,以及卫星光照情况非常重要。

历元恒星时反映历元时刻春分点与零子午线之间的夹角,不考虑历元时刻地球极轴的章动,历元恒星时称为历元平恒星时(Greenwich Mean Sidereal Time, GMST),反映历元时刻平春分点与零子午线之间的夹角;考虑历元时刻地球极轴的章动运动,历元恒星时称为历元真恒星时(Greenwich Apparent Sidereal Time, GAST),如图 2.12 所示。

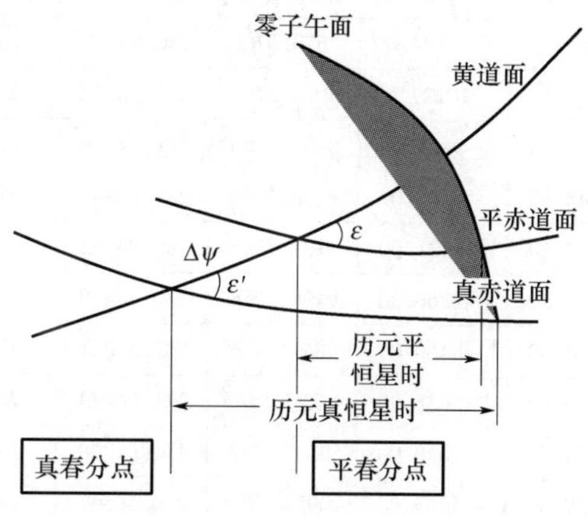

图 2.12　地球极轴章动运动引起历元春分点指向变化

当天世界时 0 时(0^hUT1)与历元平恒星时之间的关系如下:

$$\mathrm{GMST}(0^h\mathrm{UT1})=24110^s.54841+8640184^s.812866\cdot T_0+0^s.093104\cdot T_0^2-0^s.0000062\cdot T_0^3$$

式中:T_0 为相对 2000 年 1 月 1 日 12 时(UT1)的儒略世纪数

$$T_0=\frac{\mathrm{JD}(0^h\mathrm{UT1})-2451545}{36525}$$

历元平恒星时角为

$$\mathrm{GMST}(0^h\mathrm{UT1})=\mathrm{GMST}(0^h\mathrm{UT1})\cdot\frac{2\pi}{86400^s.0}$$

历元真恒星时角为

$$\mathrm{GAST}-\mathrm{GMST}=\Delta\psi\cos(\varepsilon+\Delta\varepsilon)$$

儒略日、相对儒略日与恒星时的对应关系见表 2.3。

表 2.3　儒略日、相对儒略日与恒星时对应表

年	儒略日 Jd	相对儒略日 MJd	相对 J2000.0 MJd_{J2000}	相对 B1950.0 MJd_{B1950}	J2000.0 平恒星时/(°)	历元平恒星时/(°)	历元真恒星时/(°)
1963	2438031.00	38030.50	-13514.00	4748.5766	280.89623	280.4220	280.4184
1964	2438396.00	38395.50	-13149.00	5113.5766	280.64451	280.1831	280.1790
1965	2438762.00	38761.50	-12783.00	5479.5766	281.37887	280.9303	280.9261
1966	2439127.00	39126.50	-12418.00	5844.5766	281.12723	280.6915	280.6877
1967	2439492.00	39491.50	-12053.00	6209.5766	280.87595	280.4530	280.4502
1968	2439857.00	39856.50	-11688.00	6574.5766	280.62478	280.2146	280.2131
1969	2440223.00	40222.50	-11322.00	6940.5766	281.35861	280.9613	280.9611
1970	2440588.00	40587.50	-10957.00	7305.5766	281.10697	280.7225	280.7236
1971	2440953.00	40952.50	-10592.00	7670.5766	280.85527	280.4836	280.4862
1972	2441318.00	41317.50	-10227.00	8035.5766	280.60372	280.2448	280.2485
1973	2441684.00	41683.50	-9861.00	8401.5766	281.34139	280.9954	280.9996
1974	2442049.00	42048.50	-9496.00	8766.5766	281.08941	280.7562	280.7606
1975	2442414.00	42413.50	-9131.00	9131.5766	280.83792	280.5175	280.5218
1976	2442779.00	42778.50	-8766.00	9496.5766	280.58648	280.2789	280.2824
1977	2443145.00	43144.50	-8400.00	9862.5766	281.32031	281.0255	281.0278
1978	2443510.00	43509.50	-8035.00	10227.5766	281.06873	280.7868	280.7877
1979	2443875.00	43874.50	-7670.00	10592.5766	280.81700	280.5478	280.5473
1980	2444240.00	44239.50	-7305.00	10957.5766	280.56567	280.3093	280.3073
1981	2444606.00	44605.50	-6939.00	11323.5766	281.29625	281.0527	281.0495
1982	2444971.00	44970.50	-6574.00	11688.5766	281.04562	280.8149	280.8110
1983	2445336.00	45335.50	-6209.00	12053.5766	280.79498	280.5771	280.5729
1984	2445701.00	45700.50	-5844.00	12418.5766	280.54416	280.3391	280.3350
1985	2446067.00	46066.50	-5478.00	12784.5766	281.27594	281.0837	281.0802
1986	2446432.00	46431.50	-5113.00	13149.5766	281.02639	280.8469	280.8446
1987	2446797.00	46796.50	-4748.00	13514.5766	280.77298	280.6064	280.6053
1988	2447162.00	47161.50	-4383.00	13879.5766	280.52356	280.3697	280.3700
1989	2447528.00	47527.50	-4017.00	14245.5766	281.25565	281.1147	281.1164
1990	2447893.00	47892.50	-3652.00	14610.5766	281.00598	280.8778	280.8808
1991	2448258.00	48257.50	-3287.00	14975.5766	280.75568	280.6403	280.6443
1992	2448623.00	48622.50	-2922.00	15340.5766	280.50105	280.3985	280.4029
1993	2448989.00	48988.50	-2556.00	15706.5766	281.23592	281.1462	281.1506

（续）

年	儒略日 Jd	相对儒略日 MJd	相对 J2000.0 MJd_{J2000}	相对 B1950.0 MJd_{B1950}	J2000.0 平恒星时/(°)	历元平恒星时/(°)	历元真恒星时/(°)
1994	2449354.00	49353.50	-2191.00	16071.5766	280.98498	280.9081	280.9121
1995	2449719.00	49718.50	-1826.00	16436.5766	280.73429	280.6702	280.6733
1996	2450084.00	50083.50	-1461.00	16801.5766	280.48342	280.4321	280.4339
1997	2450450.00	50449.50	-1095.00	17167.5766	281.21473	281.1763	281.1766
1998	2450815.00	50814.50	-730.00	17532.5766	280.96458	280.9390	280.9379
1999	2451180.00	51179.50	-365.00	17897.5766	280.71515	280.7023	280.6999
2000	2451545.00	51544.50	0.00	18262.5766	280.46212	280.4621	280.4586
2001	2451911.00	51910.50	366.00	18628.5766	281.19511	281.2079	281.2038
2002	2452276.00	52275.50	731.00	18993.5766	280.94272	280.9684	280.9642
2003	2452641.00	52640.50	1096.00	19358.5766	280.69047	280.7289	280.7250
2004	2453006.00	53005.50	1461.00	19723.5766	280.43854	280.4898	280.4867
2005	2453372.00	53371.50	1827.00	20089.5766	281.17215	281.2363	281.2344
2006	2453737.00	53736.50	2192.00	20454.5766	280.92415	281.0011	281.0006
2007	2454102.00	54101.50	2557.00	20819.5766	280.67137	280.7611	280.7620
2008	2454467.00	54466.50	2922.00	21184.5766	280.41922	280.5217	280.5240
2009	2454833.00	54832.50	3288.00	21550.5766	281.15331	281.2687	281.2721
2010	2455198.00	55197.50	3653.00	21915.5766	280.90179	281.0300	281.0342
2011	2455563.00	55562.50	4018.00	22280.5766	280.65027	280.7913	280.7957
2012	2455928.00	55927.50	4383.00	22645.5766	280.39875	280.5526	280.5569
2013	2456294.00	56293.50	4749.00	23011.5766	281.13284	281.2995	281.3032
2014	2456659.00	56658.50	5114.00	23376.5766	280.88132	281.0608	281.0634
2015	2457024.00	57023.50	5479.00	23741.5766	280.62980	280.8221	280.8233
2016	2457389.00	57388.50	5844.00	24106.5766	280.37828	280.5834	280.5831
2017	2457755.00	57754.50	6210.00	24472.5766	281.11237	281.3303	281.3287
2018	2458120.00	58119.50	6575.00	24837.5766	280.86085	281.0916	281.0887
2019	2458485.00	58484.50	6940.00	25202.5766	280.60933	280.8529	280.8490
2020	2458850.00	58849.50	7305.00	25567.5766	280.35781	280.6142	280.6100
2021	2459216.00	59215.50	7671.00	25933.5766	281.09190	281.3611	281.3570
2022	2459581.00	59580.50	8036.00	26298.5766	280.84038	281.1224	281.1188

注:表中历元对应当年 1 月 1 日 12 时 UT1 时刻,J2000.0 为历元 2000 年 1 月 1 日 12 时 UT1 时刻,B1950 贝塞尔年首对应 1949 年 12 月 31 日 22 时 09 分 42 秒 UT1,在该时刻黄道赤经等于280.0°

2.2.5 世界时和协调世界时

格林尼治平恒星时，也称为格林尼治时角，定义历元时刻零子午面与赤道平面交线划过历元平春分点的角度。世界时(UT1)是与地球自转密切关联的时间系统，世界时以时间度量地球的自转运动，恒星时以角度度量地球相对历元平春分点的自转运动，两者是统一的，由于地球自转角速度存在微小变化，因此世界时是非均匀的连续时间系统，以世界时时间系统定义一天(一个平太阳日 = 24h)，那么时间刻度将是不均匀的。因为即使不考虑地球公转轨道的椭球形状，地球自转 360.985647°(一个平太阳日)所经历的时间长度也是不相同的，而且也是不能精确预测的。

协调世界时(UTC)是以原子时秒长(SI)为秒长，协调原子时(TAI)和世界时的一种时间系统。所谓“协调”是指通过引入 UTC，使得以 SI 为秒长的均匀时间系统，与以度量地球自转为基础的非均匀时间系统保持在 0.9s 之间，如图 2.13所示。因此，UTC 为不连续的均匀时间系统，除“跳秒”点不连续外的均匀时间系统。“跳秒”规定在年首(1 月 1 日)或年中(7 月 1 日)，“跳秒”根据国际地球自转服务协会(IERS)提前半年提供的公报 C。“跳秒”规定当天自动延长 1s，即通常我们的电子表，当秒计数器由 55，56，57，58，59 后自动归零，“跳秒”意味着，当秒计数器由 55，56，57，58，59，60 后自动归零。归零后的电子表仍然按原子时秒长递增，使得我们直观的电子表计时与地球自转更加协调。

协调世界时是实验室可以获取的稳定时间，因此，民用时间以协调世界时为主，通过时区定义地方时，因此，地方时与协调世界时仅存在时区差，是不同时区人们生活的基准时间系统，同样，对卫星轨道控制，卫星定点位置地方时在卫星控制中也具有重要的意义。

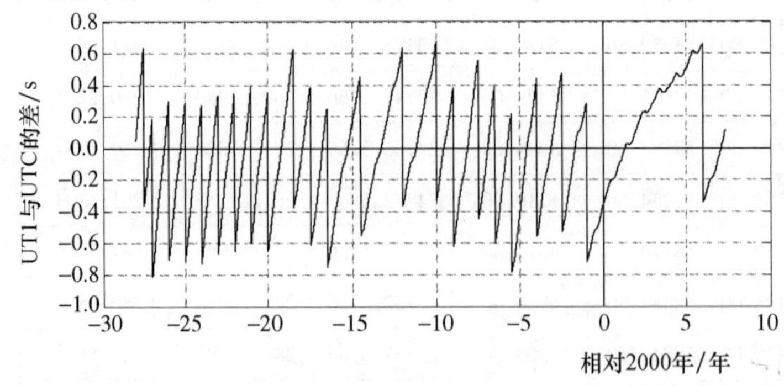

图 2.13 UT1 与 UTC 的差
(折线处为“跳秒”时刻)

2.2.6 原子时和历书时

原子时是以铯 Cs^{133} 基态的二能级阶跃辐射频率 9192631770 周为秒长，以

1958 年 1 月 1 日世界时 0 时作为起始点，即

$$(\mathrm{TAI}-\mathrm{UT1})_{1958.0}\approx 0.0^{\mathrm{s}}$$

原子时作为均匀连续的时间系统，且是实验室能够获得的时间系统，成为各个国家和国际组织向公众提供的授时系统。

由于地球自转运动存在不可预测性，与地球自转运动相关的平太阳日将不再是均匀的时间系统，同引入协调世界时一样，历书时于 1960 年由 Newcomb 引入以平太阳视运动（地月系统质心相对太阳的平运动）来度量时间。根据 Newcomb平太阳视运动规律，历元时刻 T 太阳视运动相对历元平春分点的几何平黄经为

$$L = 279°41'48''.04 + 129602768''.12\cdot T + 1''.089\cdot T^2$$

式中：T 为历元时刻相对 1900 年 1 月 0 日 12 时的儒略世纪数，即

$$T=\frac{\mathrm{Jd}(T)-\mathrm{Jd}(1900^{\mathrm{Y}}1^{\mathrm{M}}0^{\mathrm{D}}\ 12^{\mathrm{h}})}{36525.0}=\frac{\mathrm{Jd}(T)-2415020.0}{36525.0}$$

历书时起点定义为该时刻太阳视运动几何平黄经等于 279°41′48″.04，即葛略历 1900 年 1 月 0 日 12 时，儒略日 2415020.0 为历书时（ET）起点，定义均匀时间间隔为回归年的（1/31556925.9747）为历书时秒长，自 1967 年引入铯（Cs^{133}）阶跃周期定义标准秒长后，历书时也采用原子时时间单位，因此，历书时和原子时具有不同的起始点，但具有相同的秒长，两者之间存在固定时差 32.184s。

$$\mathrm{ET}-\mathrm{TAI}=32.184(\mathrm{SI})$$

历书时是一种均匀连续的时间系统，是在太阳系质心系框架下定义的一种连续均匀的时间系统，是牛顿运动方程中的独立变量，是计算太阳、月球、行星和卫星星历表的自变量。

2.2.7 时间系统相互关系

本节简要介绍了航天测量与控制中涉及到的时间系统。世界时是与地球自转密切相关的时间系统，是连续的非均匀时间系统，地球自转运动的非均匀性反映世界时的非均匀性，是计算地球自转运动的唯一自由变量；原子时作为均匀连续的时间系统，原子时秒长是度量时间标准时长单位，且是实验室能够获得的时间系统，成为各个国家和国际组织向公众提供的守时系统；协调世界时的不均匀性和原子时的均匀性，使得以 SI 为秒长的均匀时间系统，与以度量地球自转为基础的非均匀时间系统保持在 0.9s 之间，民用时间以协调世界时为主，通过时区定义地方时，因此，地方时与协调世界时仅存在时区差，是不同时区人们生活的基准时间系统；历书时是一种均匀连续的时间系统，是在太阳系质心系框架下定义的一种连续均匀的时间系统，是牛顿运动方程中的独立变量，是计算太阳、月球、行星和卫星星历表的自变量；几种时间系统自 1972 年起以原子时为基准，历书时、GPS 时间、世界时和协调世界时分别与原子时的差如图 2.14 所示。

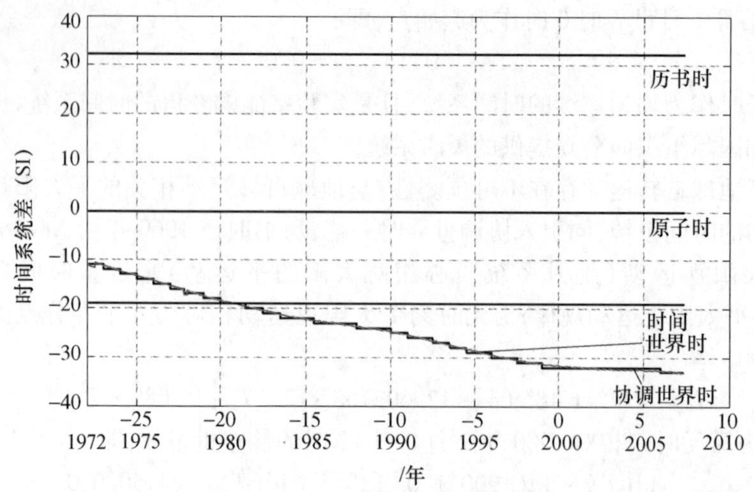

图 2.14　自 1972 年起原子时与历书时、GPS 时间、世界时和协调世界时的差

2.3　空间坐标系统

空间坐标系及转移矩阵是建立航天器动力学和观测模型的基础,描述空间矢量在不同空间坐标系的度量以及变化关系。地心惯性系通常用于建立航天器动力学模型,惯性系中矢量球坐标定义为赤经和赤纬,惯性系的精度考虑与所解决问题的要求精度有关。地固坐标系固连在地球上,定义地球的自转运动和地球引力场,以及空间航天器运动轨迹在地球上的投影。瞬时轨道坐标系是固连在飞行器质心的动坐标系,通常作为三轴稳定航天器的姿态参考坐标系,用于定义航天器径切法向外力加速度。测站地平坐标系是定义在地面测量天线原点的东—北—天基准地平坐标系,用以度量天地观测量,定义系统观测方程。天线跟踪坐标系坐标原点位于测量设备跟踪天线的旋转中心,描述测量设备观测目标时,观测天线的三自由度运动,在该坐标系度量观测方程,进行测量数据处理,会明显降低测角随机差的相互耦合,以便于提高数据处理精度。相对速度坐标系原点固连在航天器质心,航天器气动阻力和气动升力在该坐标系分解和表示,是建立航天器相对大气运动动力学模型的基础。本节定义本书涉及的空间坐标系及相互转换关系。在给出坐标系之间的转移矩阵时,我们采用正交基底投影法,因为不论在几何上的直观性和运算的简洁性上,正交基底投影法均有明显的优点。

2.3.1　地心坐标系

1. J2000.0 地心惯性系

J2000.0 地心惯性系 $O-XYZ$,也称为 J2000.0 历元平赤道平春分点坐标系

(EME2000),如图 2.15 所示,J2000.0 历元时刻(2000 年 1 月 1 日 12 时 UTC,相当于北京时 2000 年 1 月 1 日 20 时)平黄道面与平赤道面的交线,称为 J2000.0 平春分点,定义为 J2000.0 地心惯性系的主方向 X 轴,Z 轴为 J2000.0 平赤道法向,Y 轴位于 J2000.0 平赤道面内,与 X 轴正交,X、Y、Z 组成右手正交坐标系。J2000.0 地心惯性系是惯性坐标系,因此,基于牛顿力学的卫星动力学和运动学方程在该坐标系描述,而且,以地心为中心度量其他天体运动参数也在该坐标系描述。在该坐标系中,球坐标参数分别称为地心距 r,平赤经 l 和平赤纬 d。

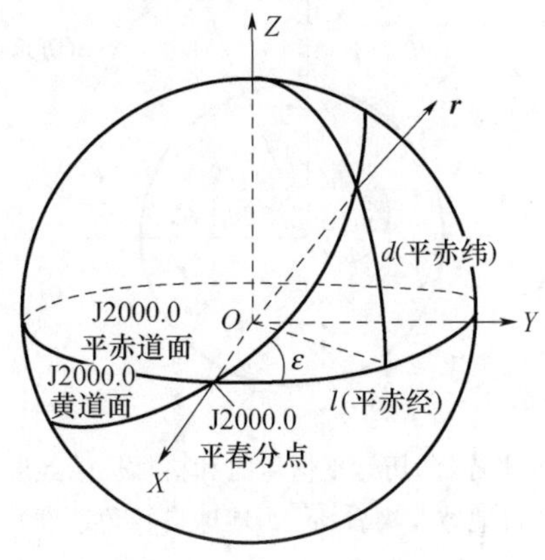

图 2.15　地心惯性系

地心惯性系的精度考虑与所解决问题的要求精度有关,空间飞行器动力学模型在该坐标系建立。同时自旋卫星自旋轴的空间指向也在该坐标系度量,惯性系中球坐标定义为赤经、赤纬。

设历元时刻 T,卫星相对 J2000.0 地心惯性系的运动状态,由位置矢量 $\boldsymbol{r}_{\mathrm{ECI}}$ 和速度矢量 $\dot{\boldsymbol{r}}_{\mathrm{ECI}}$ 表示。如选择历元时刻协调世界时为 2006 年 5 月 1 日 12 时,卫星相对 J2000.0 地心惯性系的运动状态为

$$\boldsymbol{r}_{\mathrm{ECI}} = \begin{pmatrix} 40602699.018938 \\ 11370550.587838 \\ 34665.479136 \end{pmatrix}(\mathrm{m}),\ \dot{\boldsymbol{r}}_{\mathrm{ECI}} = \begin{pmatrix} -829.050151 \\ 2960.841057 \\ 0.031711 \end{pmatrix}(\mathrm{m/s})$$

2. 历元平赤道坐标系

历元时刻平赤道坐标系 $O-\bar{X}_T\bar{Y}_T\bar{Z}_T$ 描述绕地卫星相对历元时刻平赤道的运动,原点为地球质心,$\bar{X}_T$ 由地心指向历元时刻(T)平春分点,$\bar{Z}_T$ 由地心出发,与历元时刻平赤道法向平行,$\bar{Y}_T$ 位于历元平赤道面,与 $\bar{X}_T$ 和 $\bar{Z}_T$ 构成右手坐标系。J2000 地心惯性系与历元时刻平春分点和平赤道之间的关系,由历元时刻(T)的 Newcomb[3] 欧拉角 ζ、ϑ、ξ 求得。因此,由 J2000.0 地心惯性系到历元平赤道坐标系的转移矩阵,称为进动矩阵 $\boldsymbol{P}$,即

$$\boldsymbol{P}(T) = \boldsymbol{R}_z(-90° - \xi) \cdot \boldsymbol{R}_x(\vartheta) \cdot \boldsymbol{R}_z(90° - \zeta) = \boldsymbol{R}_z(-\xi) \cdot \boldsymbol{R}_x(\vartheta) \cdot \boldsymbol{R}_z(-\zeta)$$

历元平恒星时 GMST 在该坐标系定义，与卫星相对历元平春分点的平赤经和格林尼治经度之间的关系如图 2.16 所示。图中：

$$\lambda = S - \mathrm{GMST}$$

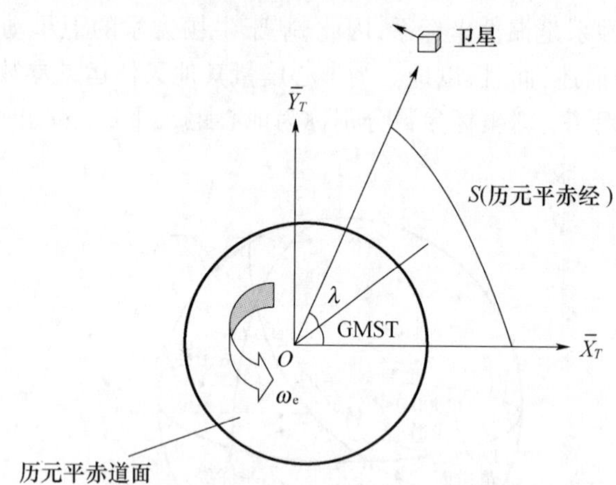

图 2.16　历元平赤经、历元平恒星时和格林尼治经度之间的关系
（自地球北极看，ω_e 为地球自转角速度）

设历元时刻卫星相对历元平赤道坐标系的运动状态参数由位置矢量 $\boldsymbol{r}_{\mathrm{MOD}}$ 和速度矢量 $\dot{\boldsymbol{r}}_{\mathrm{MOD}}$ 表示，与 J2000.0 地心惯性系的运动状态位置矢量 $\boldsymbol{r}_{\mathrm{ECI}}$ 和速度矢量 $\dot{\boldsymbol{r}}_{\mathrm{ECI}}$ 的关系如下：

$$\boldsymbol{r}_{\mathrm{MOD}} = \boldsymbol{P}(T) \cdot \boldsymbol{r}_{\mathrm{ECI}}$$

$$\dot{\boldsymbol{r}}_{\mathrm{MOD}} = \boldsymbol{P}(T) \cdot \dot{\boldsymbol{r}}_{\mathrm{ECI}} + \frac{\mathrm{d}\boldsymbol{P}(T)}{\mathrm{d}t} \cdot \boldsymbol{r}_{\mathrm{ECI}} \approx \boldsymbol{P}(T) \cdot \dot{\boldsymbol{r}}_{\mathrm{ECI}}$$

由地球自转服务公报 C－04 可知，历元时刻协调世界时 2006 年 5 月 1 日 12 时，相应历书时（ET）为 2006 年 5 月 1 日 12 时 1 分 4.184 秒，即在该历元时刻满足

$$(\mathrm{ET} - \mathrm{UTC})_{2005^{Y}5^{M}1^{D}12^{h}(\mathrm{UTC})} = 64.184(\mathrm{SI})$$

则进动矩阵为

$$\boldsymbol{P}(T) = \begin{bmatrix} 0.99999881 & -0.00141550 & -0.0006150799 \\ 0.00141550 & 0.999998998 & -4.3532892 \times 10^{-7} \\ 0.00061508 & -4.35319447 \times 10^{-7} & 0.99999998 \end{bmatrix}$$

若卫星相对 J2000.0 地心惯性系的运动状态，由位置矢量 $\boldsymbol{r}_{\mathrm{ECI}}$ 和速度矢量 $\dot{\boldsymbol{r}}_{\mathrm{ECI}}$ 给出，则卫星在历元平赤道坐标系中的状态为

$$\boldsymbol{r}_{\mathrm{MOD}} = \begin{pmatrix} 40586534.283672 \\ 11428012.450287 \\ 59634.426859 \end{pmatrix}(\mathrm{m}), \dot{\boldsymbol{r}}_{\mathrm{MOD}} = \begin{pmatrix} -833.240265 \\ 2959.664568 \\ -0.4795096 \end{pmatrix}(\mathrm{m/s})$$

3. 历元真赤道坐标系

历元时刻真赤道坐标系 $O-X_TY_TZ_T$，描述绕地卫星相对历元时刻真春分点和真赤道面的运动参数，原点为地球质心，X_T 轴沿历元时刻黄道面与真赤道面的交线，称为历元真春分点；Z_T 轴为历元真赤道面的法向；Y_T 轴在历元时刻真赤道面，与 X_T 轴和 Z_T 轴构成右手正交坐标系统。历元平赤道坐标系与历元真赤道坐标系之间的关系，由短周期章动运动引起，分别是赤经方向的赤经章动角 $\Delta\psi$，赤纬方向的赤纬章动角 $\Delta\varepsilon$。则历元平赤道坐标系到历元真赤道坐标系的转移矩阵 $\boldsymbol{N}(T)$，称为章动矩阵。

$$\boldsymbol{N}(T)=R_x(-(\varepsilon+\Delta\varepsilon))\cdot R_z(-\Delta\psi)\cdot R_x(\varepsilon)$$

式中：ε 为黄赤交角，与历元时刻的关系如下：

$$\varepsilon=23°26'21''.448-46''.8150T-0''.00059T^2+0''.001813T^3$$

历元真恒星时 GAST 在该坐标系定义，与卫星相对历元真春分点的真赤经和格林尼治经度之间的关系，如图 2.17 所示。图中：

$$\lambda=S_T-\mathrm{GAST}$$

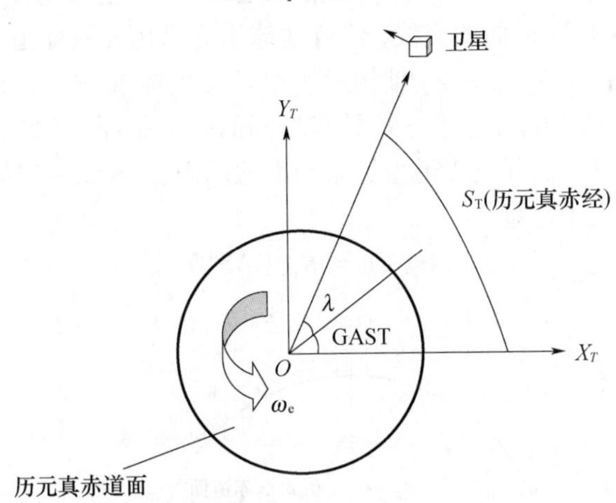

图 2.17 历元真赤经、历元真恒星时和格林尼治经度之间的关系
（自地球北极看，ω_e 为地球自转角速度）

设历元时刻卫星相对历元真赤道坐标系的运动状态参数由位置矢量 $\boldsymbol{r}_{\mathrm{TOD}}$ 和速度矢量 $\dot{\boldsymbol{r}}_{\mathrm{TOD}}$ 表示，与 J2000.0 地心惯性系的运动状态位置矢量 $\boldsymbol{r}_{\mathrm{ECI}}$ 和速度矢量 $\dot{\boldsymbol{r}}_{\mathrm{ECI}}$ 的关系如下：

$$\boldsymbol{r}_{\mathrm{TOD}}=\boldsymbol{N}(T)\cdot\boldsymbol{P}(T)\cdot\boldsymbol{r}_{\mathrm{ECI}} \tag{2.10}$$

$$\dot{\boldsymbol{r}}_{\mathrm{TOD}}=\boldsymbol{N}(T)\cdot\boldsymbol{P}(T)\cdot\dot{\boldsymbol{r}}_{\mathrm{ECI}}+\frac{\mathrm{d}(\boldsymbol{N}(T)\boldsymbol{P}(T))}{\mathrm{d}t}\cdot\boldsymbol{r}_{\mathrm{ECI}}\approx\boldsymbol{N}(T)\cdot\boldsymbol{P}(T)\cdot\dot{\boldsymbol{r}}_{\mathrm{ECI}} \tag{2.11}$$

由地球自转服务公报 C－04 可知，历元时刻协调世界时 2006 年 5 月 1 日

12 时(相对儒略日 53856.5),章动角修正量为

$$\begin{cases}\delta(\Delta\psi) = -0''.053991 \\ \delta(\Delta\varepsilon) = -0''.006356\end{cases}$$

则章动矩阵为

$$\boldsymbol{N}(T) = \begin{bmatrix} 1.0 & 8.298138\times10^{-6} & 3.597542\times10^{-6} \\ -8.29798\times10^{-6} & 1.0 & -4.395197\times10^{-5} \\ -3.59791\times10^{-6} & 4.395194\times10^{-5} & 1.0 \end{bmatrix}$$

若卫星相对历元平赤道坐标系的运动状态由位置矢量 $\boldsymbol{r}_{\mathrm{MOD}}$ 和速度矢量 $\dot{\boldsymbol{r}}_{\mathrm{MOD}}$ 给出,则卫星在历元真赤道坐标系中的状态为

$$\boldsymbol{r}_{\mathrm{TOD}} = \begin{pmatrix} 40586629.327781 \\ 11427673.031534 \\ 59990.683512 \end{pmatrix}(\mathrm{m}),\ \dot{\boldsymbol{r}}_{\mathrm{TOD}} = \begin{pmatrix} -833.215706 \\ 2959.671499 \\ -0.3464286 \end{pmatrix}(\mathrm{m/s})$$

4. 准地球固连坐标系

准地球固连坐标系 $O-X_gY_gZ_g$,原点在地球质心,主方向 X_g 指向格林尼治零子午面与历元真赤道面的交线,Z_g 自地球质心沿历元真赤道面法向,Y_g 位于历元真赤道面内,与 X_g 轴和 Z_g 轴构成右手正交坐标系(图 2.18)。因此,准地球固连坐标系与历元真赤道坐标系具有相同的基本平面,仅在主方向上相差历元真恒星时 GAST。历元真赤道坐标系到准地球固连坐标系的转移矩阵 $\boldsymbol{\Theta}(T)$,称为恒星时转移矩阵,即

$$\boldsymbol{\Theta}(T) = R_z(\mathrm{GAST}) \tag{2.12}$$

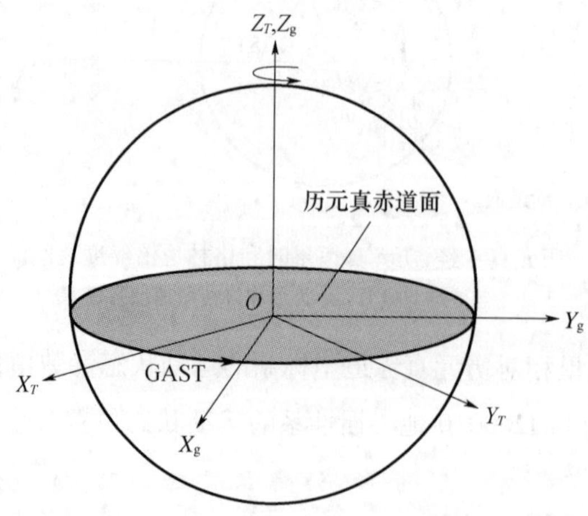

图 2.18 历元真赤道坐标系与准地球固连坐标系的关系

设历元时刻卫星相对准地球固连坐标系的运动状态参数由位置矢量 $\boldsymbol{r}_{\mathrm{CEP}}$ 和速度矢量 $\dot{\boldsymbol{r}}_{\mathrm{CEP}}$ 表示,与 J2000.0 地心惯性系的运动状态位置矢量 $\boldsymbol{r}_{\mathrm{ECI}}$ 和速度矢量 $\dot{\boldsymbol{r}}_{\mathrm{ECI}}$ 的关系如下:

$$\boldsymbol{r}_{\mathrm{CEP}} = \boldsymbol{\Theta}(T) \cdot \boldsymbol{N}(T) \cdot \boldsymbol{P}(T) \cdot \boldsymbol{r}_{\mathrm{ECI}} \tag{2.13}$$

$$\dot{\boldsymbol{r}}_{\mathrm{CEP}} = \boldsymbol{\Theta}(T) \cdot \boldsymbol{N}(T) \cdot \boldsymbol{P}(T) \cdot \dot{\boldsymbol{r}}_{\mathrm{ECI}} + \frac{\mathrm{d}(\boldsymbol{\Theta}(T)\boldsymbol{N}(T)\boldsymbol{P}(T))}{\mathrm{d}t} \cdot \boldsymbol{r}_{\mathrm{ECI}} \approx$$

$$\boldsymbol{\Theta}(T) \cdot \boldsymbol{N}(T) \cdot \boldsymbol{P}(T) \cdot \dot{\boldsymbol{r}}_{\mathrm{ECI}} + \frac{\mathrm{d}(\boldsymbol{\Theta}(T))}{\mathrm{d}t}\boldsymbol{N}(T) \cdot \boldsymbol{P}(T) \cdot \boldsymbol{r}_{\mathrm{ECI}} \tag{2.14}$$

其中

$$\frac{\mathrm{d}(\boldsymbol{\Theta}(T))}{\mathrm{d}t} = \begin{bmatrix} 0 & \omega_{\mathrm{e}} & 0 \\ -\omega_{\mathrm{e}} & 0 & 0 \\ 0 & 0 & 0 \end{bmatrix} \cdot \boldsymbol{\Theta}(T)$$

$\omega_{\mathrm{e}} = 7.29211585 \times 10^{-5}$ (rad/s)为地球自转角速度。

由地球自转服务公报 C－04 可知，历元时刻协调世界时 2006 年 5 月 1 日 12 时(相对儒略日 53856.5)，世界时和协调世界时的差为

$$(\mathrm{UT1} - \mathrm{UTC})_{2006^{\mathrm{Y}}5^{\mathrm{M}}1^{\mathrm{D}}12^{\mathrm{h}}\mathrm{UTC}} = 0^{\mathrm{s}}.2359553$$

历元真恒星时，有

$$\mathrm{GAST} = 39^{\circ}.277841$$

则地球自转真恒星时矩阵为

$$\boldsymbol{\Theta}(T) = \begin{bmatrix} 0.774085 & 0.633082 & 0.0 \\ 0.633082 & 0.774085 & 0.0 \\ 0.0 & 0.0 & 1.0 \end{bmatrix}$$

若卫星相对 J2000.0 地心惯性系的运动状态，由位置矢量 $\boldsymbol{r}_{\mathrm{ECI}}$ 和速度矢量 $\dot{\boldsymbol{r}}_{\mathrm{ECI}}$ 给出，则卫星在准地球固连坐标系中的状态为

$$\boldsymbol{r}_{\mathrm{CEP}} = \begin{pmatrix} 38652154.296443 \\ -16848654.526410 \\ 59990.683512 \end{pmatrix} (\mathrm{m}), \dot{\boldsymbol{r}}_{\mathrm{CEP}} = \begin{pmatrix} 0.1101302 \\ -0.028749 \\ -0.3464287 \end{pmatrix} (\mathrm{m/s})$$

5. 国际地球参考坐标系

国际地球参考坐标系(International Terrestrial Reference System，ITRS)，坐标原点为地球质心，z 轴指向地球地理北极原点，由于历史的原因，地球地理北极原点的定义和指向略有差异，为方便使用国际地球自转服务协会提供的极移参数，Z 轴指向国际地球自转服务参考极点(IRP)，基本平面为 Z 轴通过地球质心的法平面，X 轴在基本平面内由地心指向格林尼治子午圈。Y 轴位于基本平面内，与 X 轴和 Z 轴构成右手正交坐标系。如果不考虑更高的转换精度，在静止轨道卫星测量与控制中，可以把国际地球参考坐标系与常用的地球固连坐标系混用，但需要特别注意的是，应该充分认识到工程问题对精度的要求，在静止轨道卫星测量与控制工程中，允许的测量与控制误差量级，位置误差量级为百米，而混用国际地球参考坐标系与常用地球固连坐标系，比如 WGS84，引起静止轨道误差量级大约在 10m 量级，因此，在本书中，将常用地球固连坐标系不加区

分,而是混用为国际地球参考坐标系。

设历元时刻地球瞬时极轴在国际地球参考坐标系的位移量分别为 x_p 和 y_p,称为极移参数。则准地球固连坐标系到国际地球参考坐标系的转移矩阵为

$$\boldsymbol{\Pi}(T)=\boldsymbol{R}_{y}(-x_p)\cdot\boldsymbol{R}_{x}(-y_p)=\begin{bmatrix}\cos x_p & \sin x_p\cdot\sin y_p & \sin x_p\cdot\cos y_p\\ 0 & \cos y_p & -\sin y_p\\ -\sin x_p & \cos x_p\cdot\sin y_p & \cos x_p\cdot\cos y_p\end{bmatrix}$$

考虑到极移参数 x_p 和 y_p 是小量,约为10^{-6}rad 量级,转移矩阵可简化为

$$\boldsymbol{\Pi}(T)=\begin{bmatrix}1 & 0 & x_p\\ 0 & 1 & -y_p\\ -x_p & y_p & 1\end{bmatrix}$$

设历元时刻卫星相对国际地球参考坐标系的运动状态参数由位置矢量 $\boldsymbol{r}_{\mathrm{WGS}}$ 和速度矢量 $\dot{\boldsymbol{r}}_{\mathrm{WGS}}$ 表示,与 J2000.0 地心惯性系的运动状态位置矢量 $\boldsymbol{r}_{\mathrm{ECI}}$ 和速度矢量 $\dot{\boldsymbol{r}}_{\mathrm{ECI}}$ 的关系如下:

$$\boldsymbol{r}_{\mathrm{WGS}}=\boldsymbol{\Pi}(T)\cdot\boldsymbol{\Theta}(T)\cdot\boldsymbol{N}(T)\cdot\boldsymbol{P}(T)\cdot\boldsymbol{r}_{\mathrm{ECI}}$$

$$\boldsymbol{r}_{\mathrm{WGS}}=\boldsymbol{\Pi}(T)\cdot\boldsymbol{\Theta}(T)\cdot\boldsymbol{N}(T)\cdot\boldsymbol{P}(T)\cdot\dot{\boldsymbol{r}}_{\mathrm{ECI}}+\frac{\mathrm{d}(\boldsymbol{\Pi}(T)\boldsymbol{\Theta}(T)\boldsymbol{N}(T)\boldsymbol{P}(T))}{\mathrm{d}t}\cdot\boldsymbol{r}_{\mathrm{ECI}}\approx$$

$$\boldsymbol{\Pi}(T)\cdot\boldsymbol{\Theta}(T)\cdot\boldsymbol{N}(T)\cdot\boldsymbol{P}(T)\cdot\dot{\boldsymbol{r}}_{\mathrm{ECI}}+\boldsymbol{\Pi}(T)\cdot\frac{\mathrm{d}(\boldsymbol{\Theta}(T))}{\mathrm{d}t}\cdot\boldsymbol{N}(T)\cdot\boldsymbol{P}(T)\cdot\boldsymbol{r}_{\mathrm{ECI}}$$

其中

$$\frac{\mathrm{d}(\boldsymbol{\Theta}(T))}{\mathrm{d}t}=\begin{bmatrix}0 & \omega_{\mathrm{e}} & 0\\ -\omega_{\mathrm{e}} & 0 & 0\\ 0 & 0 & 0\end{bmatrix}\cdot\boldsymbol{\Theta}(T)$$

$\omega_{\mathrm{e}}=7.29211585\times10^{-5}$(rad/s)为地球自转角速度。

常用的国际地球参考坐标系常数见表 2.4。

表 2.4 常用的国际地球参考坐标系常数

参考坐标系	地球赤道半径 $R_{\oplus}$/m	地球扁率 $1/f$
GEM-10B	6378138.0	298.257
GEM-T3	6378137.0	298.257
WGS72	6378135.0	298.26
WGS84	6378137.0	298.257223563
ITRF(GRS-80)	6378137.0	298.257222101
PZ-90	6378136.0	298.257839303
注:本书计算实例采用 WGS84 地球参考椭球参数		

由地球自转服务公报 C-04 可知,历元时刻协调世界时 2006 年 5 月 1 日 12 时(相对儒略日 53856.5),地球瞬时极轴位移参数如下:

$$x_p = 0''.109801$$
$$y_p = 0''.360164$$

则极移矩阵为

$$\boldsymbol{\Pi}(T) = \begin{bmatrix} 1.0 & 0.0 & 5.323303 \times 10^{-7} \\ 0.0 & 1.0 & -1.746124 \times 10^{-6} \\ -5.323303 \times 10^{-7} & 1.746124 \times 10^{-6} & 1.0 \end{bmatrix}$$

若卫星相对 J2000.0 地心惯性系的运动状态,由位置矢量 $\boldsymbol{r}_{\mathrm{ECI}}$ 和速度矢量 $\dot{\boldsymbol{r}}_{\mathrm{ECI}}$ 给出,则卫星在国际地球参考坐标系中的状态为

$$\boldsymbol{r}_{\mathrm{WGS}} = \begin{pmatrix} 38652154.328357 \\ -16848654.631135 \\ 59940.687954 \end{pmatrix}(\mathrm{m}), \dot{\boldsymbol{r}}_{\mathrm{WGS}} = \begin{pmatrix} 0.110130 \\ -0.028748 \\ -0.3464288 \end{pmatrix}(\mathrm{m/s})$$

综合以上定义,历元时刻协调世界时:2006 年 5 月 1 日 12 时,由 J2000.0 地心惯性系到国际地球参考坐标系的转移矩阵为

$$\boldsymbol{M}_{\mathrm{WGS}}^{\mathrm{ECI}}(T) = \boldsymbol{\Pi}(T) \cdot \boldsymbol{\Theta}(T) \cdot \boldsymbol{N}(T) \cdot \boldsymbol{P}(T) = \begin{bmatrix} 0.77497506 & 0.63199162 & -0.0005009 \\ -0.63199153 & 0.77497522 & 0.00035102 \\ 0.00061003 & 0.00004454 & 0.99999981 \end{bmatrix}$$

2.3.2 地平坐标系

1. 测站地平坐标系

坐标原点位于测量设备跟踪天线的旋转中心,$x_m y_m$ 平面为经过坐标原点与地球参考椭球面的切平面,x_m 轴位于该切平面指向东,y_m 轴位于该切平面指向北,$z_m = x_m \times y_m$ 沿切平面法向,向上为正。该坐标系也称当地地平坐标系。观测量在该坐标系输出,且观测方程在该坐标系建立。假设观测天线原点的经度为 λ,纬度为 φ,如图 2.19 所示。则在地心固连系中测站地平坐标系三轴单位矢量分别表示为

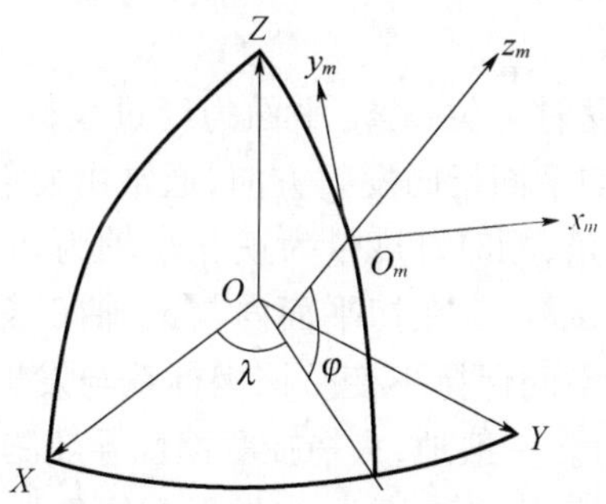

图 2.19 在地心固连系中表示测站地平坐标系

$$\boldsymbol{x}_m = \frac{\boldsymbol{z}_0 \times \boldsymbol{r}_0}{\| \boldsymbol{z}_0 \times \boldsymbol{r}_0 \|}, \boldsymbol{y}_m = \frac{\boldsymbol{r}_0 \times \boldsymbol{x}_m}{\| \boldsymbol{r}_0 \times \boldsymbol{x}_m \|}, \boldsymbol{z}_m = \boldsymbol{r}_0 \tag{2.15}$$

其中

$$\boldsymbol{r}_0 = \begin{bmatrix} \cos\varphi\cos\lambda \\ \cos\varphi\sin\lambda \\ \sin\varphi \end{bmatrix}, \qquad \boldsymbol{z}_0 = \begin{bmatrix} 0 \\ 0 \\ 1 \end{bmatrix}$$

则地面测量坐标系到地心固连系的转换矩阵为

$$\boldsymbol{M}_{\mathrm{g}} = [x_{\mathrm{e}}, y_{\mathrm{e}}, z_{\mathrm{e}}] = \begin{bmatrix} -\sin\lambda & -\sin\varphi\cos\lambda & \cos\varphi\cos\lambda \\ \cos\lambda & -\sin\varphi\sin\lambda & \cos\varphi\sin\lambda \\ 0 & \cos\varphi & \sin\varphi \end{bmatrix}$$

2. 发射坐标系

坐标原点 O_f 位于发射工位，$x_f O_f y_f$ 平面为经过坐标原点与地球参考椭球面的切平面，x_f 轴位于该切平面指向发射方向，通常由发射方位角 A 定义，A 为发射方向与当地正北的夹角，顺时针度量为正。y_f 轴位于该切平面且与 x_f 轴正交，$z_f = x_f \cdot y_f$ 沿切平面法向，向上为正。

一般地，发射弹道分析和设计在该坐标系进行，如果将发射原点平移到返回制动点，可以定义返回坐标系，同样，返回弹道的设计和分析在该坐标系进行。

设发射工位大地经度为 λ，纬度为 φ，发射方位为 A，则发射坐标系三轴在当地地平坐标系中的投影为

$$\boldsymbol{x}_f = \begin{bmatrix} \cos A \\ \sin A \\ 0 \end{bmatrix}, \boldsymbol{y}_f = \begin{bmatrix} -\sin A \\ \cos A \\ 0 \end{bmatrix}, \boldsymbol{z}_f = \begin{bmatrix} 0 \\ 0 \\ 1 \end{bmatrix}$$

则发射坐标系到当地地平坐标系的转移矩阵为

$$\boldsymbol{M}_f = [\boldsymbol{x}_f, \boldsymbol{y}_f, \boldsymbol{z}_f]$$

由当地地平坐标系到地心固连坐标系的转移矩阵 $\boldsymbol{M}_g$ 和到地心惯性坐标系的转移矩阵 $\boldsymbol{M}_I$，则发射坐标系到地心固连坐标系的转移矩阵为 $\boldsymbol{M}_g \cdot M_f$。

3. 发射惯性坐标系

坐标原点 O_F 位于发射工位，$x_F z_F$ 平面为经过坐标原点与地球参考椭球面的切平面，x_F 轴位于该切平面指向发射方向，通常由发射方位角 A 定义，A 为发射方向与当地正北的夹角，顺时针度量为正。y_F 轴为切平面通过发射工位原点的切向，向上为正。$z_F = x_F \times y_F$ 在切平面内与 x_F 轴正交。且在发射时刻，坐标原点和三轴指向在惯性空间保持不变。该坐标系与发射坐标系相对，被称为发射惯性坐标系(图 2.20)。一般地，火箭捷联惯性导航测量在该坐标系度量。

设发射工位大地经度为 λ，纬度为 φ，发射方位角为 A，发射时刻格林尼治平恒星时为 S_G，则发射工位原点平赤经为

$$\lambda_G = \lambda + S_G$$

发射惯性坐标系 $O_F x_F y_F z_F$ 到地心惯性坐标系的转换矩阵为

$$\boldsymbol{M}_F = \begin{bmatrix} -\sin\varphi\cos\lambda_G & \cos\varphi\cos\lambda_G & -\sin\lambda_G \\ -\sin\varphi\sin\lambda_G & \cos\varphi\sin\lambda_G & \cos\lambda_G \\ \cos\varphi & \sin\varphi & 0 \end{bmatrix} \cdot \begin{bmatrix} \cos A & 0 & -\sin A \\ 0 & 1 & 0 \\ \sin A & 0 & \cos A \end{bmatrix}$$

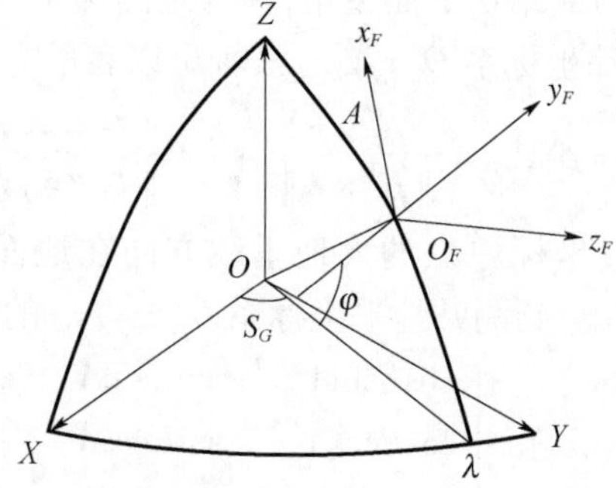

图 2.20　发射惯性系三轴在地心惯性坐标系中定义

4. 测站跟踪坐标系

坐标原点位于测量设备跟踪天线的旋转中心 O_T，$x_T y_T$ 平面为过坐标原点的大地垂线与天线到航天器的视线向量确定的平面，x_T 轴为天线中心到航天器的视线方向；y_T 轴在基本平面内与 x_T 垂直且指向视线仰角增大的方向；z_T 轴为基本平面的法向，与 x_T 轴和 y_T 轴构成右手坐标系（图 2.21）。当测量航天器过顶时，方位测量出现奇异，相应该坐标不确定。

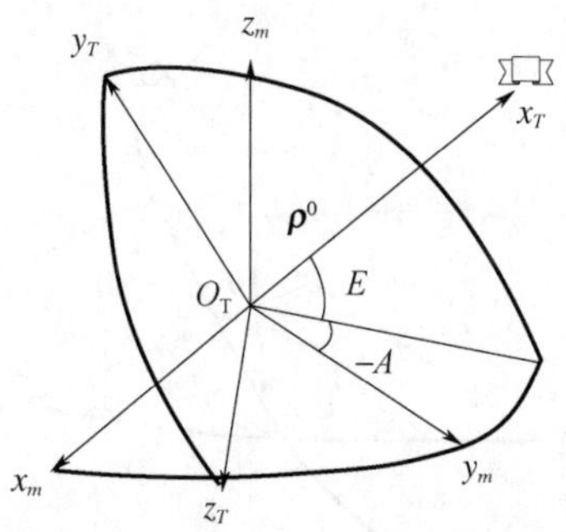

图 2.21　在测站地平坐标系中定义测量跟踪坐标系

该坐标系描述了测量设备观测目标时，观测天线的二自由度运动，当天线中心光轴指向目标时，天线座平面绕 z_m 旋转，形成方位角，顺时针旋转方位角增大，逆时针旋转方位角减小。天线座平面绕 z_T 旋转，形成仰角，逆时针旋转仰角增大，顺时针旋转仰角减小。因此，在该坐标系度量观测方程，进行测角数据处理，会明显降低测角随机差的耦合，提高处理精度，因此测量设备跟踪天线的运动在该坐标系建立。假设天线中心到飞行器的视线方向 $\boldsymbol{\rho}^0$ 在地面测量坐标系

中为

$$\boldsymbol{\rho}^0 = \begin{bmatrix} \cos E \ \sin A \\ \cos E \ \cos A \\ \sin E \end{bmatrix}$$

式中:A 为视线方向在测站切平面投影与正北的夹角,称为观测方位角(Azimuch);E 为视线方向与测站切平面夹角,称为观测仰角(Elevation)。则在测站地平坐标系中,测站跟踪坐标系 $O_m x_T y_T z_T$ 三轴可以表示为

$$\boldsymbol{x}_T = \boldsymbol{\rho}^0, \boldsymbol{z}_T = \frac{\boldsymbol{\rho}^0 \times \boldsymbol{r}}{\| \boldsymbol{\rho}^0 \times \boldsymbol{r} \|}, \boldsymbol{y}_T = \frac{\boldsymbol{z}_T \times \boldsymbol{x}_T}{\| \boldsymbol{z}_T \times \boldsymbol{x}_T \|}$$

式中:$\boldsymbol{r} = [0,0,1]^{\mathrm{T}}$ 是过坐标原点的大地垂线方向在地面测量坐标系的投影。测站跟踪坐标系 $O_m x_T y_T z_T$ 到测站地平坐标系 $O_m x_m y_m z_m$ 的转换矩阵为

$$\boldsymbol{M}_T = [\boldsymbol{x}_T, \boldsymbol{y}_T, \boldsymbol{z}_T] = \begin{bmatrix} \cos E \sin A & -\sin E \sin A & \cos A \\ \cos E \cos A & -\sin E \cos A & -\sin A \\ \sin E & \cos E & 0 \end{bmatrix}$$

2.3.3 卫星质心坐标系

1. 瞬时轨道坐标系

坐标原点位于航天器质心,$x_O z_O$ 位于航天器瞬时轨道平面内,z_O 轴由航天器质心指向地球质心,y_O 为轨道负法向,$x_O y_O z_O$ 轴组成右手系(图 2.22)。三轴稳定卫星姿态欧拉角在该坐标系定义。

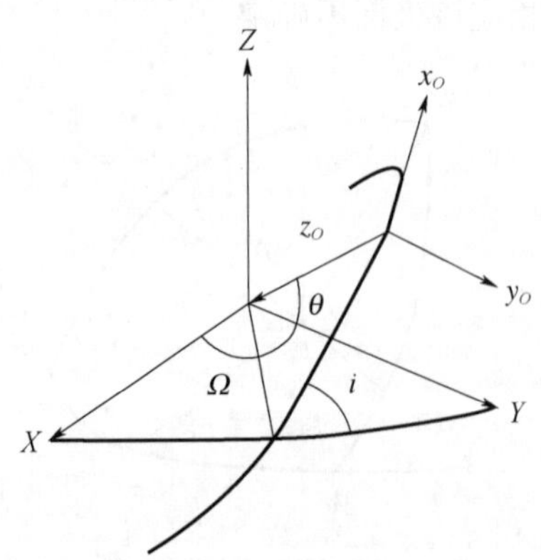

图 2.22　在地心惯性系中定义轨道坐标系

假设飞行器瞬时轨道根数 $E\text{orbit} = \{\text{Jd}, T, a, e, i, \Omega, w, M\}$,则瞬时轨道坐标系 $O_e x_O y_O z_O$ 三轴在地心惯性系中可表示为

$$z_O = -\frac{\boldsymbol{r}}{r} = \begin{bmatrix} -\cos\theta\cos\Omega + \sin\theta\cos i\sin\Omega \\ -\cos\theta\sin\Omega - \sin\theta\cos i\cos\Omega \\ -\sin\theta\sin i \end{bmatrix}$$

$$y_O = -\boldsymbol{W} = \begin{bmatrix} -\sin i \ \sin\Omega \\ \sin i \ \cos\Omega \\ \cos i \end{bmatrix}$$

$$\boldsymbol{x}_O = \frac{y_O \times z_O}{\| y_O \times z_O \|} = \begin{bmatrix} -\sin\theta \ \cos\Omega - \cos\theta \ \cos i \ \sin\Omega \\ -\sin\theta\sin\Omega + \cos\theta \ \cos i \ \cos\Omega \\ \cos\theta \ \sin i \end{bmatrix}$$

因此,瞬时轨道坐标系到地心惯性坐标系的转换矩阵为

$$\boldsymbol{M}_O = \begin{bmatrix} -\sin\theta \cdot \cos\Omega - \cos\theta \cdot \cos i \cdot \sin\Omega & -\sin i \cdot \sin\Omega & -\cos\theta \cdot \cos\Omega + \sin\theta \cdot \cos i \cdot \sin\Omega \\ -\sin\theta \cdot \sin\Omega + \cos\theta \cdot \cos i \cdot \sin\Omega & \sin i \cdot \cos\Omega & -\cos\theta \cdot \sin\Omega - \sin\theta \cdot \cos i \cdot \cos\Omega \\ \cos\theta \cdot \sin i & -\cos i & -\sin\theta \cdot \sin i \end{bmatrix}$$

式中:$\theta = \omega + f$ 为升交点辐角。

假设飞行器在地心惯性坐标系的位置和速度为 $\boldsymbol{r}$ 和 $\boldsymbol{v}$,则瞬时轨道坐标系 $O_e - x_O y_O z_O$ 三轴在地心惯性坐标系的投影为

$$\boldsymbol{x}_O = \frac{\boldsymbol{y}_O \times \boldsymbol{z}_O}{\| \boldsymbol{y}_O \times \boldsymbol{z}_O \|}, \boldsymbol{y}_O = \frac{\boldsymbol{v} \times \boldsymbol{r}}{\| \boldsymbol{v} \times \boldsymbol{r} \|}, \boldsymbol{z}_O = -\frac{\boldsymbol{r}}{\| \boldsymbol{r} \|}$$

则瞬时轨道坐标系 $O_e - x_O y_O z_O$ 到地心惯性坐标系的转换矩阵为

$$\boldsymbol{M}_O = [\boldsymbol{x}_O, \boldsymbol{y}_O, \boldsymbol{z}_O]$$

2. 东南固连坐标系

原点固连在飞行器质心 O_p,(x_p, o_p, y_p) 平面为地心到飞行器质心 O_p 的地心矢的法平面,x_p 轴向东为正,y_p 轴向南为正,z_p 轴向下为正,为地心到飞行器质心 O_p 的地心矢的负方向。x_p、y_p、z_p 组成右手坐标系。在同步卫星转移轨道段,四级发动机点火姿态在该坐标系建立,因此,四级发动机推力在该坐标系分解(图 2.23)。

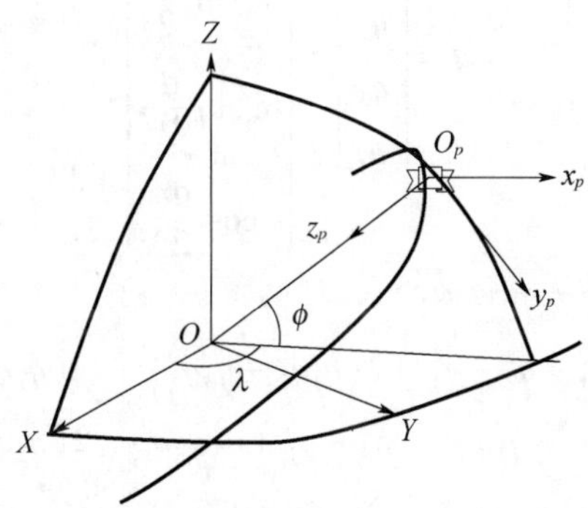

图 2.23　在地心惯性系中定义东南固连坐标系

假设飞行器位置为 $\boldsymbol{r} = [x, y, z]^{\mathrm{T}}$,则东南固连坐标系 $O_p - x_p y_p z_p$ 三轴在地心惯性系中可表示为

$$\boldsymbol{x}_p = \frac{\boldsymbol{w} \times \boldsymbol{r}}{\| \boldsymbol{w} \times \boldsymbol{r} \|}, \boldsymbol{y}_p = \frac{(\boldsymbol{w} \times \boldsymbol{r}) \times \boldsymbol{r}}{\| (\boldsymbol{w} \times \boldsymbol{r}) \times \boldsymbol{r} \|}, \boldsymbol{z}_p = -\frac{\boldsymbol{r}}{\| \boldsymbol{r} \|} \tag{2.16}$$

式中:$\boldsymbol{w} = [0,0,1]^{\mathrm{T}}$。

定义 $r = \| \boldsymbol{r} \|, \rho = \sqrt{x^2 + y^2}$,则东南固连坐标系到地心惯性系的转换矩阵为

$$\boldsymbol{M}_p = [\boldsymbol{x}_p, \boldsymbol{y}_p, \boldsymbol{z}_p] = \begin{bmatrix} -\frac{y}{\rho} & \frac{z}{r} \cdot \frac{x}{\rho} & -\frac{x}{r} \\ \frac{x}{\rho} & \frac{z}{r} \cdot \frac{y}{\rho} & -\frac{y}{r} \\ 0 & -\frac{\rho}{r} & -\frac{z}{r} \end{bmatrix} \tag{2.17}$$

2.3.4 卫星本体坐标系

卫星本体坐标系为固连在作为刚体运动的卫星上,坐标原点通常为卫星质心,三轴指向的定义依工程任务的需要和任务分析的方便而定。卫星本体坐标系的定义是为了度量刚体在空间中绕本体质心的运动姿态,因此,必须引入空间参考坐标系,本体系三轴和参考坐标系三轴之间的旋转关系,描述卫星本体轴与度量坐标系的欧拉角关系;参考坐标系到卫星本体系的坐标转移矩阵,称为姿态矩阵,表示本体系三轴在参考坐标系的投影关系,是航天器姿态描述和姿态测量的基础。

在本体坐标系 $O_b - x_b y_b z_b$ 和参考坐标系 $O - x_r y_r z_r$ 的分量不变,由刚体绕定点转动的欧拉定律,单位矢量 $\boldsymbol{e} = [e_x \quad e_y \quad e_z]^{\mathrm{T}}$ 为欧拉转轴,假设欧拉转角为 $\boldsymbol{\Phi}$,则定义代表欧拉轴方向和欧拉转角的四元数为

$$\boldsymbol{q} = \begin{bmatrix} q_1 \\ q_2 \\ q_3 \\ q_4 \end{bmatrix} = \begin{bmatrix} e_x \sin \frac{\boldsymbol{\Phi}}{2} \\ e_y \sin \frac{\boldsymbol{\Phi}}{2} \\ e_z \sin \frac{\boldsymbol{\Phi}}{2} \\ \cos \frac{\boldsymbol{\Phi}}{2} \end{bmatrix}$$

由姿态四元数表示的姿态矩阵为

$$\boldsymbol{A} = \begin{bmatrix} q_4^2 + q_1^2 - q_2^2 - q_3^2 & 2(q_1 q_2 + q_3 q_4) & 2(q_1 q_3 - q_2 q_4) \\ 2(q_1 q_2 - q_3 q_4) & q_4^2 - q_1^2 + q_2^2 - q_3^2 & 2(q_2 q_3 + q_1 q_4) \\ 2(q_1 q_3 + q_2 q_4) & 2(q_2 q_3 - q_1 q_4) & q_4^2 - q_1^2 - q_2^2 + q_3^2 \end{bmatrix}$$

姿态确定问题便是如何利用姿态敏感器的测量信息以及与本体轴的安装几何关系,确定卫星本体坐标系三轴在参考坐标系的投影矩阵 $\boldsymbol{A}$,进而,利用欧拉角的定义及欧拉角转移矩阵,利用姿态矩阵的唯一性,寻找欧拉角与姿态投影矩

阵元素之间关系的过程。

引入欧拉角定义姿态角，是希望三个欧拉角直接反映参考坐标系与卫星本体系直观的几何关系，但由于欧拉角的定义不同，欧拉角的旋转顺序不同，使得欧拉角具有不同的几何意义。下面将分别讨论上升段火箭姿态、三轴稳定卫星姿态和自旋稳定卫星姿态的度量和参考坐标关系，以及在工程中对三类问题的常用欧拉角定义与姿态矩阵的关系。

定义卫星本体系坐标原点 O_b 为卫星质心，O_bx_b 为卫星纵对称轴，指向卫星头部为正；O_bz_b 位于卫星纵对称面内，与 O_bx_b 垂直，指地为正；O_by_b 为卫星纵对称面法向，与 O_bx_b、O_bz_b 轴构成右手坐标系（图 2.24）。对地定向的三轴稳定航天器，姿态定义和稳定坐标系通常为瞬时轨道坐标系。

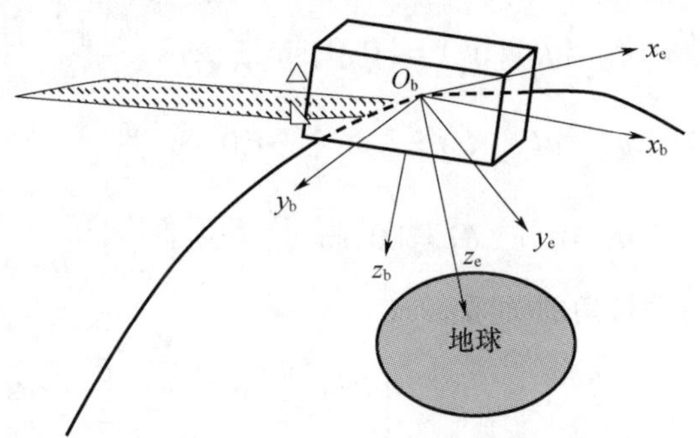

图 2.24 三轴稳定卫星本体坐标系与轨道坐标系

常用的欧拉角旋转或定义次序为偏航—滚动—俯仰（图 2.25）和俯仰—滚动—偏航（图 2.26），下面给出这两种转序下的欧拉角几何意义、欧拉角姿态矩阵、相应四元素与欧拉角的关系以及与该转序相关的姿态运动方程。

1）旋转顺序为偏航—滚动—俯仰（滚动角为 90°时，欧拉角姿态运动方程出现奇异）

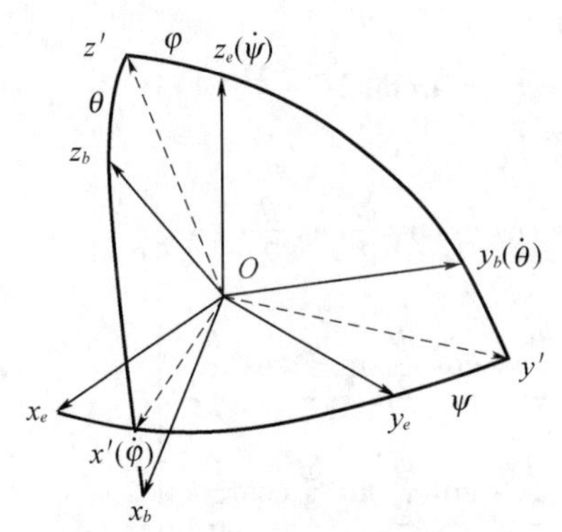

图 2.25 偏航—滚动—俯仰转序

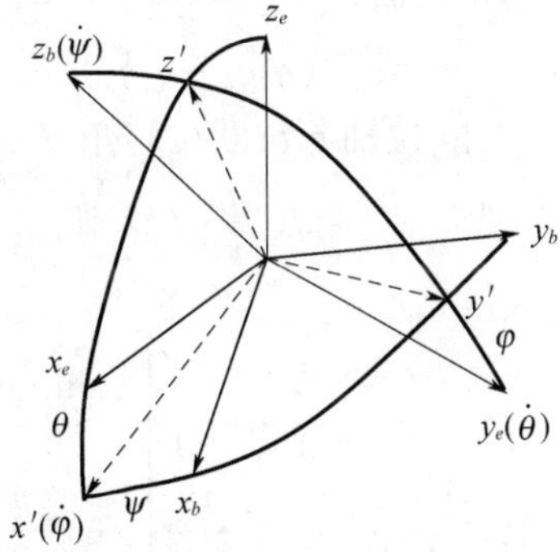

图 2.26 俯仰—滚动—偏航转序

偏航角 ψ：本体坐标系主轴 x_b 在度量坐标系基本平面 x_ey_e 的投影 x' 与度量

坐标系主轴 x_e 的夹角。

滚动角 φ：本体坐标系俯仰轴 y_b 轴与其在基本平面 $x_e y_e$ 投影之间的夹角。

俯仰角 θ：本体坐标系主轴 x_b 与度量坐标系基本平面 $x_e y_e$ 的夹角。

(1) 欧拉角姿态矩阵：

$$\boldsymbol{M}_{3\_1\_2} = \boldsymbol{M}_y[\theta] \cdot \boldsymbol{M}_x[\varphi] \cdot \boldsymbol{M}_z[\psi] =$$

$$\begin{bmatrix} \cos\theta\cos\psi - \sin\theta\sin\varphi\sin\psi & \cos\theta\sin\psi + \sin\theta\sin\varphi\cos\psi & -\sin\theta\cos\varphi \\ -\cos\varphi\sin\psi & \cos\varphi\cos\psi & \sin\varphi \\ \sin\theta\cos\psi + \cos\theta\sin\varphi\sin\psi & \sin\theta\sin\psi - \cos\theta\sin\varphi\cos\psi & \cos\theta\cos\varphi \end{bmatrix}$$

(2) 四元数姿态矩阵：

$$\boldsymbol{M}_{3-1-2} = \boldsymbol{M}[q_\theta] \cdot \boldsymbol{M}[q_\varphi] \cdot \boldsymbol{M}[q_\psi]$$

$$\boldsymbol{q}_\psi = \boldsymbol{q}(e_z, \psi) = \left[0, 0, \sin\frac{\psi}{2}, \cos\frac{\psi}{2}\right]^{\mathrm{T}}$$

$$\boldsymbol{q}_\varphi = \boldsymbol{q}(e_x, \varphi) = \left[\sin\frac{\varphi}{2}, 0, 0, \cos\frac{\varphi}{2}\right]^{\mathrm{T}}$$

$$\boldsymbol{q}_\theta = \boldsymbol{q}(e_y, \theta) = \left[0, \sin\frac{\theta}{2}, 0, \cos\frac{\theta}{2}\right]^{\mathrm{T}}$$

(3) 四元数与欧拉角的关系：

$$\boldsymbol{q} = \begin{bmatrix} q_1 \\ q_2 \\ q_3 \\ q_4 \end{bmatrix} = \boldsymbol{Q}(q_\psi) \cdot \boldsymbol{Q}(q_\varphi) \cdot \boldsymbol{q}_\theta = \begin{bmatrix} \sin\frac{\psi}{2}\cos\frac{\varphi}{2}\sin\frac{\theta}{2} + \cos\frac{\psi}{2}\sin\frac{\varphi}{2}\cos\frac{\theta}{2} \\ \cos\frac{\psi}{2}\cos\frac{\varphi}{2}\sin\frac{\theta}{2} - \sin\frac{\psi}{2}\sin\frac{\varphi}{2}\cos\frac{\theta}{2} \\ -\cos\frac{\psi}{2}\sin\frac{\varphi}{2}\sin\frac{\theta}{2} + \sin\frac{\psi}{2}\cos\frac{\varphi}{2}\cos\frac{\theta}{2} \\ \sin\frac{\psi}{2}\sin\frac{\varphi}{2}\sin\frac{\theta}{2} + \cos\frac{\psi}{2}\cos\frac{\varphi}{2}\cos\frac{\theta}{2} \end{bmatrix}$$

$$\psi = \arctan2[2(q_3 q_4 - q_1 q_2), q_4^2 - q_1^2 + q_2^2 - q_3^2] = \arctan2(-A_{yx}, A_{yy})$$

$$\varphi = \arcsin(2(q_2 q_3 + q_1 q_4)) = \arcsin(A_{yz})$$

$$\theta = \arctan2[2(q_2 q_4 - q_1 q_3), q_4^2 - q_1^2 - q_2^2 + q_3^2] = \arctan2(-A_{xz}, A_{zz})$$

(4) 欧拉轴 $\boldsymbol{e}$ 与欧拉转角 $\boldsymbol{\Phi}$ 之间的关系：

$$\cos\frac{\Phi}{2} = \sin\frac{\psi}{2}\sin\frac{\varphi}{2}\sin\frac{\theta}{2} + \cos\frac{\psi}{2}\cos\frac{\varphi}{2}\cos\frac{\theta}{2}$$

$$\boldsymbol{e} = \frac{1}{\sin\frac{\Phi}{2}} \begin{bmatrix} \sin\frac{\psi}{2}\cos\frac{\varphi}{2}\sin\frac{\theta}{2} + \cos\frac{\psi}{2}\sin\frac{\varphi}{2}\cos\frac{\theta}{2} \\ \cos\frac{\psi}{2}\cos\frac{\varphi}{2}\sin\frac{\theta}{2} - \sin\frac{\psi}{2}\sin\frac{\varphi}{2}\cos\frac{\theta}{2} \\ -\cos\frac{\psi}{2}\sin\frac{\varphi}{2}\sin\frac{\theta}{2} + \sin\frac{\psi}{2}\cos\frac{\varphi}{2}\cos\frac{\theta}{2} \end{bmatrix}$$

（5）欧拉角姿态运动方程：

$$M_y[\theta]\cdot\{\dot{\theta}e_y+M_x[\varphi]\cdot[\dot{\varphi}e_x+M_z[\psi]\cdot\dot{\psi}e_z]\}=\begin{bmatrix}w_x\\w_y\\w_z\end{bmatrix}$$

$$\begin{bmatrix}\dot{\psi}\\\dot{\varphi}\\\dot{\theta}\end{bmatrix}=\frac{1}{\cos\varphi}\begin{bmatrix}-\sin\theta & 0 & \cos\theta\\\cos\theta\cos\varphi & 0 & \sin\theta\cos\varphi\\\sin\theta\sin\varphi & \cos\varphi & -\cos\theta\sin\varphi\end{bmatrix}\cdot\begin{bmatrix}w_x\\w_y\\w_z\end{bmatrix}$$

（6）四元数姿态运动方程：

$$\begin{bmatrix}\dot{q}_1\\\dot{q}_2\\\dot{q}_3\\\dot{q}_4\end{bmatrix}=\frac{1}{2}\begin{bmatrix}0 & w_z & -w_y & w_x\\-w_z & 0 & w_x & w_y\\w_y & -w_x & 0 & w_z\\-w_x & -w_y & -w_z & 0\end{bmatrix}\cdot\begin{bmatrix}q_1\\q_2\\q_3\\q_4\end{bmatrix}$$

2）旋转顺序为俯仰—滚动—偏航（滚动角 =90°时，欧拉角姿态运动方程出现奇异）

俯仰角 θ：本体坐标系偏航轴 z_b 到轨道面 $x_e z_e$ 投影与轨道坐标系偏航轴 z_e 的夹角。

滚动角 φ：本体坐标系偏航轴 z_b 与轨道面 $x_e z_e$ 的夹角。

偏航角 ψ：本体坐标系主轴 x_b 与轨道平面 $x_e z_e$ 的夹角。

（1）欧拉角姿态矩阵：

$$\boldsymbol{M}_{2-1-3}=\boldsymbol{M}_z[\psi]\cdot\boldsymbol{M}_x[\varphi]\cdot\boldsymbol{M}_y[\theta]=$$

$$\begin{bmatrix}\cos\psi\cos\theta+\sin\psi\sin\varphi\sin\theta & \sin\psi\cos\varphi & -\cos\psi\sin\theta+\sin\psi\sin\varphi\cos\theta\\-\sin\psi\cos\theta+\cos\psi\sin\varphi\sin\theta & \cos\psi\cos\varphi & \sin\psi\sin\theta+\cos\psi\sin\varphi\cos\theta\\\cos\varphi\sin\theta & -\sin\varphi & \cos\varphi\cos\theta\end{bmatrix}$$

（2）四元数姿态矩阵：

$$\boldsymbol{M}_{2-1-3}=\boldsymbol{M}[q_\psi]\cdot M[q_\varphi]\cdot M[q_\theta]$$

$$\boldsymbol{q}_\psi=\boldsymbol{q}(e_z,\psi)=[0,0,\sin\frac{\psi}{2},\cos\frac{\psi}{2}]^{\mathrm{T}}$$

$$\boldsymbol{q}_\varphi=\boldsymbol{q}(e_x,\varphi)=[\sin\frac{\varphi}{2},0,0,\cos\frac{\varphi}{2}]^{\mathrm{T}}$$

$$\boldsymbol{q}_\theta=\boldsymbol{q}(e_y,\theta)=[0,\sin\frac{\theta}{2},0,\cos\frac{\theta}{2}]^{\mathrm{T}}$$

（3）四元数与欧拉角的关系：

$$
\boldsymbol{q}=\begin{bmatrix} q_1 \\ q_2 \\ q_3 \\ q_4 \end{bmatrix}=\boldsymbol{Q}(q_\theta)\cdot\boldsymbol{Q}(q_\varphi)\cdot\boldsymbol{q}_\psi=\begin{bmatrix} -\sin\frac{\theta}{2}\cos\frac{\varphi}{2}\sin\frac{\psi}{2}+\cos\frac{\theta}{2}\sin\frac{\varphi}{2}\cos\frac{\psi}{2} \\ \cos\frac{\theta}{2}\sin\frac{\varphi}{2}\sin\frac{\psi}{2}+\sin\frac{\theta}{2}\cos\frac{\varphi}{2}\cos\frac{\psi}{2} \\ \cos\frac{\theta}{2}\cos\frac{\varphi}{2}\sin\frac{\psi}{2}+\sin\frac{\theta}{2}\sin\frac{\varphi}{2}\cos\frac{\psi}{2} \\ -\sin\frac{\theta}{2}\sin\frac{\varphi}{2}\sin\frac{\psi}{2}+\cos\frac{\theta}{2}\cos\frac{\varphi}{2}\cos\frac{\psi}{2} \end{bmatrix}
$$

$$\theta=\arctan2[2(q_1q_3+q_2q_4),q_4^2-q_1^2-q_2^2+q_3^2]=\arctan2(A_{zx},A_{zz})$$
$$\varphi=\arcsin(2(q_1q_4-q_2q_3))=\arcsin(-A_{zy})$$
$$\psi=\arctan2[2(q_1q_2+q_3q_4),q_4^2-q_1^2+q_2^2-q_3^2]=\arctan2(A_{xy},A_{yy})$$

（4）欧拉轴 $\boldsymbol{e}$ 与欧拉转角 Φ 之间的关系：

$$\cos\frac{\Phi}{2}=-\sin\frac{\theta}{2}\sin\frac{\varphi}{2}\sin\frac{\psi}{2}+\cos\frac{\theta}{2}\cos\frac{\varphi}{2}\cos\frac{\psi}{2}$$

$$
\boldsymbol{e}=\frac{1}{\sin\frac{\Phi}{2}}\begin{bmatrix} -\sin\frac{\theta}{2}\cos\frac{\varphi}{2}\sin\frac{\psi}{2}+\cos\frac{\theta}{2}\sin\frac{\varphi}{2}\cos\frac{\psi}{2} \\ \cos\frac{\theta}{2}\sin\frac{\varphi}{2}\sin\frac{\psi}{2}+\sin\frac{\theta}{2}\cos\frac{\varphi}{2}\cos\frac{\psi}{2} \\ \cos\frac{\theta}{2}\cos\frac{\varphi}{2}\sin\frac{\psi}{2}+\sin\frac{\theta}{2}\sin\frac{\varphi}{2}\cos\frac{\psi}{2} \end{bmatrix}
$$

（5）欧拉角姿态运动方程：

$$M_z[\psi]\cdot\{\dot{\psi}e_z+M_x[\varphi]\cdot[\dot{\varphi}e_x+M_y[\theta]\cdot\dot{\theta}e_y]\}=\begin{bmatrix} w_x \\ w_y \\ w_z \end{bmatrix}$$

$$
\begin{bmatrix} \dot{\theta} \\ \dot{\varphi} \\ \dot{\psi} \end{bmatrix}=\frac{1}{\cos\varphi}\begin{bmatrix} \sin\psi & \cos\psi & 0 \\ \cos\psi\cos\varphi & -\sin\psi\cos\varphi & 0 \\ \sin\psi\sin\varphi & \cos\psi\sin\varphi & \cos\varphi \end{bmatrix}\cdot\begin{bmatrix} w_x \\ w_y \\ w_z \end{bmatrix}
$$

（6）四元数姿态运动方程：

$$
\begin{bmatrix} \dot{q}_1 \\ \dot{q}_2 \\ \dot{q}_3 \\ \dot{q}_4 \end{bmatrix}=\frac{1}{2}\begin{bmatrix} 0 & w_z & -w_y & w_x \\ -w_z & 0 & w_x & w_y \\ w_y & -w_x & 0 & w_z \\ -w_x & -w_y & -w_z & 0 \end{bmatrix}\cdot\begin{bmatrix} q_1 \\ q_2 \\ q_3 \\ q_4 \end{bmatrix}
$$

（7）小欧拉角情况下，分别绕滚动轴、俯仰轴和偏航轴的不同旋转顺序，姿态矩阵可统一近似为

$$
\boldsymbol{M}_b=\begin{bmatrix} 1 & \psi & -\theta \\ -\psi & 1 & \varphi \\ \theta & -\varphi & 1 \end{bmatrix}
$$

2.4 卫星运动基础

2.4.1 开普勒轨道

卫星绕均值球形引力场 $1/r^2$ 的运动，称为二体问题，也称为开普勒问题，卫星绕地运动轨迹称为开普勒轨道，满足开普勒著名的行星运动三大定理。开普勒轨道描述某一时刻卫星相对惯性空间的运动状态——轨道大小、形状、空间相位和当前位置，由六个自由变量定义。

1. 轨道平面元素关系

轨道平面元素关系见图 2.27 和表 2.5。

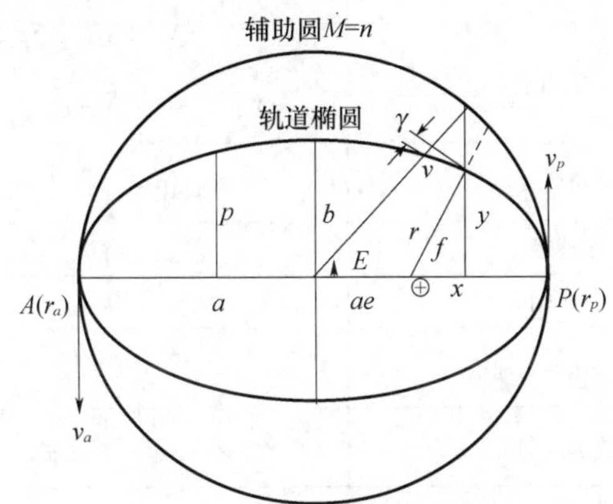

图 2.27 椭圆轨道平面元素

表 2.5 开普勒轨道平面元素关系

变量	说 明	关 系 式
r	卫星地心距	$r=\frac{a(1-e^2)}{1+e\cos f}=\frac{p}{1+e\cos f}=a(1-e\cos E)$
$\dot{r}=\frac{\mathrm{d}r}{\mathrm{d}t}$	卫星地心距变化率	$\dot{r}=\frac{\mathrm{d}r}{\mathrm{d}t}=\sqrt{\frac{\mu}{a(1-e^2)}}e\sin f$
v	卫星速度(活力公式)	$v=\sqrt{\frac{\mu}{a(1-e^2)}}\cdot\sqrt{\sin^2 f+(e+\cos f)^2}=\sqrt{\mu\left(\frac{2}{r}-\frac{1}{a}\right)}$
γ	飞行角(速度方向与当地水平面的夹角)	$\sin\gamma=\frac{r}{v}\dot{f}=\frac{1+e\cos f}{\sqrt{1+e^2+2e\cos f}}$ $\cos\gamma=\frac{1}{v}\dot{r}=\frac{e\sin f}{\sqrt{1+e^2+2e\cos f}}$
r_p	近地点地心距	$r_p=a(1-e)$
v_p	卫星在近地点处速度值,最大速度	$v_p=\sqrt{\frac{\mu}{a}}\cdot\sqrt{\frac{1+e}{1-e}}$
r_a	远地点地心距	$r_a=a(1+e)$
v_a	卫星在远地点处速度值,最小速度	$v_a=\sqrt{\frac{\mu}{a}}\cdot\sqrt{\frac{1-e}{1+e}}$

（续）

变量	说明	关系式
E	偏近点角，由近地点沿卫星运动方向度量	$\sin E=\dfrac{\sqrt{1-e^2}\sin f}{1+e\cos f},\cos E=\dfrac{e+\cos f}{1+e\cos f}$ $E_0=M$ $E_{i+1}=M+e\sin(E_i)$（开普勒方程简单迭代法） $E_0=M$ $E_{i+1}=E_i-\dfrac{E_i-e\sin E_i-M}{1-e\cos E_i}$（开普勒方程牛顿迭代法）
f	真近点角，由近地点沿卫星运动方向度量	$\sin f=\dfrac{\sqrt{1-e^2}\sin E}{1-e\cos E},\cos f=\dfrac{\cos E-e}{1-e\cos E}$
$\dot{f}=\dfrac{\mathrm{d}f}{\mathrm{d}t}$	真近点角变化率	$\dot{f}=\dfrac{1}{r}\sqrt{\dfrac{\mu}{a(1-e^2)}}(1+e\cos f)$
M	平近地点角，开普勒方程	$M=E-e\sin E$ $\dot{M}=n=\sqrt{\dfrac{\mu}{a^3}}$
$\dfrac{f}{2}$	半角公式	$\tan\left(\dfrac{f}{2}\right)=\left(\dfrac{1+e}{1-e}\right)^{\frac{1}{2}}\tan\left(\dfrac{E}{2}\right)$
p	半通径	$p=a(1-e^2)=b\sqrt{1-e^2}$
b	短半轴	$b=a\sqrt{1-e^2}$
n	轨道平运动角速度	$n=\dfrac{2\pi}{T}=\sqrt{\dfrac{\mu}{a^3}}$
T	轨道周期	$T=2\pi\sqrt{\dfrac{a^3}{\mu}}$
注：μ 为地球引力常数，$\mu=398600.4415\mathrm{km}^3/\mathrm{s}^2$（JGM－3）		

2. 轨道空间元素关系

轨道空间元素关系见图 2.28 和表 2.6。

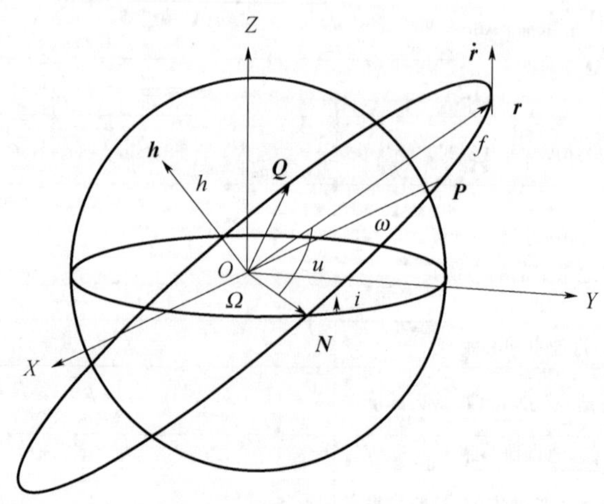

图 2.28　椭圆轨道空间元素

表 2.6 开普勒轨道空间元素关系

变量	说明	关系式
u	卫星辐角,由升交点沿卫星运动方向度量	$u=\omega+f$
$\boldsymbol{h}$	轨道角动量矢量	$\boldsymbol{h}=\boldsymbol{r}\times\dot{\boldsymbol{r}},\boldsymbol{h}=\begin{pmatrix}h_x\\h_y\\h_z\end{pmatrix}=h\begin{pmatrix}\sin i\sin\Omega\\-\sin i\cos\Omega\\\cos i\end{pmatrix}$
h	卫星相对地心的角动量矩	$h=r^2\dot{f}=\sqrt{p\mu}=\sqrt{\mu a(1-e^2)}$
$\boldsymbol{r}$	卫星位置	$\boldsymbol{r}=r\cos f\cdot\boldsymbol{P}+r\sin f\cdot\boldsymbol{Q}$ $\boldsymbol{r}=a(\cos E-e)\boldsymbol{P}+a\sqrt{1-e^2}\sin E\boldsymbol{Q}$
$\dot{\boldsymbol{r}}$	卫星速度	$\dot{\boldsymbol{r}}=\sqrt{\dfrac{\mu}{a(1-e^2)}}[-\sin f\cdot\boldsymbol{P}+(e+\cos f)\cdot\boldsymbol{Q}]$ $\dot{\boldsymbol{r}}=\sqrt{\dfrac{\mu a}{r^2}}(-\sin E\cdot\boldsymbol{P}+\sqrt{1-e^2}\cos E\cdot\boldsymbol{Q})$
$\boldsymbol{P}$	近地点单位矢量,由地心指向轨道近地点($f=0°$)	$\boldsymbol{P}=\begin{pmatrix}+\cos\omega\cos\Omega-\sin\omega\cos i\sin\Omega\\+\cos\omega\sin\Omega+\sin\omega\cos i\cos\Omega\\+\sin\omega\sin i\end{pmatrix}$
$\boldsymbol{Q}$	半通径单位矢量,由地心处与轨道拱线垂直($f=90°$)	$\boldsymbol{Q}=\begin{pmatrix}-\sin\omega\cos\Omega-\cos\omega\cos i\sin\Omega\\-\sin\omega\sin\Omega-\cos\omega\cos i\cos\Omega\\+\cos\omega\sin i\end{pmatrix}$
$\boldsymbol{N}$	轨道升交点矢量,由地心指向轨道升交点($u=0°$)	$\boldsymbol{N}=\begin{pmatrix}\cos\Omega\\\sin\Omega\\0\end{pmatrix}$
$\boldsymbol{e}$	偏心率矢量,大小等于轨道偏心率,方向指向轨道近地点	$\boldsymbol{e}=-\dfrac{\boldsymbol{r}}{r}+\dfrac{\dot{\boldsymbol{r}}\times(\boldsymbol{r}\times\dot{\boldsymbol{r}})}{\mu}=-\dfrac{\boldsymbol{r}}{r}+\dfrac{\dot{\boldsymbol{r}}\times\boldsymbol{h}}{\mu}$
注:μ 为地球引力常数,$\mu=398600.4415\text{km}^3/\text{s}^2$(JGM-3)		

i 为轨道倾角,单位为(°)或 rad。在二体问题假设下,卫星轨道位于过中心天体质心的平面内,轨道倾角定义该平面与中心天体赤道面或其他惯性平面的夹角,($0°\leqslant i<90°$)称为顺行轨道。

Ω 为升交点赤经,单位为(°)或 rad。轨道平面与中心天体赤道面或其他惯性平面相交,交线过中心天体质心,称为轨道交线,沿卫星运动方向,由天球南半球到北半球的交点,称为升交点,由天球北半球到南半球的交点,称为降交点。升交点赤经定义为由天球质心到升交点的矢量与度量坐标系主方向的夹角,值域($0°\leqslant\Omega<360°$),升交点赤经表征轨道平面在度量空间中的方向。

ω 为近地点辐角,单位为(°)或 rad。定义近地点矢量为天体质心指向轨道近地点方向，近地点辐角定义为升交点方向与轨道近地点方向的夹角，表征轨道椭圆拱线在度量空间中指向，值域为($0° \leqslant \omega < 360°$)。

2.4.2 椭圆轨道开普勒方程

开普勒方程是描述平近点角同偏近点角之间关系的非线性方程，前者描述卫星的平运动，后者作为一个辅助变量描述卫星在轨道平面运动的几何位置，因此，从开普勒轨道根数到卫星位置的转换，需要求解开普勒方程，即

$$E = e\sin E + M \tag{2.18}$$

对开普勒方程求解有许多不同的方法，本书介绍两种常用方法。

(1) 顺序迭代法：

$$\begin{aligned} &E_0 = M \text{ 或 } \pi \\ &E_{i+1} = e\sin E_i + M \quad i = 0,1,2,\cdots,n \end{aligned} \tag{2.19}$$

(2) 牛顿迭代法：

$$\begin{aligned} &E_0 = M \text{ 或 } \pi \\ &E_{i+1} = E_i - \frac{E_i - e\sin E_i - M}{1 - e\cos E_i} \quad i = 0,1,2,\cdots,n \end{aligned} \tag{2.20}$$

由关系式：

$$\sin E_i - \sin E_{i-1} = 2\sin\left(\frac{E_i - E_{i-1}}{2}\right)\cos\left(\frac{E_i + E_{i-1}}{2}\right) \tag{2.21}$$

可以证明：在 $0 \leqslant e < 1$ 时，方法(1)和方法(2)均收敛。

例如轨道偏心率 $e = 0.7$，轨道平近点角 $M = 50°$，则顺序迭代法迭代 12 次后，收敛门限为

$\mathrm{d}E = 0.00000000000011\,\mathrm{rad}$

偏近点角为

$$E = 95.6166°$$

牛顿迭代法迭代 6 次后，收敛门限为

$$\mathrm{d}E = 0.00000000000007\,\mathrm{rad}$$

偏近点角为

$$E = 95.6166°$$

在偏心率较大时，牛顿迭代法收敛速度明显快于顺序迭代法。

2.4.3 双曲线和抛物线轨道开普勒方程

对双曲线和抛物线轨道，描述平近点角同偏近点角之间关系的非线性方程为

$$E = e\sinh(E) - M \tag{2.22}$$

令

$$f(E) = e\sinh(E) - E - M \tag{2.23}$$

上述非线性方程的解，由牛顿迭代法，有

$$E_{i=1} = E_i - \frac{f(E_i)}{f'(E_i)} = E_i - \frac{e\sinh(E_i) - E_i - M}{e\cosh(E_i) - 1} \quad i = 0,1,2,\cdots,n \tag{2.24}$$

实践表明，对双曲和抛物线轨道，利用牛顿迭代法解开普勒方程式(2.24)，并不像同对椭圆轨道牛顿迭代法解开普勒方程式(2.20)那样，对任意初值算法均是收敛的。因此，对双曲线和抛物线轨道解开普勒方程，初值估计至关重要。

由泰勒展开式 $\sinh(E) = E + \frac{1}{3!}E^3 + o(E^3)$，式(2.23)近似如下：

一阶近似：

$$f(E) = e\sinh(E) - E - M = E(e-1) - M = 0$$

高阶近似：

$$f(E) = e\sinh(E) - E - M = e\left(E + \frac{1}{6}E^3\right) - E - M = (e-1)E + \frac{e}{6}E^3 - M = 0 \tag{2.25}$$

若 $e\sinh(E) \gg E$ 时，式(2.23)近似为

$$f(E) = e\sinh(E) - M = 0 \tag{2.26}$$

因此，对抛物线轨道，开普勒方程牛顿迭代法的初值选择如下：

$$E_0 = \sqrt[3]{6M}$$

若 $\sinh(E_0) \approx E_0$，则

$$E_0 = \operatorname{arcsinh}(M)$$

对双曲线轨道，开普勒方程牛顿迭代法的初值选择如下：

$$E_0 = \frac{M}{(e-1)}$$

若 $E_0^2 \geqslant \frac{6(e-1)}{e}$，则取 $E_0 = \sqrt[3]{\frac{6}{e}M}$；若 $\sinh(E_0) \gg E_0$，则取 $E_0 = \operatorname{arcsinh}\left(\frac{M}{e}\right)$

例如，抛物线轨道偏心率 $e = 1.0$，轨道平近点角 $M = 50°$，则牛顿迭代法初值

$$E_0 = \sqrt[3]{6M} = 99.49°$$

迭代 4 次后，收敛门限为

$$\mathrm{d}E = 0.00000000000011\,\mathrm{rad}$$

偏近点角为

$$E = 95.0471°$$

显然，偏近点角 $E = 95.0471°$，满足

$$f(E) = \sinh(95.0471) - 50 = 0$$

例如，双曲线轨道偏心率 $e = 1.9$，轨道平近点角 $M = 50°$，则牛顿迭代法初值

$$E_0 = \frac{M}{(e-1)} = 55.5556°$$

迭代 4 次后,收敛门限为

$$\mathrm{d}E = 0.00000000000011\,\mathrm{rad}$$

偏近点角为

$$E = 45.2858°$$

第 3 章　卫星轨道确定基础

卫星轨道确定就是确定卫星绕天球相对某一特定坐标系统的运动参数，自然天体轨道确定问题自人类文明开启以来就是数学和天文学科关注的重点问题，在几百年发展历程中吸收了历史上最伟大的思想，成就了今天卫星轨道确定的基础。

从动力学系统的角度，能够确定系统状态行为和未来状态行为的最小状态集合称为动力学系统的状态变量，定义为 $\boldsymbol{X}(t)$，表示系统在 t 时刻的状态变量。获取系统状态的方式通常采用系统初始对准和系统动力学过程观测，观测通常只能反映系统的外部特征，反映系统可观测性的观测量定义为 $\boldsymbol{z}_k$，表示系统在第 k 次观测时系统的外部特性。因此，轨道确定过程便是从系统不断积累的观测中“估计”出系统动力学状态变量的过程。

定义描述系统行为的系统动力学模型和描述系统外部表现的系统观测模型：

$$\text{系统动力学模型}:\dot{\boldsymbol{X}}(t) = \boldsymbol{f}[\boldsymbol{X}(t), t] + \boldsymbol{w}(t) \tag{3.1}$$

$$\text{系统观测模型}:\boldsymbol{z}_k = \boldsymbol{h}[\boldsymbol{X}(t_k)] + \boldsymbol{v}_k, k = 1,2,\cdots,n \tag{3.2}$$

式中：$\boldsymbol{X}(t)$ 为系统的状态变量；$\boldsymbol{w}(t)$ 为系统模型噪声，通常假设为零均值高斯白噪声；$\boldsymbol{z}_k$ 为系统观测量，是系统的外部表现，可以表示为系统状态变量的函数；$\boldsymbol{v}_k$ 为系统观测噪声。

在航天测量控制中，几乎所有的参数估计问题都基于非线性时变系统，差别在于系统动力学模型和系统观测模型有所不同。参数估计问题实际上是系统动力学模型预报外推问题的逆问题，预报外推问题的描述：假设已知某一时刻系统状态，由系统动力学模型式(3.1)，则系统在任何时刻的状态均已知。同样，系统的外部表现由观测模型式(3.2)确定，而参数估计问题则可以描述为：假设已知对系统的观测序列，估计系统在某一时刻的系统状态，使得系统输出与观测序列的“偏差”最小。对偏差加引号是因为不同的估计方法对偏差的定义不同。

例 3.1　假设物体从高度 h_0 以初速度 $\dot{h}_0$ 自由下落，如图 3.1 所示，距自由落体落点 l 处雷达 A，以 20 点每秒的采样率输出对该物体的观测量(t_i,ρ_i,E_i)，其中，ρ_i 为雷达到物体的视向距离，E_i 为雷达观测仰角。

分析该动力学过程，高度 h 和高度变化率 $\dot{h}$ 是决定状态参数、反映系统行为

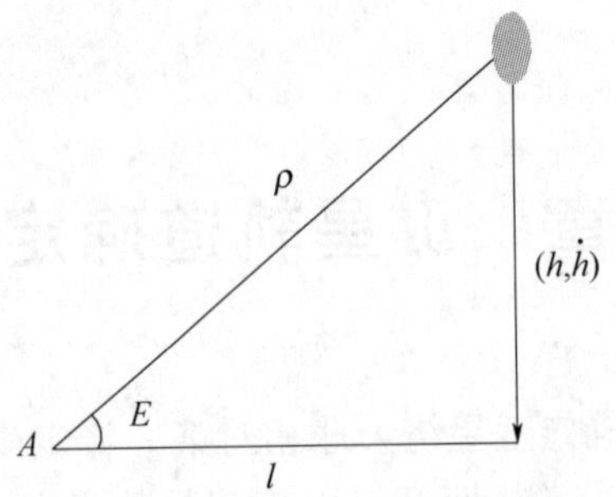

图 3.1　自由落体动力学系统和观测模型

和显著影响系统输出的物理量，且在整个观测区间是稳定的或按某一动力学模型传播，而且相互独立，因此，定义系统状态向量为

$$\boldsymbol{X}=\begin{bmatrix} h \\ \dot{h} \end{bmatrix}$$

自由落体动力学模型：$\ddot{h}=g_0$，该系统动力学模型为

$$\begin{cases} \dfrac{\mathrm{d}h}{\mathrm{d}t}=\dot{h} \\ \dfrac{\mathrm{d}\dot{h}}{\mathrm{d}t}=g_0 \end{cases} \tag{3.3}$$

由式(3.3)，自由落体运动系统状态动力学模型为

$$\frac{\mathrm{d}\boldsymbol{X}}{\mathrm{d}t}=\begin{bmatrix} 0 & -1 \\ 0 & 0 \end{bmatrix}\boldsymbol{X}+\begin{bmatrix} 0 \\ g_0 \end{bmatrix}+\begin{bmatrix} w_h \\ w_{\dot{h}} \end{bmatrix} \tag{3.4}$$

式中：$g_0=9.8\mathrm{m/s^2}$ 为地表引力加速度；$\boldsymbol{w}=\begin{bmatrix} w_h \\ w_{\dot{h}} \end{bmatrix}$为系统模型噪声，通常假设为独立白噪声。协方差矩阵为

$$\boldsymbol{Q}=E\{\boldsymbol{w}\cdot\boldsymbol{w}^{\mathrm{T}}\}=\begin{bmatrix} E[w_h^2] & E[w_h w_{\dot{h}}] \\ E[w_{\dot{h}} w_h] & E[w_{\dot{h}}^2] \end{bmatrix} \tag{3.5}$$

假设在地面上 A 点利用雷达观测该自由落体目标，观测量为雷达到物体的视向距离 ρ_i 和观测仰角 E_i，与系统状态变量之间的关系为

$$\boldsymbol{z}_k=\begin{bmatrix} \rho_k \\ E_k \end{bmatrix}=\boldsymbol{h}[\boldsymbol{X}(t_k)]+\begin{bmatrix} v_\rho \\ v_E \end{bmatrix}=\begin{bmatrix} (h^2+l^2)^{1/2} \\ \arctan(h/l) \end{bmatrix}+\begin{bmatrix} v_\rho \\ v_E \end{bmatrix} \tag{3.6}$$

式中：$\boldsymbol{v}=\begin{bmatrix} v_\rho \\ v_E \end{bmatrix}$为系统观测噪声，通常假设为独立高斯白噪声，协方差矩阵为

$$\boldsymbol{R}=E\{\boldsymbol{v}\cdot\boldsymbol{v}^{\mathrm{T}}\}=\begin{bmatrix} E[v_\rho^2] & E[v_\rho v_E] \\ E[v_\rho v_E] & E[v_E^2] \end{bmatrix} \tag{3.7}$$

假设已经获得测量序列$\{t_i,\rho_i,E_i\}(i=1,2,\cdots,N)$，则可估计自由落体运动状态$\{t_0,h_0,\dot{h}_0\}$。自由落体动力学状态参数的估计问题，类似于卫星轨道确定问题，只不过两者动力学和观测模型不同，后者更复杂。

轨道确定的基本思想：考虑非线性系统式(3.1)、式(3.2)，估计系统在某一时刻的系统状态使得系统在观测区间内的输出与观测量残差的2－范数达到最小。假设已获得系统在$t_1,t_2,\cdots,t_N$时刻的观测量$z_1,z_2,\cdots,z_N$，为获得t_0时刻的系统状态$\boldsymbol{X}_0$，定义残差的2－范数最优最小二乘估计准则：

$$J(\boldsymbol{X}_0)=\sum_{i=1}^{N}\|\boldsymbol{z}_i-\boldsymbol{h}(\boldsymbol{X}(t_i))\|^2 \tag{3.8}$$

特别需要说明的是，t_0时刻的选择是任意的。当选择t_0介于观测采样时间段内，即$t_0<t_N$时，估计问题称为平滑问题；当选择t_0为最新系统采样时刻，即$t_0=t_N$时，估计问题称为滤波问题；当选择即$t_0>t_N$时，估计问题称为预测问题。令

$$\boldsymbol{Z}=\begin{pmatrix}\boldsymbol{z}_1\\ \boldsymbol{z}_2\\ \vdots\\ \boldsymbol{z}_N\end{pmatrix},\ \boldsymbol{H}(\boldsymbol{X}_0)=\begin{pmatrix}\boldsymbol{h}(\boldsymbol{X}(t_1))\\ \boldsymbol{h}(\boldsymbol{X}(t_2))\\ \vdots\\ \boldsymbol{h}(\boldsymbol{X}(t_N))\end{pmatrix} \tag{3.9}$$

则最小二乘准则可表示为

$$J(\boldsymbol{X}_0)=\sum_{i=1}^{N}\|\boldsymbol{z}_i-\boldsymbol{h}(\boldsymbol{X}(t_i))\|^2=(\boldsymbol{Z}-\boldsymbol{H}(\boldsymbol{X}_0))^{\mathrm{T}}(\boldsymbol{Z}-\boldsymbol{H}(\boldsymbol{X}_0)) \tag{3.10}$$

若定义系统的最小二乘估计为$\boldsymbol{X}_0^*$，则$\boldsymbol{X}_0^*$使最小二乘泛函式(3.10)达到极小，即满足：

$$J(\boldsymbol{X}_0^*)=\min_{X\in\Re(X)}J(\boldsymbol{X}) \tag{3.11}$$

由于观测方程通常是非线性的，而且系统状态受非线性动力学模型约束，因此，直接求解泛函式(3.10)的极值问题非常困难。现实的方法是利用系统状态先验估计，线性化系统状态动力学和观测模型，将非线性泛函极值问题转化为关于状态估计修正量的线性方程求解问题。因此，建立微分改进法的基本步骤如下：

(1) 线性化非线性观测方程；

(2) 线性化非线性状态方程；

(3) 建立系统状态变分方程；

(4) 求解系统状态变分方程；

(5) 列写和求解系统超定方程组。

本章将按照微分修正参数估计算法的流程,以动力学系统模型式(3.1)、式(3.2)叙述算法的建立过程,同时以例3.1的动力学系统为例,叙述具体的应用实例。

3.1 观测方程及线性化

如动力学系统模型式(3.1)、式(3.2),在 $t_1,t_2,\cdots,t_N$ 时刻分别获得系统的观测量 $\boldsymbol{z}_1,\boldsymbol{z}_2,\cdots,\boldsymbol{z}_N$,假设已经获得系统基于以上观测的系统估计值,即通过 $k-1$ 次迭代获得 t_0 时刻系统状态估计值为 $\boldsymbol{X}_{0|k-1}$,由动力学系统状态模型式(3.1)可以获得系统在 $t_1,t_2,\cdots,t_N$ 时刻的状态预测值分别为$\boldsymbol{X}_{i|k-1}(i=1,2,\cdots,N)$,对观测模型式(3.2)沿系统状态预测 $\boldsymbol{X}_{i|k-1}$ 在 $t_1,t_2,\cdots,t_N$ 处进行泰勒近似,忽略二阶以上高阶项,引出观测误差与系统状态偏差的关系:

$$\boldsymbol{z}_i = \boldsymbol{h}[\boldsymbol{X}(t_i)]\Big|_{X_{i|k-1}} + \left(\frac{\partial \boldsymbol{h}}{\partial \boldsymbol{X}}\right)\Big|_{X_{i|k-1}} \cdot (\boldsymbol{X}_{i|k} - \boldsymbol{X}_{i|k-1}) + \boldsymbol{v}_i \tag{3.12}$$

式中:$H_i = \left(\frac{\partial \boldsymbol{h}}{\partial X}\right)\Big|_{X_{i|k-1}}$ 为系统观测矩阵,表征系统状态偏差与系统观测偏差的线性传递关系;$\Delta\boldsymbol{X}_{i|k}=\boldsymbol{X}_{i|k}-\boldsymbol{X}_{i|k-1}$为系统状态的微分修正量,满足下列微分修正条件方程:

$$\begin{cases} H_1 \cdot \Delta\boldsymbol{X}_{1|k} = \boldsymbol{z}_1 - \boldsymbol{h}[\boldsymbol{X}_{1|k-1}] + \boldsymbol{v}_1 \\ H_2 \cdot \Delta\boldsymbol{X}_{2|k} = \boldsymbol{z}_2 - \boldsymbol{h}[\boldsymbol{X}_{2|k-1}] + \boldsymbol{v}_2 \\ \qquad\vdots \\ H_N \cdot \Delta\boldsymbol{X}_{N|k} = \boldsymbol{z}_N - \boldsymbol{h}[\boldsymbol{X}_{N|k-1}] + \boldsymbol{v}_N \end{cases} \tag{3.13}$$

对例3.1,系统观测矩阵$\frac{\partial \boldsymbol{h}}{\partial \boldsymbol{X}}$满足:

$$\boldsymbol{H}(\boldsymbol{X}) = \frac{\partial h}{\partial \boldsymbol{X}} = \frac{\partial}{\partial \boldsymbol{X}}\left(\begin{bmatrix} \sqrt{h^2+l^2} \\ \arctan\left(\frac{h}{l}\right) \end{bmatrix}\right) = \begin{bmatrix} \frac{h}{\sqrt{h^2+l^2}} & 0 \\ \frac{l}{h^2+l^2} & 0 \end{bmatrix} \tag{3.14}$$

通过在系统预测状态线性化,得到了系统状态偏差与系统观测偏差的线性传递关系,原理上,可以通过观测偏差反解出系统状态偏差,进而修正系统状态。一般情况下,系统观测量的维数小于系统状态维数,即 $\dim(z) \leqslant \dim(\boldsymbol{X})$,此时需要降低未知量的维数。我们需要的是建立系统状态偏差的传递关系,因此,需要线性化系统状态方程,引入系统状态转移矩阵和状态变分方程,建立系统状态偏差的传递关系,降低微分修正条件方程的未知量。

3.2 状态方程及线性化

通过3.1节分析,我们已经得到了系统状态偏差与系统观测偏差的线性传递关系,微分修正条件方程式(3.13)的未知量 $\Delta \boldsymbol{X}_{i|k}(i=1,2,\cdots,N)$ 并不是独立变量,而受系统动力学模型约束,本节的目的便是通过线性化系统状态模型,建立微分修正量之间的关系。

设系统在 t_0 时刻状态预测和状态估计值分别为 $\boldsymbol{X}_{0|k-1}$,$\boldsymbol{X}_{0|k}$,由系统动力学模型式(3.1)可知,系统状态在任意观测时刻 t,满足下列动力学方程:

$$\dot{\boldsymbol{X}}_{t|k} = f(t,\boldsymbol{X}_{t|k}),\boldsymbol{X}_{t_0|k} = \boldsymbol{X}_{0|k} \tag{3.15}$$

$$\dot{\boldsymbol{X}}_{t|k-1} = f(t,\boldsymbol{X}_{t|k-1}),\boldsymbol{X}_{t_0|k-1} = \boldsymbol{X}_{0|k-1} \tag{3.16}$$

由式(3.15)、式(3.16),得到系统微分修正量之间的非线性传递关系:

$$\begin{cases}\Delta\dot{\boldsymbol{X}}_{t|k} = \dot{\boldsymbol{X}}_{t|k} - \dot{\boldsymbol{X}}_{t|k-1} = f(t,\boldsymbol{X}_{t|k}) - f(t,\boldsymbol{X}_{t|k-1}) \\ \Delta\boldsymbol{X}_{t_0|k} = \boldsymbol{X}_{t_0|k} - \boldsymbol{X}_{t_0|k-1} = \boldsymbol{X}_{0|k} - \boldsymbol{X}_{0|k-1}\end{cases} \tag{3.17}$$

假设系统动力学模型右函数连续可微,则在 t 时刻处沿系统预测状态 $\boldsymbol{X}_{t|k-1}$ 进行泰勒近似,忽略二阶以上高阶项,得到

$$f(t,\boldsymbol{X}_{t|k}) = f(t,\boldsymbol{X}_{t|k-1}) + \left(\frac{\partial f}{\partial \boldsymbol{X}}\right)_{\boldsymbol{X}_{t|k-1}}(\boldsymbol{X}_{t|k} - \boldsymbol{X}_{t|k-1}) \tag{3.18}$$

将式(3.18)代入式(3.17),得到系统状态修正量满足的近似线性微分方程:

$$\begin{cases}\Delta\dot{\boldsymbol{X}}_{t|k} = \left(\dfrac{\partial f}{\partial X}\right)_{\boldsymbol{X}_{t|k-1}} \cdot \Delta\boldsymbol{X}_{t|k} \\ \Delta\boldsymbol{X}_{t_0|k} = \Delta\boldsymbol{X}_{0|k}\end{cases} \tag{3.19}$$

线性微分方程式(3.19)具有下列形式的特解:

$$\Delta\boldsymbol{X}_{t|k} = \boldsymbol{\Phi}(t,t_0) \cdot \Delta\boldsymbol{X}_{0|k} \tag{3.20}$$

式中:$\boldsymbol{\Phi}(t,t_0)$ 为系统状态转移矩阵,表示任意时刻之间系统状态偏差的传递关系,与系统状态动力学模型、时间跨度相关,表示系统的稳定性。

3.3 系统状态转移矩阵变分方程

实际上,只有极少数情况下能够直接求解非线性动力学系统模型式(3.1)的状态转移矩阵 $\boldsymbol{\Phi}(t,t_0)$,但只要式(3.1)存在全微分,就可以得到动力学系统状态转移矩阵对时间导数满足的微分方程,即系统状态变分方程。

$\boldsymbol{\Phi}(t,t_0)$ 对时间导数由分步求导法,得到

$$\boldsymbol{\Phi}(t,t_0) = \frac{\mathrm{d}}{\mathrm{d}t}(\boldsymbol{\Phi}(t,t_0)) = \frac{\mathrm{d}}{\mathrm{d}t}\left(\frac{\partial X}{\partial \boldsymbol{X}_0}\right) = \frac{\partial}{\partial \boldsymbol{X}_0}\left(\frac{\mathrm{d}X}{\mathrm{d}t}\right) =$$

$$\frac{\partial}{\partial X}\left(\frac{\mathrm{d}\boldsymbol{X}}{\mathrm{d}t}\right)\cdot\frac{\partial \boldsymbol{X}}{\partial \boldsymbol{X}_0}=\frac{\partial}{\partial \boldsymbol{X}}\left(\frac{\mathrm{d}\boldsymbol{X}}{\mathrm{d}t}\right)\cdot\boldsymbol{\Phi}(t,t_0) \tag{3.21}$$

由系统状态模型式(3.1),则系统状态转移矩阵 $\boldsymbol{\Phi}(t,t_0)$ 满足下列变分方程:

$$\begin{cases}\frac{\mathrm{d}}{\mathrm{d}t}(\boldsymbol{\Phi}(t,t_0))=\frac{\partial}{\partial \boldsymbol{X}}(\boldsymbol{f}(\boldsymbol{X}(t),t))\cdot\boldsymbol{\Phi}(t,t_0)\\ \boldsymbol{\Phi}(t,t_0)\mid_{t_0}=\boldsymbol{I}\end{cases} \tag{3.22}$$

由系统状态修正量满足的近似线性微分方程式(3.19)、式(3.20),同样可以得到系统状态转移矩阵满足的变分方程。

对式(3.20)两端对时间 t 求导,得到

$$\frac{\mathrm{d}}{\mathrm{d}t}(\Delta\boldsymbol{X}_{t|k})=\frac{\mathrm{d}}{\mathrm{d}t}(\boldsymbol{\Phi}(t,t_0))\cdot\Delta\boldsymbol{X}_{0|k} \tag{3.23}$$

将式(3.19)代入式(3.23),得到系统状态转移矩阵满足的变分方程

$$\frac{\mathrm{d}}{\mathrm{d}t}(\boldsymbol{\Phi}(t,t_0))\cdot\Delta\boldsymbol{X}_{0|k}=\left(\frac{\partial f}{\partial X}\right)_{\boldsymbol{X}_{t|k-1}}\cdot\boldsymbol{\Phi}(t,t_0)\cdot\Delta\boldsymbol{X}_{0|k} \tag{3.24}$$

因此,有

$$\frac{\mathrm{d}}{\mathrm{d}t}(\boldsymbol{\Phi}(t,t_0))=\left(\frac{\partial f}{\partial X}\right)_{\boldsymbol{X}_{t|k-1}}\cdot\boldsymbol{\Phi}(t,t_0) \tag{3.25}$$

系统状态转移矩阵具有如下性质:

(1) $\boldsymbol{\Phi}(t_k,t_k)=\boldsymbol{I}$

(2) $\boldsymbol{\Phi}(t_i,t_j)=\boldsymbol{\Phi}(t_i,t_l)\cdot\boldsymbol{\Phi}(t_l,t_j)$。

由式(3.20),有

$$\Delta\boldsymbol{X}_{i|k}=\boldsymbol{\Phi}(t_i,t_j)\cdot\Delta\boldsymbol{X}_{j|k}$$
$$\Delta\boldsymbol{X}_{i|k}=\boldsymbol{\Phi}(t_i,t_l)\cdot\Delta\boldsymbol{X}_{l|k}$$
$$\Delta\boldsymbol{X}_{l|k}=\boldsymbol{\Phi}(t_l,t_j)\cdot\Delta\boldsymbol{X}_{j|k}$$

则存在 $\Delta\boldsymbol{X}_{i|k}=\boldsymbol{\Phi}(t_i,t_l)\cdot\Delta\boldsymbol{X}_{l|k}=\boldsymbol{\Phi}(t_i,t_l)\cdot\boldsymbol{\Phi}(t_l,t_j)\cdot\Delta\boldsymbol{X}_{j|k}$,故有

$$\boldsymbol{\Phi}(t_i,t_j)=\boldsymbol{\Phi}(t_i,t_l)\cdot\boldsymbol{\Phi}(t_l,t_j)$$

(3) $\boldsymbol{\Phi}(t_j,t_i)=\boldsymbol{\Phi}^{-1}(t_i,t_j)$

由式(3.20),有

$$\Delta\boldsymbol{X}_{i|k}=\boldsymbol{\Phi}(t_i,t_j)\cdot\Delta\boldsymbol{X}_{j|k}$$
$$\Delta\boldsymbol{X}_{j|k}=\boldsymbol{\Phi}(t_j,t_i)\cdot\Delta\boldsymbol{X}_{i|k}$$

存在如下关系:

$$\boldsymbol{\Phi}(t_i,t_j)\cdot\boldsymbol{\Phi}(t_j,t_i)=\boldsymbol{I}$$
$$\boldsymbol{\Phi}(t_j,t_i)\cdot\boldsymbol{\Phi}(t_i,t_j)=\boldsymbol{I}$$

故有

$$\boldsymbol{\Phi}(t_j,t_i)=\boldsymbol{\Phi}^{-1}(t_i,t_j),\text{或}\ \boldsymbol{\Phi}(t_i,t_j)=\boldsymbol{\Phi}^{-1}(t_j,t_i)$$

例 3.1 的非线性动力学系统,系统状态转移矩阵 $\boldsymbol{\Phi}(t,t_0)$,反映系统当前状态对状态初值的依赖关系,满足的变分方程为

$$
\begin{cases}
\dfrac{\mathrm{d}}{\mathrm{d}t}\left(\dfrac{\partial \boldsymbol{X}}{\partial \boldsymbol{X}_0}\right) = \dfrac{\partial}{\partial \boldsymbol{X}}\left(\begin{bmatrix}0 & -1\\ 0 & 0\end{bmatrix}\boldsymbol{X} + \begin{bmatrix}0\\ g_0\end{bmatrix}\right)\cdot\left(\dfrac{\partial \boldsymbol{X}}{\partial \boldsymbol{X}_0}\right) = \begin{bmatrix}0 & -1\\ 0 & 0\end{bmatrix}\cdot\left(\dfrac{\partial \boldsymbol{X}}{\partial \boldsymbol{X}_0}\right) \\
\left.\dfrac{\partial \boldsymbol{X}}{\partial \boldsymbol{X}_0}\right|_{t_0} = I_{2\times 2}
\end{cases}
\tag{3.26}
$$

式(3.26)的解析解为

$$
\boldsymbol{\Phi}(t,t_0) = \frac{\partial \boldsymbol{X}}{\partial \boldsymbol{X}_0} = \begin{bmatrix}1 & -(t-t_0)\\ 0 & 1\end{bmatrix}
$$

$$
\boldsymbol{\Phi}(t,t_{i-1}) = \frac{\partial \boldsymbol{X}_i}{\partial \boldsymbol{X}_{i-1}} = \begin{bmatrix}1 & -(t_i-t_{i-1})\\ 0 & 1\end{bmatrix}
$$

3.4 系统状态转移矩阵求解

式(3.20)称为系统状态变分方程,表示初始时刻系统状态偏差随时间的传递关系,而引入系统状态转移矩阵,其微分即关于时间的变分方程,以及初始条件是已知的,因此,将求解关于修正量微分方程的问题,转化为关于系统状态转移矩阵变分方程的求解问题。而关于变分方程式(3.20)的求解方法,除极个别情况下能够方便得到精确解析解外,大约有下列几种算法。

3.4.1 数值积分法

设系统状态维数为 $n=\dim(\boldsymbol{X})$,注意到对系统动力学方程右端项偏导数矩阵,$\boldsymbol{F}_{n\times n}=\dfrac{\partial}{\partial \boldsymbol{X}}(f(t,\boldsymbol{X}))$,是在任意时刻关于当前系统变量的 $n\times n$ 维常系数矩阵。因此系统状态转移矩阵 $\boldsymbol{\Phi}(t,t_0)$ 满足下列变分方程:

$$
\begin{cases}
\dot{\boldsymbol{\Phi}}(t,t_0) = \boldsymbol{F}\cdot\boldsymbol{\Phi}(t,t_0)\\
\boldsymbol{\Phi}(t,t_0)\mid_{t_0} = \boldsymbol{I}
\end{cases}
\tag{3.27}
$$

将 $\boldsymbol{\Phi}(t,t_0)$ 按列分块为

$$
\boldsymbol{\Phi}(t,t_0)_{n\times n} = [\boldsymbol{\Phi}_1(t,t_0),\boldsymbol{\Phi}_2(t,t_0),\cdots,\boldsymbol{\Phi}_n(t,t_0)]_{n\times n}
$$

$$
\dot{\boldsymbol{\Phi}}(t,t_0)_{n\times n} = [\dot{\boldsymbol{\Phi}}_1(t,t_0),\dot{\boldsymbol{\Phi}}_2(t,t_0),\cdots,\dot{\boldsymbol{\Phi}}_n(t,t_0)]_{n\times n}
$$

则有

$$
[\dot{\boldsymbol{\Phi}}_1(t,t_0),\dot{\boldsymbol{\Phi}}_2(t,t_0),\cdots,\dot{\boldsymbol{\Phi}}_n(t,t_0)] = [\boldsymbol{F}\cdot\boldsymbol{\Phi}_1(t,t_0),\boldsymbol{F}\cdot\boldsymbol{\Phi}_2(t,t_0),\cdots,\boldsymbol{F}\cdot\boldsymbol{\Phi}_n(t,t_0)]
\tag{3.28}
$$

注意式(3.28)的列元素相互独立,因此,按列分块得到 n 个 n 维常微分方程组:

$$
\begin{cases}\dot{\boldsymbol{\Phi}}_1(t,t_0) = \boldsymbol{F}\boldsymbol{\Phi}_1(t,t_0) \\ \boldsymbol{\Phi}_1(t_0,t_0) = e_1\end{cases}
$$

$$
\vdots
$$

$$
\begin{cases}\dot{\boldsymbol{\Phi}}_n(t,t_0) = \boldsymbol{F}\boldsymbol{\Phi}_n(t,t_0) \\ \boldsymbol{\Phi}_n(t_0,t_0) = e_n\end{cases} \tag{3.29}
$$

通过上述变换,将系统状态转移矩阵 $\boldsymbol{\Phi}(t,t_0)$ 变分方程数值积分问题转化为常微分方程组的数值积分,而后者是常规的数值积分问题。

3.4.2 矩阵指数函数

由式(3.27),系统状态转移矩阵 $\boldsymbol{\Phi}(t,t_0)$ 的积分解为下列矩阵指数函数:

$$
\boldsymbol{\Phi}(t,t_0) = \mathrm{e}^{\boldsymbol{F}\cdot(t-t_0)} \tag{3.30}
$$

虽然形如式(3.30)的矩阵指数解看上去非常简单,但关于矩阵指数函数的数值计算问题,计算复杂度远远超过常微分方程组的数值积分,特别是系统状态维数很高时。常见的矩阵指数函数计算方法有拉普拉斯变换法和矩阵分解法,数值计算中常用矩阵分解法。

设矩阵 $\boldsymbol{F}$ 有互异的特征值 $\lambda_1,\lambda_2,\cdots,\lambda_n$,对应的特征向量矩阵为 $\boldsymbol{V}$,则矩阵指数函数为

$$
\mathrm{e}^{\boldsymbol{F}(t-t_0)} = \boldsymbol{V}\cdot\mathrm{diag}(\mathrm{e}^{\mathrm{diag}(\lambda_1,\lambda_2,\cdots,\lambda_n)\cdot(t-t_0)})\cdot\boldsymbol{V}^{-1} = \boldsymbol{V}\cdot\begin{bmatrix}\mathrm{e}^{\lambda_1(t-t_0)} & 0 & \cdots & 0 \\ 0 & \mathrm{e}^{\lambda_2(t-t_0)} & \cdots & 0 \\ \vdots & \vdots & \vdots & \vdots \\ 0 & 0 & 0 \quad \cdots & \mathrm{e}^{\lambda_n(t-t_0)}\end{bmatrix}\cdot\boldsymbol{V}^{-1} \tag{3.31}
$$

3.4.3 幂级数近似法

由 $\boldsymbol{\Phi}(t,t_0)=\mathrm{e}^{\boldsymbol{F}\cdot(t-t_0)}$,其幂级数展开为

$$
\boldsymbol{\Phi}(t,t_0) = \mathrm{e}^{\boldsymbol{F}\cdot(t-t_0)} = \boldsymbol{I} + F(t-t_0) + \frac{1}{2!}\boldsymbol{F}^2(t-t_0)^2 + \cdots = \sum_{k=0}^{\infty}\frac{1}{k!}\boldsymbol{F}^k(t-t_0)^k \tag{3.32}
$$

略去式(3.32)高阶项,常用二阶或三阶近似:

$$
\boldsymbol{\Phi}(t,t_0) \cong \boldsymbol{I} + \boldsymbol{F}(t-t_0) + \frac{1}{2!}\boldsymbol{F}^2(t-t_0)^2
$$

$$
\boldsymbol{\Phi}(t,t_0) \cong \boldsymbol{I} + \boldsymbol{F}(t-t_0) + \frac{1}{2!}\boldsymbol{F}^2(t-t_0)^2 + \frac{1}{3!}\boldsymbol{F}^3(t-t_0)^3
$$

3.4.4 数值差分法

对于复杂的多维系统动力学模型,状态矩阵,即系统动力学对系统状态偏导

数矩阵为

$$\boldsymbol{F}_{n\times n} = \frac{\partial}{\partial \boldsymbol{X}}(f(t,\boldsymbol{X})) \tag{3.33}$$

尽管其解析函数的推导仅涉及高等数学偏导数计算,但却是一项十分复杂的工作,对一些典型的动力学问题,科学家已经给出了偏导数计算方程[1-6],但在计算机编码过程中可能出错。随着计算机运算能力的提高,数值差分法成为近似计算系统传递矩阵的有效算法。

设系统状态 $\boldsymbol{X} = (x_1, x_2, \cdots, x_n)^{\mathrm{T}}$,维数为 $n = \dim(\boldsymbol{X})$,系统状态转移矩阵

$$\boldsymbol{\Phi}(t,t_0) = \frac{\partial \boldsymbol{X}}{\partial \boldsymbol{X}_0} = \begin{bmatrix} \dfrac{\partial x_1(t)}{\partial x_1(t_0)} & \dfrac{\partial x_1(t)}{\partial x_2(t_0)} & \cdots & \dfrac{\partial x_1(t)}{\partial x_n(t_0)} \\ \dfrac{\partial x_2(t)}{\partial x_1(t_0)} & \dfrac{\partial x_2(t)}{\partial x_2(t_0)} & \cdots & \dfrac{\partial x_2(t)}{\partial x_n(t_0)} \\ \vdots & \vdots & \vdots & \vdots \\ \dfrac{\partial x_n(t)}{\partial x_1(t_0)} & \dfrac{\partial x_n(t)}{\partial x_2(t_0)} & \cdots & \dfrac{\partial x_n(t)}{\partial x_n(t_0)} \end{bmatrix} = \left(\frac{\partial \boldsymbol{X}(t)}{\partial x_1(t_0)}, \frac{\partial \boldsymbol{X}(t)}{\partial x_2(t_0)}, \cdots, \frac{\partial \boldsymbol{X}(t)}{\partial x_n(t_0)}\right) \tag{3.34}$$

将式(3.34)中偏微分由中心差分代替,即

$$\begin{aligned} \frac{\partial \boldsymbol{X}(t)}{\partial x_1(t_0)} &\approx \frac{\delta \boldsymbol{X}(t)}{\delta x_1} = \frac{1}{\delta x_1}\left(\boldsymbol{X}_t\left(\boldsymbol{X}_0 + \frac{\delta x_1}{2}\cdot e_1\right) - \boldsymbol{X}_t\left(\boldsymbol{X}_0 - \frac{\delta x_1}{2}\cdot e_1\right)\right) \\ \frac{\partial \boldsymbol{X}(t)}{\partial x_2(t_0)} &\approx \frac{\delta \boldsymbol{X}(t)}{\delta x_2} = \frac{1}{\delta x_2}\left(\boldsymbol{X}_t\left(\boldsymbol{X}_0 + \frac{\delta x_2}{2}\cdot e_2\right) - \boldsymbol{X}_t\left(\boldsymbol{X}_0 - \frac{\delta x_2}{2}\cdot e_2\right)\right) \\ &\vdots \\ \frac{\partial \boldsymbol{X}(t)}{\partial x_n(t_0)} &\approx \frac{\delta \boldsymbol{X}(t)}{\delta x_n} = \frac{1}{\delta x_n}\left(\boldsymbol{X}_t\left(\boldsymbol{X}_0 + \frac{\delta x_n}{2}\cdot e_n\right) - \boldsymbol{X}_t\left(\boldsymbol{X}_0 - \frac{\delta x_n}{2}\cdot e_n\right)\right) \end{aligned} \tag{3.35}$$

式中:$\boldsymbol{X}_t(\boldsymbol{X}_0 \pm \Delta\boldsymbol{X}_0)$表示以初始时刻标称状态 $\boldsymbol{X}_0$ 处分别存在偏置量 $\Delta\boldsymbol{X}_0$ 作为初始条件,通过对系统动力学模型积分到 t 时刻后的系统状态,即

$$\begin{cases} \dfrac{\mathrm{d}\boldsymbol{X}}{\mathrm{d}t} = f(t,\boldsymbol{X}) \\ \boldsymbol{X}(t_0) = \boldsymbol{X}_0 \pm \Delta\boldsymbol{X}_0 \end{cases} \tag{3.36}$$

因此,中心差分法数值求解系统状态矩阵需要 $2n$ 次系统动力学模型外推过程,但却省去了大量冗长繁杂的偏导数推导工作。

3.4.5 差分积分混合法

通过以上分析,对系统状态转移矩阵变分方程式(3.22)进行分块数值积分,对于现代计算技术来说,并不是一件困难的事,困难的仍然是需要大量人工进行的系统动力学右函数对系统状态变量的偏导数矩阵计算问题。差分积分混

合法利用差分法近似求解系统动力学右函数对系统状态变量的偏导数矩阵 $\boldsymbol{F}=\frac{\partial}{\partial \boldsymbol{X}}(f(t,\boldsymbol{X}))$，利用数值积分法求解系统传递矩阵变分方程式(3.22)，避面复杂动力学模型的偏导数推导过程。

设系统状态 $\boldsymbol{X}=(x_1,x_2,\cdots,x_n)^{\mathrm{T}}$，维数为 $n=\dim(\boldsymbol{X})$，系统动力学模型为

$$\boldsymbol{f}(t,\boldsymbol{X})=(f_1(t,\boldsymbol{X}),f_2(t,\boldsymbol{X}),\cdots,f_n(t,\boldsymbol{X}))^{\mathrm{T}}$$

则系统动力学右函数对系统状态变量的偏导数矩阵为

$$\boldsymbol{F}=\frac{\partial}{\partial \boldsymbol{X}}(\boldsymbol{f}(t,\boldsymbol{X}))=\begin{bmatrix} \frac{\partial f_1}{\partial x_1} & \frac{\partial f_1}{\partial x_2} & \cdots & \frac{\partial f_1}{\partial x_n} \\ \frac{\partial f_2}{\partial x_1} & \frac{\partial f_2}{\partial x_2} & \cdots & \frac{\partial f_2}{\partial x_n} \\ \vdots & \vdots & \vdots & \vdots \\ \frac{\partial f_n}{\partial x_1} & \frac{\partial f_n}{\partial x_2} & \cdots & \frac{\partial f_n}{\partial x_n} \end{bmatrix}_{n\times n} \tag{3.37}$$

对式(3.37)进行矩阵分块，得到

$$F=\left[\frac{\partial \boldsymbol{f}}{\partial x_1},\frac{\partial \boldsymbol{f}}{\partial x_2},\cdots,\frac{\partial \boldsymbol{f}}{\partial x_n}\right]\bigg|_{\boldsymbol{X}=\boldsymbol{X}_k} \tag{3.38}$$

式(3.38)中偏微分由中心差分代替，即

$$\begin{cases} \frac{\partial \boldsymbol{f}}{\partial x_1}\cong\frac{\delta \boldsymbol{f}(t)}{\delta x_1}=\frac{1}{\delta x_1}\left(\boldsymbol{f}\left(\boldsymbol{X}+\frac{\delta x_1}{2}\cdot e_1\right)-\boldsymbol{f}\left(\boldsymbol{X}-\frac{\delta x_1}{2}\cdot e_1\right)\right) \\ \frac{\partial \boldsymbol{f}}{\partial x_2}\cong\frac{\delta \boldsymbol{f}(t)}{\delta x_2}=\frac{1}{\delta x_2}\left(\boldsymbol{f}\left(\boldsymbol{X}+\frac{\delta x_2}{2}\cdot e_2\right)-\boldsymbol{f}\left(\boldsymbol{X}-\frac{\delta x_2}{2}\cdot e_2\right)\right) \\ \qquad\vdots \\ \frac{\partial \boldsymbol{f}}{\partial x_n}\cong\frac{\delta \boldsymbol{f}(t)}{\delta x_n}=\frac{1}{\delta x_2}\left(\boldsymbol{f}\left(\boldsymbol{X}+\frac{\delta x_2}{2}\cdot e_2\right)-\boldsymbol{f}\left(\boldsymbol{X}-\frac{\delta x_2}{2}\cdot e_2\right)\right) \end{cases} \tag{3.39}$$

上述算法是许多经典卫星轨道确定软件采用的方法，也称为半解析半数值算法，利用差分法近似求解系统动力学右函数对系统状态变量的偏导数矩阵，数值积分法求解系统传递矩阵变分方程，避开需要大量偏导数推导过程。总之，对系统状态转移矩阵的求解问题，是非线性最优估计算法的重要问题，对不同的系统动力学问题，选择合适的求解方法，是设计和利用非线性估计理论解决实际问题的重要基础。

对于一些简单的动力学模型同时适当变化，可以直接得到系统状态转移矩阵，例如，考虑例 3.1 动力学系统，其系统动力学模型为

$$\frac{\mathrm{d}\boldsymbol{X}}{\mathrm{d}t}=\begin{pmatrix} 0 & -1 \\ 0 & 0 \end{pmatrix}\boldsymbol{X}+\begin{pmatrix} 0 \\ g \end{pmatrix}$$

式中：g 为常数。

实际上，上述为在加速度为 g 的引力场中自由落体运动动力学模型，系统动力学模型对系统状态的偏导数矩阵为

$$\boldsymbol{F} = \frac{\partial}{\partial \boldsymbol{X}}\left(\begin{pmatrix} 0 & -1 \\ 0 & 0 \end{pmatrix} \cdot \boldsymbol{X} + \begin{pmatrix} 0 \\ g \end{pmatrix}\right) = \begin{pmatrix} 0 & -1 \\ 0 & 0 \end{pmatrix}$$

故系统状态转移矩阵变分方程为

$$\begin{cases} \dot{\boldsymbol{\Phi}}(t,t_k) = \begin{pmatrix} 0 & -1 \\ 0 & 0 \end{pmatrix} \cdot \boldsymbol{\Phi}(t,t_k) \\ \boldsymbol{\Phi}(t_k,t_k) = \boldsymbol{I}_{2\times 2} \end{cases}$$

系统状态转移矩阵的矩阵指数解为

$$\boldsymbol{\Phi}(t,t_k) = \mathrm{e}^{\begin{pmatrix} 0 & -1 \\ 0 & 0 \end{pmatrix} \cdot (t-t_k)} = \begin{pmatrix} 1 & -(t-t_k) \\ 0 & 1 \end{pmatrix}$$

同样，直接积分系统动力学模型，得到

$$\boldsymbol{X}(t) = \begin{pmatrix} 1 & -(t-t_k) \\ 0 & 1 \end{pmatrix} \boldsymbol{X}(t_k) + \begin{pmatrix} -\frac{1}{2}g(t-t_k)^2 \\ g(t-t_k) \end{pmatrix}$$

故：$\boldsymbol{\Phi}(t,t_k) = \dfrac{\partial \boldsymbol{X}}{\partial X_k} = \begin{pmatrix} 1 & -(t-t_k) \\ 0 & 1 \end{pmatrix}$，而且，$\boldsymbol{\Phi}(t,t_0)$ 显然存在如下关系：

（1）$\boldsymbol{\Phi}(t_k,t_k) = \begin{pmatrix} 1 & -(t_k-t_k) \\ 0 & 1 \end{pmatrix} = \begin{pmatrix} 1 & 0 \\ 0 & 1 \end{pmatrix}$

（2）$\boldsymbol{\Phi}(t_i,t_j) \cdot \boldsymbol{\Phi}(t_j,t_i) =$

$$\begin{pmatrix} 1 & -(t_i-t_j) \\ 0 & 1 \end{pmatrix} \cdot \begin{pmatrix} 1 & -(t_j-t_i) \\ 0 & 1 \end{pmatrix} = \boldsymbol{I}_2$$

（3）$\forall k \in R^1, \boldsymbol{\Phi}(t_i,t_k) \cdot \boldsymbol{\Phi}(t_k,t_j) =$

$$\begin{pmatrix} 1 & -(t_i-t_k) \\ 0 & 1 \end{pmatrix} \cdot \begin{pmatrix} 1 & -(t_k-t_j) \\ 0 & 1 \end{pmatrix} =$$

$$\begin{pmatrix} 1 & -(t_k-t_j)-(t_i-t_k) \\ 0 & 1 \end{pmatrix} = \begin{pmatrix} 1 & -(t_i-t_j) \\ 0 & 1 \end{pmatrix} = \boldsymbol{\Phi}(t_i,t_j)$$

3.5 微分修正条件方程

通过以上的线性化过程，得到了当前观测误差与当前系统状态偏差约束方程、任意时刻之间系统状态偏差随时间的传递关系和系统状态转移矩阵满足的变分方程，同时，总结和给出了约束方程、传递关系和系统状态转移矩阵的计算方法，在此，再次回顾上述重要结论。

（1）当前观测误差与当前系统状态偏差约束方程：

$$
\begin{cases}
\boldsymbol{H}_1 \cdot \Delta \boldsymbol{X}_{1|k} = \boldsymbol{z}_1 - \boldsymbol{h}[\boldsymbol{X}_{1|k-1}] + \boldsymbol{v}_1 \\
\boldsymbol{H}_2 \cdot \Delta \boldsymbol{X}_{2|k} = \boldsymbol{z}_2 - \boldsymbol{h}[\boldsymbol{X}_{2|k-1}] + \boldsymbol{v}_2 \\
\vdots \\
\boldsymbol{H}_N \cdot \Delta \boldsymbol{X}_{N|k} = \boldsymbol{z}_N - \boldsymbol{h}[\boldsymbol{X}_{N|k-1}] + \boldsymbol{v}_N
\end{cases} \tag{3.40}
$$

（2）系统状态偏差随时间的传递关系：

$$
\Delta \boldsymbol{X}_{t|k} = \boldsymbol{\Phi}(t,t_0) \cdot \Delta \boldsymbol{X}_{0|k} \tag{3.41}
$$

（3）系统状态转移矩阵满足的变分方程：

$$
\begin{cases}
\dot{\boldsymbol{\Phi}}(t,t_0) = \boldsymbol{F} \cdot \boldsymbol{\Phi}(t,t_0) \\
\boldsymbol{\Phi}(t,t_0)|_{t_0} = \boldsymbol{I}
\end{cases} \tag{3.42}
$$

将式(3.41)代入式(3.40)，得到 t_0 时刻状态修正量 $\Delta \boldsymbol{X}_{0|k}$ 满足如下微分修正条件方程：

$$
\begin{cases}
\boldsymbol{H}_1 \cdot \boldsymbol{\Phi}(t_1,t_0) \cdot \Delta \boldsymbol{X}_{0|k} = \boldsymbol{z}_1 - \boldsymbol{h}[\boldsymbol{X}_{1|k-1}] + \boldsymbol{v}_1 \\
\boldsymbol{H}_2 \cdot \boldsymbol{\Phi}(t_2,t_0) \cdot \Delta \boldsymbol{X}_{0|k} = \boldsymbol{z}_2 - \boldsymbol{h}[\boldsymbol{X}_{2|k-1}] + \boldsymbol{v}_2 \\
\vdots \\
\boldsymbol{H}_N \cdot \boldsymbol{\Phi}(t_N,t_0) \cdot \Delta \boldsymbol{X}_{0|k} = \boldsymbol{z}_N - \boldsymbol{h}[\boldsymbol{X}_{N|k-1}] + \boldsymbol{v}_N
\end{cases} \tag{3.43}
$$

如图 3.2 所示，观测时刻残差通过式(3.43)反映到 t_0 状态修正量 $\Delta X_{0|k}$，且式(3.43)由 $N \cdot \dim(z)$ 个线性方程组成的方程组，未知量维数为 $\dim(\Delta X)$，定义：

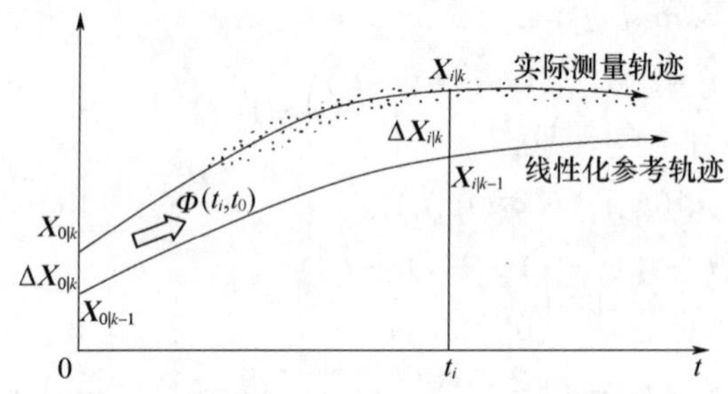

图 3.2　系统状态偏差与系统观测偏差关系

$$
\boldsymbol{Y} = \begin{bmatrix} z_1 - \boldsymbol{h}(\boldsymbol{X}_{1|k-1}) \\ z_2 - \boldsymbol{h}(\boldsymbol{X}_{2|k-1}) \\ \vdots \\ z_N - \boldsymbol{h}(\boldsymbol{X}_{N|k-1}) \end{bmatrix}, \boldsymbol{H} = \begin{bmatrix} H_1 \cdot \boldsymbol{\Phi}(t_1,t_0) \\ H_2 \cdot \boldsymbol{\Phi}(t_2,t_0) \\ \vdots \\ H_N \cdot \boldsymbol{\Phi}(t_N,t_0) \end{bmatrix}, \boldsymbol{V} = \begin{bmatrix} \boldsymbol{v}_1 \\ \boldsymbol{v}_2 \\ \vdots \\ \boldsymbol{v}_N \end{bmatrix}
$$

分别表示观测残差向量，状态转移矩阵和系统线性化误差向量，式(3.43)可以表示为

$$
\boldsymbol{H} \cdot \Delta \boldsymbol{X}_{0|k} = \boldsymbol{Y} + \boldsymbol{V} \tag{3.44}
$$

假设系统状态维数为 $n = \dim(\Delta X)$，系统观测向量为 $m = \dim(z)$，令 $p =$

$N\times m$,则式(3.44)中矩阵的维数:$\boldsymbol{H}_{p\times n}$是系数矩阵,行数等于观测量的个数,列数等于系统状态维数;$\boldsymbol{Y}_{p\times 1}$是观测残差向量,维数等于观测量的个数;对于定轨问题,一般情况下,$p\gg n$,因此,式(3.44)为关于系统状态修正量$\Delta\boldsymbol{X}_{0|k}$的超定方程组。假设该超定方程组的解为$\Delta\boldsymbol{X}_{0|k}$,作为状态修正量,则$k$次迭代后状态估计为

$$\boldsymbol{X}_{0|k} = \boldsymbol{X}_{0|k-1} + \Delta\boldsymbol{X}_{0|k} \tag{3.45}$$

例 3.1 微分修正条件方程描述如下。

假设第$k-1$次迭代后,自由落体初始状态为$\boldsymbol{X}_{0|k-1}$,由式(3.43),则第k次迭代的状态微分修正量$\Delta\boldsymbol{X}_{0|k}$满足下列条件方程:

$$\boldsymbol{H}_i\cdot\boldsymbol{\Phi}(t_i,t_0)\cdot\Delta\boldsymbol{X}_{0|k}=(z_i-\boldsymbol{h}(\boldsymbol{X}_{i|k-1})),i=1,2,\cdots,N$$

其中

$$\boldsymbol{H}_i=\begin{bmatrix}\dfrac{h(t_i)}{\sqrt{h^2(t_i)+l^2}} & 0\\ \dfrac{l}{\sqrt{h^2(t_i)+l^2}} & 0\end{bmatrix},\boldsymbol{\Phi}(t_i,t_0)=\begin{bmatrix}1 & -(t_i-t_0)\\ 0 & 1\end{bmatrix}$$

则状态修正量$\Delta\boldsymbol{X}_{0|k}$满足的条件方程为

$$\begin{bmatrix}\dfrac{h(t_i)}{\sqrt{h^2(t_i)+l^2}} & -\dfrac{h(t_i)(t_i-t_0)}{\sqrt{h^2(t_i)+l^2}}\\ \dfrac{l}{h^2(t_i)+l^2} & -\dfrac{l(t_i-t_0)}{h^2(t_i)+l^2}\end{bmatrix}\cdot\Delta\boldsymbol{X}_{0|k-1}=\left(\begin{bmatrix}\rho_i\\ E_i\end{bmatrix}-\begin{bmatrix}\sqrt{h^2(t_i)+l^2}\\ \arctan\left(\dfrac{h(t_i)}{l}\right)\end{bmatrix}\right)$$

系统动力学模型约束条件为

$$\begin{pmatrix}h(t_i)\\ \dot{h}(t_i)\end{pmatrix}=\begin{pmatrix}h_{0|k-1}-\dot{h}_{0|k-1}(t_i-t_0)-\dfrac{1}{2}g_0(t_i-t_0)^2\\ \dot{h}_{0|k-1}(t_i-t_0)+g_0(t_i-t_0)\end{pmatrix},i=1,2,\cdots,N$$

3.6 最小二乘解

超定方程式(3.44)的最小二乘解$\Delta\boldsymbol{X}_{0|k}$,是使下列二次型全局达到极小值:

$$J(\Delta\boldsymbol{X}) = \frac{1}{2}(\boldsymbol{Y}-\boldsymbol{H}\cdot\Delta\boldsymbol{X})^{\mathrm{T}}(\boldsymbol{Y}-\boldsymbol{H}\cdot\Delta\boldsymbol{X}) \tag{3.46}$$

使最小二乘准则函数达到全局极小值的充分必要条件为

$$\begin{cases}\left.\dfrac{\partial J}{\partial\Delta\boldsymbol{X}}\right|_{\Delta\boldsymbol{X}_{0|k}}=0\\ \Delta\boldsymbol{X}^{\mathrm{T}}\dfrac{\partial^2 J}{\partial^2\Delta\boldsymbol{X}}\Delta\boldsymbol{X}>0,\forall\,\Delta\boldsymbol{X}\in R^n\end{cases}$$

关于超定方程组的解法,常用的有正规化和奇异值分解法。

3.6.1 超定方程正规化

关于向量微分公式,详见附录 A,式(3.46)对 $\Delta\boldsymbol{X}$ 进行微分,得到

$$\frac{\partial J}{\partial \Delta\boldsymbol{X}} = -(\boldsymbol{Y} - \boldsymbol{H}\cdot\Delta\boldsymbol{X})^{\mathrm{T}}\boldsymbol{H} = -\boldsymbol{H}^{\mathrm{T}}(\boldsymbol{Y} - \boldsymbol{H}\cdot\Delta\boldsymbol{X}) \tag{3.47}$$

因此,最小二乘解 $\Delta\boldsymbol{X}_{0|k}$满足:

$$\boldsymbol{H}^{\mathrm{T}}\boldsymbol{H}\cdot\Delta\boldsymbol{X}_{0|k} = \boldsymbol{H}^{\mathrm{T}}\boldsymbol{Y} \tag{3.48}$$

如果 $\boldsymbol{H}$ 是满秩的,则 $\boldsymbol{H}^{\mathrm{T}}\boldsymbol{H}$ 是对称正定的,由式(3.46)微分,得到

$$\Delta\boldsymbol{X}^{\mathrm{T}}\cdot\frac{\partial}{\partial\Delta\boldsymbol{X}}\left(\frac{\partial J}{\partial\Delta\boldsymbol{X}}\right)\cdot\Delta\boldsymbol{X} = \Delta\boldsymbol{X}^{\mathrm{T}}\cdot\frac{\partial}{\partial\Delta\boldsymbol{X}}(-\boldsymbol{H}^{\mathrm{T}}(\boldsymbol{Y}-\boldsymbol{H}\cdot\Delta\boldsymbol{X}))\cdot\Delta\boldsymbol{X} =$$

$$\Delta\boldsymbol{X}^{\mathrm{T}}\cdot\boldsymbol{H}^{\mathrm{T}}\boldsymbol{H}\cdot\Delta\boldsymbol{X} > 0 \quad \forall\,\Delta\boldsymbol{X}\in R^{n}$$

因此,当 $\boldsymbol{H}$ 是满值的,最小二乘解 $\Delta\boldsymbol{X}_{0|k}$是唯一解,满足:

$$\Delta\boldsymbol{X}_{0|k} = (\boldsymbol{H}^{\mathrm{T}}\boldsymbol{H})^{-1}\boldsymbol{H}^{\mathrm{T}}Y \tag{3.49}$$

上述过程的迭代便构成最小二乘参数估计算法的核心,但在工程应用中还必须辅以观测量方差和观测系统差的统计,以及观测量对条件方程的敏感性检验。

当系统维数相对较高时,直接对正规矩阵求逆将会非常困难,而且正规矩阵接近病态时,由式(3.49)得到的最小二乘解将会不精确,甚至无解。

例如,下面的超定方程:

$$\begin{pmatrix}1 & 1\\ \varepsilon & 0\\ 0 & \varepsilon\end{pmatrix}\begin{pmatrix}x\\ y\end{pmatrix} = \begin{pmatrix}1\\ 0\\ 0\end{pmatrix}$$

其正规矩阵为

$$\boldsymbol{H}^{\mathrm{T}}\boldsymbol{H} = \begin{pmatrix}1 & \varepsilon & 0\\ 1 & 0 & \varepsilon\end{pmatrix}\cdot\begin{pmatrix}1 & 1\\ \varepsilon & 0\\ 0 & \varepsilon\end{pmatrix} = \begin{pmatrix}1+\varepsilon^2 & 1\\ 1 & 1+\varepsilon^2\end{pmatrix}$$

在 32 位微处理器计算机中,当 $\varepsilon < 10^{-9}$时,正规矩阵接近病态,其直接求逆将导致浮点计算上溢。但显然上述超定方程组存在最小二乘解:

$$\begin{pmatrix}\mathrm{x}\\ \mathrm{y}\end{pmatrix}_L = \begin{pmatrix}0.5\\ 0.5\end{pmatrix} + O(\varepsilon)$$

3.6.2 超定方程顺序法化

对最小二乘法的描述,习惯上我们用状态修正量满足的条件方程来描述,原因之一是虽然最小二乘法是批处理的,但条件方程的列写和正规化却可以是顺

序的，而且，对于观测向量的分量也可以分别列写条件方程，而不必要对所有观测量同时列写方程和矩阵法化，以降低算法的实现难度，同时在工程上还要考虑对角法化和对角传递的问题，以避免由于计算机字长的因素造成正规矩阵的不对称，影响算法的收敛性。

设系统线性化后，系统状态满足的条件方程为

$$\boldsymbol{W} \cdot \boldsymbol{H}_i \cdot \boldsymbol{\Phi}(t_i,t_0) \cdot \Delta\boldsymbol{X}_{0|k} = \boldsymbol{W} \cdot (\boldsymbol{z}_i - \boldsymbol{h}(\boldsymbol{X}_{i|k-1})), i = 1,2,\cdots,N \tag{3.50}$$

对于观测向量的任意分量 $z_{i,l}$，对应式(3.50)的标量条件方程，总可以表示为

$$w_l(h_{i,1}\delta x_1 + h_{i,2}\delta x_2 + \cdots + h_{i,n}\delta x_n) = w_l(z_{i,l} - h_l(\boldsymbol{X}_{i|k-1}))$$
$$l = 1,2,\cdots,m;\ i = 1,2,\cdots,N \tag{3.51}$$

对 m 维观测向量进行 N 次观测后，最小二乘解满足的正规方程法化过程可表示为

$$\sum_{i=1}^{N}\sum_{l=1}^{m}\begin{pmatrix} h_{i,1} \\ h_{i,2} \\ \vdots \\ h_{i,n} \end{pmatrix} \cdot (w_l h_{i,1} \quad w_l h_{i,2} \quad \cdots \quad w_l h_{i,n}) = \sum_{i=1}^{N}\sum_{l=1}^{m}\begin{pmatrix} h_{i,1} \\ h_{i,2} \\ \vdots \\ h_{i,n} \end{pmatrix} w_l(z_{i,j} - h_l(\boldsymbol{X}_{i|k-1})) \tag{3.52}$$

因此，矩阵法化过程可以表示为累加法化过程：

$$\begin{cases} \boldsymbol{\Sigma} = \boldsymbol{\Sigma} + \begin{pmatrix} h_{\text{new},1} \\ h_{\text{new},2} \\ \vdots \\ h_{\text{new},n} \end{pmatrix}(w_l h_{\text{new},1} \quad w_l h_{\text{new},2} \quad \cdots \quad w_l h_{\text{new},n}) \\ \boldsymbol{\Gamma} = \boldsymbol{\Gamma} + \begin{pmatrix} h_{\text{new},1} \\ h_{\text{new},2} \\ \vdots \\ h_{\text{new},n} \end{pmatrix} w_l(z_{\text{new},l} - h_l(\boldsymbol{X}_{\text{new}|k-1})) \end{cases} \tag{3.53}$$

式中：$l=1,2,\cdots,m$；下脚标 new 表示新接收的观测数据，超定方程法化为

$$\sum \cdot \Delta X_{0|k} = \boldsymbol{\Gamma}$$

3.6.3 超定方程奇异值分解

为克服对病态正规矩阵直接求逆运算，提高浮点计算稳定性，特别是对实时控制系统，避免由于浮点上溢造成控制系统中断，对条件方程式(3.44)采取直接分解算法，常用的计算稳定性较好的算法有系数矩阵奇异值分解法。

设条件方程系数矩阵为 $\boldsymbol{H}_{p\times n}$，即超定方程个数为 p，系统状态维数为 n，满足 $p \gg n$。由矩阵奇异值分解[Golub,1970]，条件方程系数矩阵可分解为

$$\boldsymbol{H}_{p\times n} = \boldsymbol{U}_{p\times n} \cdot \boldsymbol{S}_{n\times n} \cdot \boldsymbol{V}_{n\times n}^{\mathrm{T}} \tag{3.54}$$

式中：$\boldsymbol{S}_{n\times n} = \mathrm{diag}(\lambda_1, \lambda_2, \cdots, \lambda_n)$ 为系数矩阵特征值对角矩阵，且 $\lambda_1 \geqslant \lambda_2 \geqslant \cdots \geqslant \lambda_n$，按降序排列；$\boldsymbol{U}$、$\boldsymbol{V}$ 分别为 $p\times n$ 和 $n\times n$ 正交矩阵，即 $\boldsymbol{U}^{\mathrm{T}}\boldsymbol{U} = \boldsymbol{I}_{n\times n}$，$\boldsymbol{V}^{\mathrm{T}}\boldsymbol{V} = \boldsymbol{I}_{n\times n}$。

将式(3.54)代入最小二乘解满足的方程 $\boldsymbol{H}^{\mathrm{T}}\boldsymbol{H}\cdot\Delta\boldsymbol{X}_{0|k} = \boldsymbol{H}^{\mathrm{T}}\boldsymbol{Y}$，得到

$$\boldsymbol{V}\cdot\boldsymbol{S}^2\cdot\boldsymbol{V}^{\mathrm{T}}\Delta\boldsymbol{X}_{0|k} = \boldsymbol{V}\boldsymbol{S}\boldsymbol{U}^{\mathrm{T}}\boldsymbol{Y}$$

化简上式，得到最小二乘解的奇异值分解算法：

$$\Delta\boldsymbol{X}_{0|k} = \boldsymbol{V}\boldsymbol{S}^{-1}\boldsymbol{U}^{\mathrm{T}}\cdot\boldsymbol{Y} \tag{3.55}$$

最小二乘解由式(3.49)和式(3.55)求解，计算量级相当，但利用奇异值分解算法，数值计算稳定性好，更利于实时控制系统中系统状态的估计算法。

在3.6.1节的超定方程中，设 $\varepsilon = 10^{-9}$，则系数矩阵的奇异值分解为

$$\begin{pmatrix} 1 & 1 \\ 10^{-9} & 0 \\ 0 & 10^{-9} \end{pmatrix} = \boldsymbol{U}\cdot\boldsymbol{S}\cdot\boldsymbol{V}^{\mathrm{T}}$$

$$\boldsymbol{U} = \begin{pmatrix} -1 & 0 \\ -5\times10^{-9} & -0.70710678 \\ -5\times10^{-9} & 0.70710678 \end{pmatrix}, \boldsymbol{S} = \begin{pmatrix} 1.41421356 & 0 \\ 0 & 10^{-9} \end{pmatrix},$$

$$\boldsymbol{V}^{T} = \begin{pmatrix} -0.70710678 & -0.70710678 \\ -0.70710678 & 0.70710678 \end{pmatrix}$$

故方程(3.50)的最小二乘解为

$$\begin{pmatrix} x \\ y \end{pmatrix}_{\text{least}} = \boldsymbol{V}\boldsymbol{S}^{-1}\boldsymbol{U}^{\mathrm{T}}\begin{pmatrix} 1 \\ 0 \\ 0 \end{pmatrix} = \begin{pmatrix} 0.500000015 \\ 0.499999985 \end{pmatrix}$$

3.7 加权最小二乘解

最小二乘解假设观测向量 $z_i(i=1,2,\cdots,N)$ 的观测分量均具有一致的高斯白噪声，事实上，由于测量机构和测量量的属性不同，测量分量会呈现不同的噪声分布特点。例如，航天器导航中，由于太阳的亮度和位置稳定，而地球敏感器受地球大气、空间折射等因素的影响，因此太阳敏感器输出精度远远高于地球敏感器输出。如果使不同测量精度的观测量，平等地“渗透”进条件方程，则系统状态估计会“偏向”噪声大的测量数据，导致最小二乘参数估计成为有偏估计。究其原因仍然是最小二乘法未能考虑观测量的概率统计特征。

现在考虑观测量的概率统计特征，引入加权改进最小二乘法，对最小二乘法的其他改进，如递推最小二乘法等仅是在计算流程上有所改变，本书不再叙述。

定义权系数矩阵 $\boldsymbol{W}$,且在微分修正条件方程式(3.43)两端去除小量 $\boldsymbol{U}$ 后同左乘 $\boldsymbol{W}$,改进的条件方程为

$$\boldsymbol{W}\cdot\boldsymbol{H}_i\cdot\boldsymbol{\Phi}(t_i,t_0)\cdot\Delta\boldsymbol{X}_{0|k}=\boldsymbol{W}\cdot(z_i-\boldsymbol{h}(\boldsymbol{X}_{i|k-1})),i=1,2,\cdots,N \tag{3.56}$$

则与式(3.48)相对应,加权最小二乘解,满足的正规方程为

$$\boldsymbol{H}^{\mathrm{T}}\boldsymbol{W}\boldsymbol{H}\cdot\Delta\boldsymbol{X}_{0|k}=\boldsymbol{H}^{\mathrm{T}}\boldsymbol{W}\boldsymbol{Y} \tag{3.57}$$

与式(3.49)相对应,如果 $\boldsymbol{H}^{\mathrm{T}}\boldsymbol{W}\boldsymbol{H}$ 是正定矩阵,则加权最小二乘解为

$$\Delta\boldsymbol{X}_{0|k}=(\boldsymbol{H}^{\mathrm{T}}\boldsymbol{W}\boldsymbol{H})^{-1}\boldsymbol{H}^{\mathrm{T}}\boldsymbol{W}\boldsymbol{Y} \tag{3.58}$$

令 $\boldsymbol{P}_k=(\boldsymbol{H}^T\boldsymbol{W}\boldsymbol{H})^{-1}$,则式(3.58)可表示为

$$\Delta\boldsymbol{X}_{0|k}=\boldsymbol{P}_k\boldsymbol{H}^{\mathrm{T}}\boldsymbol{W}\boldsymbol{Y} \tag{3.59}$$

而微分修正的加权最小二乘法解为

$$\boldsymbol{X}_{0|k}=\boldsymbol{X}_{0|k-1}+\Delta\boldsymbol{X}_{0|k}=\boldsymbol{X}_{0|k-1}+\boldsymbol{P}_k\boldsymbol{H}^{\mathrm{T}}\boldsymbol{W}\cdot\boldsymbol{Y} \tag{3.60}$$

可以证明,对条件方程加权可以有效改善条件方程正则矩阵的条件数,而且选取恰当权系数矩阵,微分修正最小二乘估计是无偏的。但问题是随着测量环境的变化,测量机构的状态变化,观测噪声本身是摄动的,如何在工程应用中获取权矩阵是一个十分重要的问题。通常采用的方法是对观测量进行方差统计,但对具体的问题会有不同的考虑,后续章节将做具体讨论。

如果观测量残差具有如下统计特征:

$$E[\boldsymbol{Y}]\equiv E\begin{pmatrix}z_1-\boldsymbol{h}[\boldsymbol{X}_{1|k-1}]\\ z_2-\boldsymbol{h}[\boldsymbol{X}_{2|k-1}]\\ \vdots\\ z_N-\boldsymbol{h}[\boldsymbol{X}_{N|k-1}]\end{pmatrix}=0 \tag{3.61}$$

$$E[\boldsymbol{Y}\cdot\boldsymbol{Y}^{\mathrm{T}}]\equiv E\left[\begin{pmatrix}z_1-h_1[\boldsymbol{X}_{1|k-1}]\\ z_2-h_2[\boldsymbol{X}_{2|k-1}]\\ \vdots\\ z_m-h_m[\boldsymbol{X}_{N|k-1}]\end{pmatrix}\cdot\begin{pmatrix}z_1-h_1[\boldsymbol{X}_{1|k-1}]\\ z_2-h_2[\boldsymbol{X}_{2|k-1}]\\ \vdots\\ z_m-h_m[\boldsymbol{X}_{N|k-1}]\end{pmatrix}^{\mathrm{T}}\right]=\begin{bmatrix}\sigma_1^2 & 0 & \cdots & 0\\ 0 & \sigma_2^2 & \cdots & 0\\ \vdots & \vdots & \vdots & \vdots\\ 0 & 0 & \cdots & \sigma_m^2\end{bmatrix} \tag{3.62}$$

下面给出系统状态修正量的一阶矩(均值)和二阶矩(方差)估计:

$$E[\Delta\boldsymbol{X}_{0|k}]=\boldsymbol{P}_k\boldsymbol{H}^T\boldsymbol{W}\cdot E[\boldsymbol{Y}]=0 \tag{3.63}$$

$$E[\Delta\boldsymbol{X}_{0|k}\cdot\Delta\boldsymbol{X}_{0|k}^{\mathrm{T}}]=\boldsymbol{P}_k\cdot\boldsymbol{H}^{\mathrm{T}}\boldsymbol{W}\cdot E[\boldsymbol{Y}\boldsymbol{Y}^{\mathrm{T}}]\cdot\boldsymbol{W}\boldsymbol{H}\cdot\boldsymbol{P}_k \tag{3.64}$$

假设测量残差为非相关白噪声,权系数矩阵为

$$\boldsymbol{W}=(E[\boldsymbol{Y}\boldsymbol{Y}^{\mathrm{T}}])^{-1}=\begin{bmatrix}(1/\sigma_1^2) & 0 & \cdots & 0\\ 0 & (1/\sigma_2^2) & \cdots & 0\\ \vdots & \vdots & \vdots & \vdots\\ 0 & 0 & \cdots & (1/\sigma_m^2)\end{bmatrix} \tag{3.65}$$

故有

$$H^{T}W\cdot[YY^{T}]\cdot WH=H^{T}W\cdot W^{-1}\cdot WH=H^{T}WH=P_{k}^{-1} \quad (3.66)$$

$$E[\Delta X_{0|k}\cdot\Delta X_{0|k}^{T}]=P_{k}\cdot P_{k}^{-1}\cdot P_{k}=P_{k} \quad (3.67)$$

上述假设说明:如果观测噪声是零均值不相关的白噪声,加权最小二乘状态估计残差是零均值无偏估计,方差矩阵为加权微分修正条件方程正规矩阵的逆矩阵。反之,如果观测噪声是非零均值的有色噪声,则估计修正量是非零均值的有偏估计。因此,在设计最小二乘估计算法时,如何对观测噪声系统差进行建模或统计处理,是提高估计精度的关键技术。

当观测量残差均方差为小量时,权系数矩阵对角元素会明显增大,不利于对正规矩阵的分解和求逆。一般地,引入无量纲系数 σ_0,使得 $0<\mathrm{ding}(W)<1$,定义 $W=\sigma_0\mathrm{ding}(\sigma_1{}^2,\sigma_2{}^2,\cdots,\sigma_m^2)^{-1}$,则状态修正量估计的协方差矩阵为

$$E[\Delta X_{0|k}\cdot\Delta X_{0|k}^{T}]=\sigma_0 P_k$$

对状态估计残差分量 $\Delta X=(\delta x_1,\delta x_2,\cdots,\delta x_n)^{T}$,均方差定义为

$$\sigma(\delta x_1)=\sqrt{\sigma_0}\cdot\sqrt{e_i^{T}\cdot P_k\cdot e_i}$$

状态估计误差作为随机过程,设 X_0^* 为系统精确状态。分布概率为

$$P\{|(X_{0|k})_i-(X_0^*)_i|<1\cdot\sigma(\delta x_i)\}=0.67$$

$$P\{|(X_{0|k})_i-(X_0^*)_i|<2\cdot\sigma(\delta x_i)\}=0.95$$

$$P\{|(X_{0|k})_i-(X_0^*)_i|<3\cdot\sigma(\delta x_i)\}=0.99$$

因此,如果系统观测噪声是零均值不相关高斯白噪声,则最小二乘正规矩阵的逆矩阵对角元素反映状态估计精度,分布概率如图3.3所示。

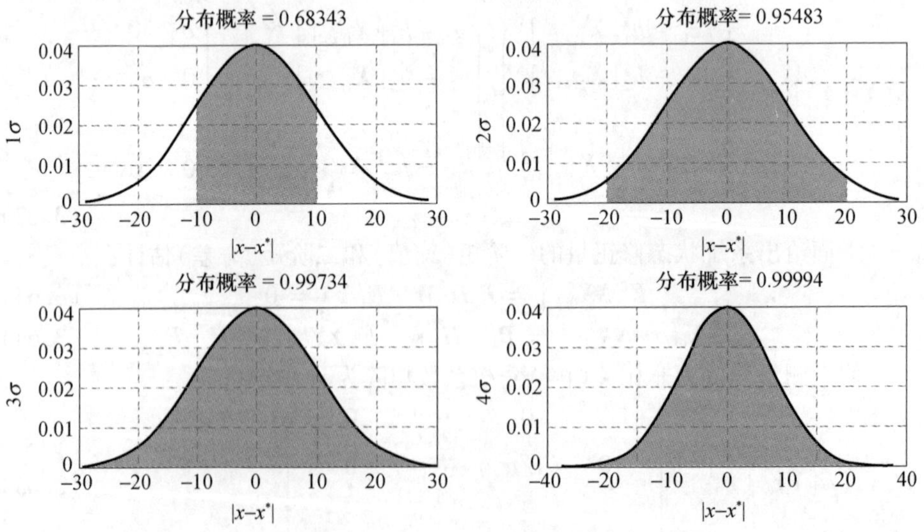

图3.3 状态估计精度分布概率

综上所述,正规矩阵的逆矩阵反映系统状态估计精度及其估计误差分布概率特征,但依此评估系统状态估计精度,尚需注意以下两点。

(1) 系统观测噪声作为先验信息,随着环境、测量机构的状态变化,观测噪声本身是变化的,因此,如何在具体工程应用中获取权矩阵十分重要的。通常采用的方法是对观测量进行方差统计,但对具体的问题会有不同的考虑。

(2) 系统观测噪声存在系统差,则最小二乘法系统估计是有偏的,由测量系统差 $\bar{\varepsilon}$ 造成的系统状态偏差方程为

$$\boldsymbol{E}[\Delta \boldsymbol{X}_{0|k}] = \boldsymbol{P}_k \boldsymbol{H}^{\mathrm{T}} \boldsymbol{W} \cdot \bar{\varepsilon} \tag{3.68}$$

因此,利用最小二乘法估计系统状态时同时统计和求解观测系统差,是提高系统状态估计精度的必要手段。

例 3－1 的加权最小二乘法描述如下:如果引进权系数矩阵,$\boldsymbol{W} = \boldsymbol{R}^{-1}$,则由式(3.65)和式(3.56),权系数矩阵和微分修正加权最小二乘条件方程满足

$$\boldsymbol{R}^{-1} = \begin{pmatrix} 0.01 & 0 \\ 0 & 0.0066996 \end{pmatrix}$$

$$\boldsymbol{R}^{-1} \cdot \begin{bmatrix} \dfrac{h(t_i)}{\sqrt{h^2(t_i)+l^2}} & -\dfrac{h(t_i)(t_i-t_0)}{\sqrt{h^2(t_i)+l^2}} \\ \dfrac{l}{h^2(t_i)+l^2} & -\dfrac{l(t_i-t_0)}{h^2(t_i)+l^2} \end{bmatrix} \cdot \Delta \boldsymbol{X}_{0|k-1} = \boldsymbol{R}^{-1}\left(\begin{bmatrix} \rho_i \\ E_i \end{bmatrix} - \begin{bmatrix} \sqrt{h^2(t_i)+l^2} \\ \arctan\left(\dfrac{h(t_i)}{l}\right) \end{bmatrix} \right)$$

系统动力学模型约束条件为

$$\begin{pmatrix} h(t_i) \\ \dot{h}(t_i) \end{pmatrix} = \begin{pmatrix} h_{0|k-1} - \dot{h}_{0|k-1}(t_i-t_0) - \dfrac{1}{2}g_0(t_i-t_0)^2 \\ \dot{h}_{0|k-1}(t_i-t_0) + g_0(t_i-t_0) \end{pmatrix}, \quad i = 1,2,\cdots,N$$

假设对例 3.1 系统,仿真初值为 $\boldsymbol{X}_0 = \begin{bmatrix} h_0^* \\ \dot{h}_0^* \end{bmatrix} = \begin{bmatrix} 10000.0\mathrm{m} \\ 2.0\mathrm{m/s} \end{bmatrix}$,距自由落体落点 $l = 300.0\mathrm{m}$ 处的雷达,对目标进行连续测量,假设对目标距离测量随机差为 $\sigma_\rho = 10\mathrm{m}$,对目标仰角测量随机差为 $\sigma_E = 0.1°$,对系统初值的先验初值为

$$\hat{X}_0 = \{(\hat{h}_0, \hat{\dot{h}}_0) \mid |\hat{h}_0 - \dot{h}_0^*| = 500, |\dot{h}_0^* - \dot{h}_0^*| = 2.0\}$$

即初始状态不确定椭圆为

$$\frac{(\hat{h}_0 - h_0^*)^2}{500.0^2} + \frac{(\hat{\dot{h}}_0 - \dot{h}_0^*)^2}{2.0^2} = 1$$

下面以蒙特卡罗法,在不确定初始椭圆上随机产生系统估计初值,收敛门限定义为 $\|\Delta \boldsymbol{X}_{0|k}\| \leqslant 10^{-10}$,算法收敛后的正规矩阵逆矩阵为

$$\boldsymbol{P}_0 = (\boldsymbol{H}^{\mathrm{T}} \boldsymbol{W} \boldsymbol{H})^{-1} = \begin{pmatrix} \sigma_h^2 & \sigma_{h\dot{h}} \\ \sigma_{\dot{h}h} & \sigma_{\dot{h}}^2 \end{pmatrix}$$

则状态估值误差 1 倍方差椭圆定义为

$$\frac{(\hat{h}_0-h_0^*)^2}{\sigma_h^2}+\frac{(\hat{\dot{h}}_0-\dot{h}_0^*)^2}{\sigma_{\dot{h}}^2}=1$$

下面分三种情况讨论微分修正算法的收敛性和精度。

1. 测距和测角

假设对例 3.1 自由落体运动的观测量为 $\{t_i,\rho_i,E_i\}\ (i=1,2,\cdots,N)$，则自由落体运动状态加权最小二乘算法为

$$\begin{cases}\boldsymbol{W}\cdot\boldsymbol{H}_i\cdot\boldsymbol{\Phi}(t_i,t_0)\cdot\Delta\boldsymbol{X}_{0|k}=\boldsymbol{W}\cdot(\rho_i-\rho(X_{0|k-1}))\\ \boldsymbol{W}\cdot\boldsymbol{H}_i\cdot\boldsymbol{\Phi}(t_i,t_0)\cdot\Delta\boldsymbol{X}_{0|k}=\boldsymbol{W}\cdot(E_i-E(\boldsymbol{X}_{0|k-1}))\end{cases},i=1,2,\cdots,N$$

当权系数矩阵选择 $\boldsymbol{W}=\boldsymbol{R}^{-1}=\begin{bmatrix}(\sigma_\rho^2)^{-1} & 0\\ 0 & (\sigma_E^2)^{-1}\end{bmatrix}$时，加权最小二乘条件方程为

$$\boldsymbol{R}^{-1}\cdot\begin{bmatrix}\dfrac{h(t)}{\sqrt{h^2(t_i)+l^2}} & -\dfrac{h(t_i)(t_i-t_0)}{\sqrt{h^2(t_i)+l^2}}\\ \dfrac{l}{h^2(t_i)+l^2} & -\dfrac{l(t_i-t_0)}{h^2(t_i)+l^2}\end{bmatrix}\cdot\Delta\boldsymbol{X}_{0|k-1}=$$

$$\boldsymbol{R}^{-1}\left(\begin{bmatrix}\rho_i\\ E_i\end{bmatrix}-\begin{bmatrix}\sqrt{h^2(t_i)+l^2}\\ \arctan\left(\dfrac{h(t_i)}{l}\right)\end{bmatrix}\right),\qquad i=1,2,\cdots,N$$

则状态估值误差 1 倍方差椭圆如图 3.4 和图 3.5 所示。

由 $\boldsymbol{X}_0^*\begin{pmatrix}h_0^*\\ \dot{h}_0^*\end{pmatrix}=\begin{pmatrix}10000.0\\ 2.0\end{pmatrix}$为系统精确状态。则最小二乘估计分布概率为

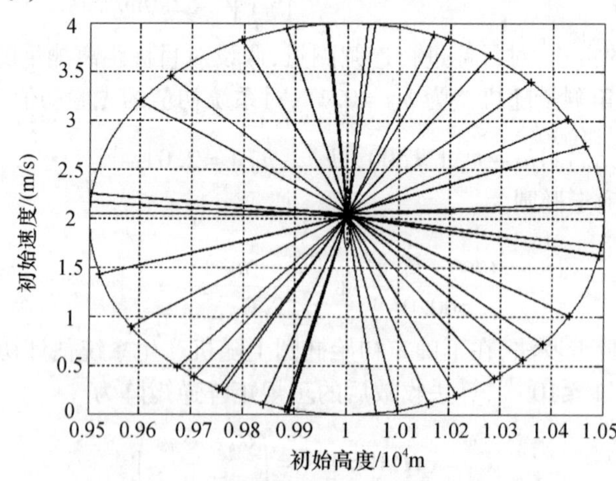

图 3.4 加权最小二乘估计算法收敛路径

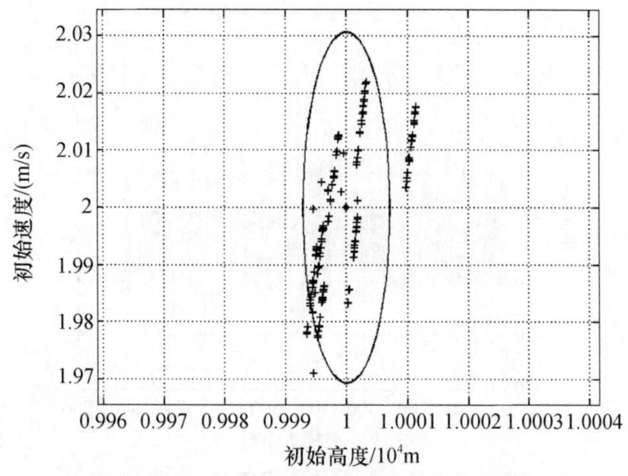

图 3.5　加权最小二乘法估值精度(局部放大)

$$P\{|\widehat{h}_0 - h_0^*| < 1 \cdot \sigma_h\} = 67\%, P\{|\widehat{\dot{h}}_0 - \dot{h}_0^*| < 1 \cdot \sigma_{\dot{h}}\} = 67\%$$

按对目标距离测量随机差为 $\sigma_h = 10\text{m}$，对目标仰角测量随机差为 $\sigma_E = 0.1°$，则误差椭圆长轴和短轴分别为 $\sigma_h = 0.7\text{m}, \sigma_{\dot{h}} = 0.03\text{m/s}$。意味着，例3.1中的初始状态估计问题，对初始误差椭圆上任意初始值，加权最小二乘算法是收敛的，按1倍方差，位置估值按67%的分布概率，估值与精确值的绝对差小于0.7m，速度估值按67%的分布概率，估值与精确值的绝对差小于0.03m/s。观测残差分布如图3.6(距离)、图3.7(仰角)所示。

2. 单测距情况

假设对自由落体运动的观测量为 $\{t_i, \rho_i\}(i=1,2,\cdots,N)$，则自由落体运动状态加权最小二乘算法为

$$\boldsymbol{W} \cdot \boldsymbol{H}_i \cdot \boldsymbol{\Phi}(t_i, t_0) \cdot \Delta \boldsymbol{X}_{0|k} = \boldsymbol{W} \cdot (\rho_i - \rho(\boldsymbol{X}_{i|k-1})), i=1,2,\cdots,N$$

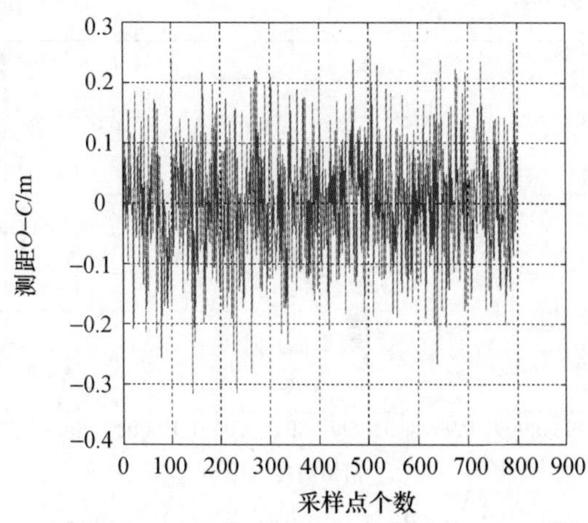

图 3.6　最小二乘估计测距 $O-C$ 曲线

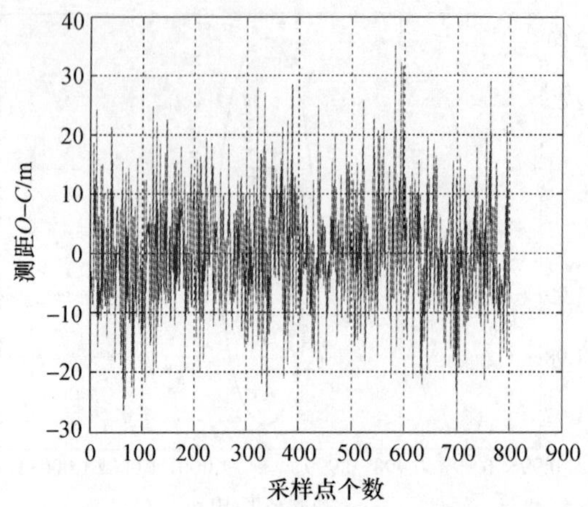

图 3.7　最小二乘估计测角 $O-C$ 曲线

当权系数矩阵选择 $\boldsymbol{W}=(\sigma_\rho^2)^{-1}$时，加权最小二乘条件方程为

$$(\sigma_\rho^2)^{-1}\cdot\left(\frac{h(t_i)}{\sqrt{l^2+h^2(t_i)}},-\frac{h(t_i)(t_i-t_0)}{\sqrt{l^2+h^2(t_i)}}\right)\Delta\boldsymbol{X}_{0|k}=({\sigma_\rho}^2)^{-1}\cdot$$

$$(\rho_i-\rho(\boldsymbol{X}_{i|k-1})),\qquad i=1,2,\cdots,N$$

按对目标距离测量随机差为 $\sigma_\rho=10\text{m}$，则误差椭圆长轴和短轴分别为 $\sigma_h=1.4\text{m}$，$\sigma_{\dot h}=0.06\text{m/s}$。意味着，实例中的初始状态估计问题，对初始误差椭圆上任意初始值，加权最小二乘算法是收敛的，如图 3.8 所示。按 1 倍方差，位置估值按 67% 的分布概率，估值与精确值的绝对差小于 1.4m，速度估值按 67% 的分布概率，估值与精确值得绝对差小于 0.06m/s。观测残差分布如图 3.9 所示。

3. 单测角情况

假设对自由落体运动的观测量为 $\{t_i,E_i\}(i=1,2,\cdots,N)$，则自由落体运动状态加权最小二乘算法为

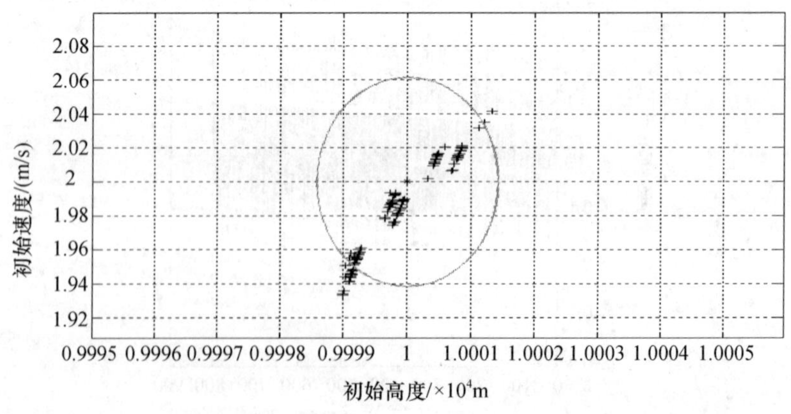

图 3.8　单测距估计误差椭圆（1σ 误差椭圆）

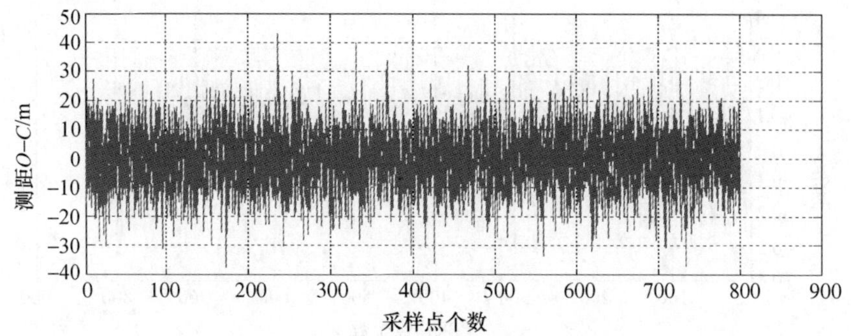

图 3.9　单测距估计测距 $O-C$ 曲线

$$\boldsymbol{W} \cdot \boldsymbol{H}_i \cdot \boldsymbol{\Phi}(t_i, t_0) \cdot \Delta \boldsymbol{X}_{0|k} = \boldsymbol{W} \cdot (E_i - E(\boldsymbol{X}_{i|k-1})), i=1,2,\cdots,N$$

当权系数矩阵选择 $W=(\sigma_E^2)^{-1}$时，加权最小二乘条件方程为

$$(\sigma_E^2)^{-1} \cdot \left(\frac{l}{l^2+h^2(t_i)}, -\frac{l(t_i-t_0)}{l^2+h^2(t_i)}\right) \cdot \Delta \boldsymbol{X}_{0|k} = (\sigma_E^2)^{-1} \cdot (E_i - E(\boldsymbol{X}_{i|k-1}))$$

$$i=1,2,\cdots,N$$

当 $l \neq 0$ 时，条件方程系数矩阵满秩，系统是可观测的，当 $l=0$ 时，条件方程系数矩阵不满秩，系统是不可观测的（此时测角是常值，不反映系统状态的变化规律），同样，采用蒙特卡罗仿真，结果如图 3.10 所示，按 1σ 分布，初始高度估计误差小于 500m，初始速度误差小于 2m/s。

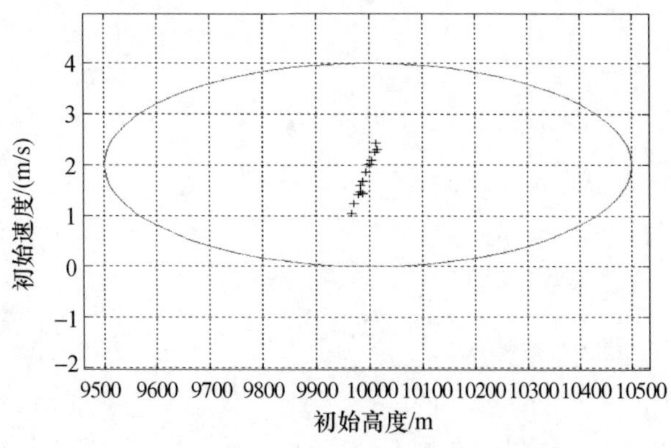

图 3.10　单测角估计误差椭圆（1σ 误差椭圆）

单测角情况，测角残差收敛良好，如图 3.11 所示，由于仿真案例中测角随机误差较大，同时最小二乘估计精度与测量几何强相关，当测量点距自由落体落点的距离越近，最小二乘估计的误差越大，适当的测量几何分布是提高估计精度的重要因素。因此，测量几何分析与选择合适的测量位置，对提高估计精度至关重要。

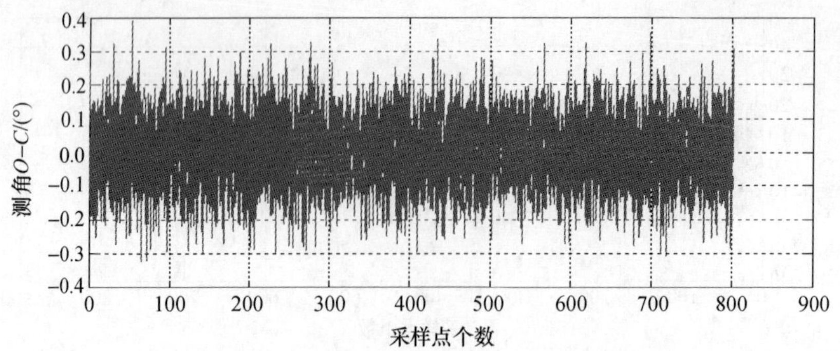

图 3.11　单测角估计测角 $O-C$ 曲线

第 4 章　动力学系统估计理论与方法

4.1　贯序估计理论

对于非线性动力学系统式(3.1)、式(3.2)贯序估计问题描述：假设已获得系统在 $t_1,t_2,\cdots,t_{k-1}$ 时刻的观测量 $z_1,z_2,\cdots,z_{k-1}$，且已经获得 t_{k-1} 时刻基于观测空间 $\{z_1,z_2,\cdots,z_{k-1}\}$ 的系统状态 $\boldsymbol{X}_{k-1}$ 的先验估计值 $\boldsymbol{X}_{k-1}^{+}$，方差矩阵为 $\boldsymbol{P}_{k-1}^{+}$，则当获得 t_k 时刻新的观测量 z_k，其观测噪声为 $\boldsymbol{R}_k$，如何获得系统基于 t_k 时刻新的观测量 z_k 的最优估计？

为获得系统在 t_k 时刻最优估计值，定义下列二次型准则：

$$J(\boldsymbol{X}_k) = \frac{1}{2}(\boldsymbol{X}_k - \boldsymbol{X}_k^{-})^{\mathrm{T}}(\boldsymbol{P}_k^{-})^{-1}(\boldsymbol{X}_k - \boldsymbol{X}_k^{-}) + \frac{1}{2}(z_k - \boldsymbol{h}(\boldsymbol{X}_k))^{\mathrm{T}}(\boldsymbol{R}_k)^{-1}(z_k - \boldsymbol{h}(\boldsymbol{X}_k)) \tag{4.1}$$

上述二次型准则，对应下列非线性动力学系统，其状态方程和观测方程分别为

$$\boldsymbol{X}_k = \boldsymbol{\Phi}(t_k,t_{k-1})\cdot\boldsymbol{X}_{k-1}^{+} + \boldsymbol{\eta}_k, E[\boldsymbol{\eta}_k\boldsymbol{\eta}_k^{\mathrm{T}}] = \boldsymbol{P}_k^{-} \tag{4.2}$$

$$\boldsymbol{z}_k = \boldsymbol{h}(\boldsymbol{X}_k) + \boldsymbol{v}_k, E[\boldsymbol{v}_k\cdot\boldsymbol{v}_k^{\mathrm{T}}] = \boldsymbol{R}_k \tag{4.3}$$

将非线性泛函沿基准轨迹 $\boldsymbol{X}_k^{*}$ 线性化，令

$$\boldsymbol{x}_k = \boldsymbol{X}_k - \boldsymbol{X}_k^{*}, \boldsymbol{x}_k^{-} = \boldsymbol{X}_k^{-} - \boldsymbol{X}_k^{*}, \boldsymbol{y}_k = z_k - \boldsymbol{h}(\boldsymbol{X}_k^{*})$$

对非线性系统观测方程和系统状态方程进行线性化，则得到系统线性化的状态和测量方程：

$$\boldsymbol{x}_k = \boldsymbol{\Phi}(t_k,t_{k-1})\cdot\boldsymbol{x}_{k-1} \tag{4.4}$$

$$\boldsymbol{y}_k = \boldsymbol{H}_k\boldsymbol{x}_k + \boldsymbol{v}_k \tag{4.5}$$

$$\begin{cases} \boldsymbol{X}_k - \boldsymbol{X}_k^{-} = (\boldsymbol{X}_k - \boldsymbol{X}_k^{+}) - (\boldsymbol{X}_k^{-} - \boldsymbol{X}_k^{*}) = \boldsymbol{X}_k - \boldsymbol{X}_k^{-} \\ z_k - \boldsymbol{h}(\boldsymbol{X}_k) \approx z_k - \left(\boldsymbol{h}(\boldsymbol{X}_k^{*}) + \left.\dfrac{\partial h}{\partial X}\right|_{X_k^{*}}(\boldsymbol{X}_k - \boldsymbol{X}_k^{*})\right) = \\ \qquad (z_k - \boldsymbol{h}(\boldsymbol{X}_k^{*})) - \boldsymbol{H}_k(\boldsymbol{X}_k - \boldsymbol{X}_k^{*}) = \boldsymbol{y}_k - \boldsymbol{H}_k\boldsymbol{x}_k \end{cases} \tag{4.6}$$

因此，二次型准则式(4.1)线性化为

$$J(\boldsymbol{x}_k) = \frac{1}{2}(\boldsymbol{x}_k - \boldsymbol{x}_k^{-})^{\mathrm{T}}(\boldsymbol{P}_k^{-})^{-1}(\boldsymbol{x}_k - \boldsymbol{x}_k^{-}) + \frac{1}{2}(\boldsymbol{y}_k - \boldsymbol{H}_k\boldsymbol{x}_k)^{\mathrm{T}}(\boldsymbol{R}_k)^{-1}(\boldsymbol{y}_k - \boldsymbol{H}_k\boldsymbol{x}_k) \tag{4.7}$$

该二次型准则对应下列非线性动力学系统。

系统动力学模型：

$$\boldsymbol{x}_k = \boldsymbol{\Phi}(t_k, t_{k-1}) \cdot \boldsymbol{x}_{k-1} \tag{4.8}$$

系统观测模型：

$$\begin{cases} \boldsymbol{x}_k = \boldsymbol{x}_k^- + \boldsymbol{\eta}_k, E[\boldsymbol{\eta}_k] = 0, E[\boldsymbol{\eta}_k^{\mathrm{T}}\boldsymbol{\eta}_k] = \boldsymbol{P}_k^- \\ \boldsymbol{y}_k = \boldsymbol{H}_k\boldsymbol{x}_k + \boldsymbol{\varepsilon}_k, E[\boldsymbol{\varepsilon}_k] = 0, E[\boldsymbol{\varepsilon}_k^{\mathrm{T}}, \boldsymbol{\varepsilon}_k] = \boldsymbol{R}_k \\ E[\boldsymbol{\eta}_k^{\mathrm{T}}\boldsymbol{\varepsilon}_k] = E[\boldsymbol{\varepsilon}_k^{\mathrm{T}}\boldsymbol{\eta}_k] = 0 \end{cases} \tag{4.9}$$

观测协方差矩阵 $\boldsymbol{P}_k^-$、$\boldsymbol{R}_k$ 均为对称正定矩阵，其逆矩阵 $(\boldsymbol{P}_k^-)^{-1}$、$(\boldsymbol{R}_k)^{-1}$ 同样为对称正定矩阵，其平方根分解(Cholesky)分别表示为

$$(\boldsymbol{P}_k^-)^{-1} = \boldsymbol{S}^{\mathrm{T}}\boldsymbol{S}, (\boldsymbol{R}_k)^{-1} = \boldsymbol{N}^{\mathrm{T}}\boldsymbol{N}$$

则二次型准则式(4.7)可表示为

$$J(\boldsymbol{x}_k) = \frac{1}{2}[\boldsymbol{S}(\boldsymbol{x}_k - \boldsymbol{x}_k^-)]^{\mathrm{T}}[\boldsymbol{S}(\boldsymbol{x}_k - \boldsymbol{x}_k^-)] + \frac{1}{2}[\boldsymbol{N}(\boldsymbol{y}_k - \boldsymbol{H}_k\boldsymbol{x}_k)]^{\mathrm{T}}[\boldsymbol{N}(\boldsymbol{y}_k - \boldsymbol{H}_k\boldsymbol{x}_k)] =$$

$$\frac{1}{2}\left[\begin{pmatrix} \boldsymbol{S}(\boldsymbol{x}_k - \boldsymbol{x}_k^-) \\ \boldsymbol{N}(\boldsymbol{y}_k - \boldsymbol{H}_k\boldsymbol{x}_k) \end{pmatrix}^{\mathrm{T}} \begin{pmatrix} \boldsymbol{S}(\boldsymbol{x}_k - \boldsymbol{x}_k^-) \\ \boldsymbol{N}(\boldsymbol{y}_k - \boldsymbol{H}_k\boldsymbol{x}_k) \end{pmatrix}\right] \tag{4.10}$$

对 $\boldsymbol{x}_k$ 求偏导数，得到

$$\frac{\partial}{\partial \boldsymbol{x}_k}J(\boldsymbol{x}_k) = \begin{pmatrix} \boldsymbol{S}(\boldsymbol{x}_k - \boldsymbol{x}_k^-) \\ \boldsymbol{N}(z_k - \boldsymbol{H}_k\boldsymbol{x}_k) \end{pmatrix}^{\mathrm{T}} \cdot \begin{pmatrix} \boldsymbol{S} \\ -\boldsymbol{N}\boldsymbol{H}_k \end{pmatrix} \tag{4.11}$$

因此，使上述二次型达到最小值，则状态估计值 $\hat{\boldsymbol{x}}_k$ 满足：

$$\left.\frac{\partial J(\boldsymbol{x}_k)}{\partial \boldsymbol{x}_k}\right|_{\hat{x}_k} = \begin{pmatrix} \boldsymbol{S}(\hat{\boldsymbol{x}}_k - \boldsymbol{x}_k^-) \\ \boldsymbol{N}(z_k - \boldsymbol{H}_k\hat{\boldsymbol{x}}_k) \end{pmatrix}^{\mathrm{T}} \cdot \begin{pmatrix} \boldsymbol{S} \\ -\boldsymbol{N}\boldsymbol{H}_k \end{pmatrix} = \begin{pmatrix} \boldsymbol{S} \\ -\boldsymbol{N}\boldsymbol{H}_k \end{pmatrix}^{\mathrm{T}} \begin{pmatrix} \boldsymbol{S}(\hat{\boldsymbol{x}}_k - \boldsymbol{x}_k^-) \\ \boldsymbol{N}(z_k - \boldsymbol{H}_k\hat{\boldsymbol{x}}_k) \end{pmatrix} = 0 \tag{4.12}$$

简单运算后，上式可通过式(4.13)，化简为

$$(\boldsymbol{S}^{\mathrm{T}}, -\boldsymbol{H}_k^{\mathrm{T}}\boldsymbol{N}^{\mathrm{T}})\begin{pmatrix} \boldsymbol{S} \\ -\boldsymbol{N}\boldsymbol{H}_k \end{pmatrix}\hat{\boldsymbol{x}}_k = -(\boldsymbol{S}^{\mathrm{T}}, -\boldsymbol{H}_k^{\mathrm{T}}\boldsymbol{N}^{\mathrm{T}})\begin{pmatrix} -\boldsymbol{S}\boldsymbol{x}_k^- \\ \boldsymbol{N}z_k \end{pmatrix} \tag{4.13}$$

$$((\boldsymbol{P}_k^-)^{-1} + \boldsymbol{H}_k^{\mathrm{T}}\boldsymbol{R}_k\boldsymbol{H}_k)\hat{\boldsymbol{x}}_k = (\boldsymbol{P}_k^-)^{-1}\boldsymbol{x}_k^- + \boldsymbol{H}_k^{\mathrm{T}}\boldsymbol{R}_k z_k \tag{4.14}$$

故基于 t_k 时刻新的观测量 z_k，状态的最优估计值为

$$\hat{\boldsymbol{X}}_k = \boldsymbol{X}_k^- + \hat{\boldsymbol{x}}_k = \boldsymbol{X}_k^- + ((\boldsymbol{P}_k^-)^{-1} + \boldsymbol{H}_k^{\mathrm{T}}\boldsymbol{R}_k\boldsymbol{H}_k)^{-1}((\boldsymbol{P}_k^-)^{-1}\boldsymbol{x}_k^- + \boldsymbol{H}_k^{\mathrm{T}}\boldsymbol{R}_k z_k) \tag{4.15}$$

如果对非线性泛函沿当前估值预测 $\boldsymbol{X}_k^-$ 线性化，由

$$z_k - \boldsymbol{h}(\boldsymbol{X}_k) \approx z_k - \left(\boldsymbol{h}(\boldsymbol{X}_k^-) + \left.\frac{\partial h}{\partial X}\right|_{X_k^-}(\boldsymbol{X}_k - \boldsymbol{X}_k^-)\right) = (z_k - \boldsymbol{h}(\boldsymbol{X}_k^-)) - \boldsymbol{H}_k(\boldsymbol{X}_k - \boldsymbol{X}_k^-) \tag{4.16}$$

令 $\boldsymbol{y}_k = z_k - \boldsymbol{h}(\boldsymbol{X}_k^-)$，则二次型准则(4.1)可表示为

$$J(\boldsymbol{X}_k) = \frac{1}{2}[\boldsymbol{S}(\boldsymbol{X}_k - \boldsymbol{X}_k^-)]^{\mathrm{T}}[\boldsymbol{S}(\boldsymbol{X}_k - \boldsymbol{X}_k^-)] + \frac{1}{2}[\boldsymbol{N}(\boldsymbol{y}_k - \boldsymbol{H}_k(\boldsymbol{X}_k - \boldsymbol{X}_k^-))]^{\mathrm{T}}[\boldsymbol{N}(\boldsymbol{y}_k - \boldsymbol{H}_k(\boldsymbol{X}_k - \boldsymbol{X}_k^-))] = \frac{1}{2}\left(\begin{pmatrix} \boldsymbol{S}(\boldsymbol{X}_k - \boldsymbol{X}_k^-) \\ \boldsymbol{N}(y_k - \boldsymbol{H}_k(\boldsymbol{X}_k - \boldsymbol{X}_k^-)) \end{pmatrix}^{\mathrm{T}} \begin{pmatrix} \boldsymbol{S}(\boldsymbol{X}_k - \boldsymbol{X}_k^-) \\ \boldsymbol{N}(\boldsymbol{y}_k - \boldsymbol{H}_k(\boldsymbol{X}_k - \boldsymbol{X}_k^-)) \end{pmatrix}\right) \tag{4.17}$$

使上述二次型达到最小值,则状态估计值 $\hat{\boldsymbol{X}}_k$ 满足:

$$\left.\frac{\partial J(\boldsymbol{X}_k)}{\partial \boldsymbol{X}_k}\right|_{\hat{X}_k} = \begin{pmatrix} \boldsymbol{S}(\hat{\boldsymbol{X}}_k - \hat{\boldsymbol{X}}_k^-) \\ \boldsymbol{N}(\boldsymbol{y}_k - \boldsymbol{H}_k(\hat{\boldsymbol{X}}_k - \hat{\boldsymbol{X}}_k^-)) \end{pmatrix}^{\mathrm{T}} \cdot \begin{pmatrix} \boldsymbol{S} \\ -\boldsymbol{N}\boldsymbol{H}_k \end{pmatrix} = \begin{pmatrix} \boldsymbol{S} \\ -\boldsymbol{N}\boldsymbol{H}_k \end{pmatrix}^{\mathrm{T}} \begin{pmatrix} \boldsymbol{S}(\hat{\boldsymbol{X}}_k - \boldsymbol{X}_k^-) \\ \boldsymbol{N}(\boldsymbol{y}_k - \boldsymbol{H}_k(\hat{\boldsymbol{X}}_k - \boldsymbol{X}_k^-)) \end{pmatrix} = 0 \tag{4.18}$$

简单运算后,得到

$$(\boldsymbol{S}^{\mathrm{T}}, -\boldsymbol{H}_k^{\mathrm{T}}\boldsymbol{N}^{\mathrm{T}}) \begin{pmatrix} \boldsymbol{S} \\ -\boldsymbol{N}\boldsymbol{H}_k \end{pmatrix} (\hat{\boldsymbol{X}}_k - \boldsymbol{X}_k^-) = -(\boldsymbol{S}^{\mathrm{T}}, -\boldsymbol{H}_k^{\mathrm{T}}\boldsymbol{N}^{\mathrm{T}}) \begin{pmatrix} 0 \\ \boldsymbol{N} \cdot \boldsymbol{y}_k \end{pmatrix} \tag{4.19}$$

$$((\boldsymbol{P}_k^-)^{-1} + \boldsymbol{H}_k^{\mathrm{T}}\boldsymbol{R}_k\boldsymbol{H}_k)(\hat{\boldsymbol{X}}_k - \boldsymbol{X}_k^-) = \boldsymbol{H}_k^{\mathrm{T}}\boldsymbol{R}_k(\boldsymbol{z}_k - \boldsymbol{h}(\boldsymbol{X}_k^-)) \tag{4.20}$$

故得基于 t_k 时刻新的观测量 $\boldsymbol{z}_k$,状态的最优估计值为

$$\hat{\boldsymbol{X}}_k = \boldsymbol{X}_k^- + \boldsymbol{K}(\boldsymbol{z}_k - \boldsymbol{h}(\boldsymbol{X}_k^-)) \tag{4.21}$$

其中

$$\boldsymbol{K} = ((\boldsymbol{P}_k^-)^{-1} + \boldsymbol{H}_k^{\mathrm{T}}\boldsymbol{R}_k\boldsymbol{H}_k)^{-1}\boldsymbol{H}_k^{\mathrm{T}}\boldsymbol{R}_k \tag{4.22}$$

上述推导过程表明:基于先验信息的最小二乘贯序估计算法就是下面讨论的卡尔曼滤波算法,这也是为什么我们仍然站在巨人(Gauss)肩膀上的原因[74]。

例 4.1 考虑系统状态和观测模型噪声,建立自由落体运动的非线性动力学系统,假设物体从高度 h_0 以初速度 $\dot{h}_0$ 自由下落,距自由落体落点 l 处(A)的雷达,以 20 点每秒的采样率输出对该物体的观测量(t_i,ρ_i,E_i),其中,ρ_i 为雷达到物体的视向距离,E_i 为雷达观测仰角。

(1) 分析系统状态,建立系统状态动力学方程。显然,自由落体的高度 h 和高度变化率 $\dot{h}$ 是能够决定系统状态的参数,且能够实际反映系统行为和显著影响系统输出,在整个观测区间是稳定的或按某一动力学模型传播,而且相互独立。则定义系统状态向量 $X=\begin{bmatrix} h \\ \dot{h} \end{bmatrix}$,按如下动力学模型传播:

$$\frac{\mathrm{d}\boldsymbol{X}}{\mathrm{d}t} = \begin{bmatrix} 0 & 0 \\ 0 & -1 \end{bmatrix}\boldsymbol{X} + \begin{bmatrix} 0 \\ g_0 \end{bmatrix} + \begin{bmatrix} w_h \\ w_{\dot{h}} \end{bmatrix}$$

式中:$g_0=9.8\mathrm{m/s^2}$ 为地表引力加速度,$\boldsymbol{w}=\begin{bmatrix} w_h \\ w_{\dot{h}} \end{bmatrix}$为系统模型噪声,假设为独立白噪声,协方差矩阵为

$$Q = E\{\boldsymbol{w} \cdot \boldsymbol{w}^{\mathrm{T}}\} = \begin{bmatrix} 0 & 0 \\ 0 & 10^{-5} \end{bmatrix}$$

（2）分析系统输出，建立系统观测方程。观测量为雷达到物体的视向距离 ρ_i 和观测仰角 E_i，与系统状态变量之间的关系为

$$z_k = \begin{bmatrix} \rho_k \\ E_k \end{bmatrix} = \boldsymbol{h}[X(t_k)] + \begin{bmatrix} \nu_\rho \\ \nu_E \end{bmatrix} = \begin{bmatrix} (h^2 + l^2)^{1/2} \\ \arctan(h/l) \end{bmatrix} + \begin{bmatrix} \nu_\rho \\ \nu_E \end{bmatrix}$$

式中：$\boldsymbol{\nu} = \begin{bmatrix} \nu_\rho \\ \nu_E \end{bmatrix}$为系统观测噪声，假设为独立白噪声，协方差矩阵为

$$\boldsymbol{R} = E\{\boldsymbol{\nu} \cdot \boldsymbol{\nu}^{\mathrm{T}}\} = \begin{bmatrix} 100.0 & 0 \\ 0 & 0.1 \end{bmatrix}$$

4.2 线性递推卡尔曼滤波

卡尔曼滤波是基于方差最小准则的最优估计方法，是随机过程统计估计中应用最为广泛和直接的估计方法，20 世纪 60 年代由美籍匈牙利数学家 R·E·卡尔曼提出，相对批处理最小二乘法，卡尔曼滤波被称为递推顺序最优估计算法，由递推方程随时间给出系统新的状态估计值，特别适合计算机处理，对计算机的计算量和存储量的要求较小，适合过程控制中实时计算的要求，因此，卡尔曼滤波在工程控制中得到迅速而广泛的应用。

对非线性系统，由第 3 章线性化分析，基于基准轨迹的线性化模型为

$$\begin{cases} \boldsymbol{x}_k = \boldsymbol{\Phi}(t_k, t_i)\boldsymbol{x}_i + \boldsymbol{v}_k \\ \boldsymbol{y}_i = H_i\boldsymbol{x}_i + \boldsymbol{\varepsilon}_i, \quad i = 1, 2, \cdots, k \end{cases} \tag{4.23}$$

其中

$$\boldsymbol{x}_k = \boldsymbol{X}_k - \boldsymbol{X}_k^*, y_i = z_i - \boldsymbol{h}(\boldsymbol{X}_i^*)$$

$$\boldsymbol{E}[\boldsymbol{y}_k] = 0, E[\boldsymbol{v}_k\boldsymbol{v}_k^{\mathrm{T}}] = Q_k, E[\boldsymbol{\varepsilon}_k] = 0, E[\boldsymbol{\varepsilon}_k\boldsymbol{\varepsilon}_k^{\mathrm{T}}] = \boldsymbol{R}_k$$

$\boldsymbol{\Phi}(t, t_i)$为系统状态转移矩阵，满足以下变分方程：

$$\begin{cases} \dot{\boldsymbol{\Phi}}(t, t_i) = \boldsymbol{F}_i \cdot \boldsymbol{\Phi}(t, t_i) \\ \dot{\boldsymbol{\Phi}}(t_i, t_i) = \boldsymbol{I} \end{cases} \tag{4.24}$$

$F_i = \left.\dfrac{\partial \boldsymbol{f}}{\partial \boldsymbol{X}}\right|_{X = X_i^*}, H_i = \left.\dfrac{\partial \boldsymbol{h}}{\partial \boldsymbol{X}}\right|_{X = X_i^*}$ 分别为系统动力学和观测模型关于系统状态向量的雅可比矩阵。

假设已经获得该系统在 t_{k-1}时刻时的基准轨迹 $\boldsymbol{X}_{k-1}^*$和估计值 $\hat{\boldsymbol{X}}_{k-1}, \hat{\boldsymbol{x}}_{k-1} = \hat{\boldsymbol{X}}_{k-1} - \boldsymbol{X}_{k-1}^*$，以及协方差矩阵 $\boldsymbol{P}_{k-1}$，当系统在 t_k 时刻获得新观测 z_k 后，线性卡尔曼滤波顺序递推过程描述如下。

（1）系统状态和变分运动方程外推（$t_{k-1} \to t_k$）。

系统状态方程：

$$\begin{cases}\dot{X} = f(t,X) \\ X\big|_{t_{k-1}} = X_{k-1}^*\end{cases} \Rightarrow X_k^* \tag{4.25}$$

变分运动方程：

$$\begin{cases}\dot{\boldsymbol{\Phi}}(t,t_{k-1}) = \boldsymbol{F}_{k-1}\boldsymbol{\Phi}(t,t_{k-1}) \\ \boldsymbol{\Phi}(t_{k-1},t_{k-1}) = \boldsymbol{I}\end{cases} \Rightarrow \boldsymbol{\Phi}(t_k,t_{k-1}) \tag{4.26}$$

（2）线性系统状态与方差最优预测（$t_{k-1} \to t_k$）。

$$\hat{\boldsymbol{x}}_k^- = \boldsymbol{\Phi}(t_k,t_{k-1})\hat{\boldsymbol{x}}_{k-1}$$

$$\boldsymbol{P}_k^- = \boldsymbol{\Phi}(t_k,t_{k-1})\boldsymbol{P}_{k-1}\boldsymbol{\Phi}^{\mathrm{T}}(t_k,t_{k-1}) + \boldsymbol{Q} \tag{4.27}$$

（3）滤波增益矩阵。

$$\boldsymbol{K} = \boldsymbol{P}_k^-\boldsymbol{H}_k^{\mathrm{T}}[\boldsymbol{H}_k\boldsymbol{P}_k^-\boldsymbol{H}_k^{\mathrm{T}} + \boldsymbol{R}_k]^{-1}$$

$$\boldsymbol{H}_k = \frac{\partial \boldsymbol{h}}{\partial \boldsymbol{X}}\bigg|_{\boldsymbol{X}=\boldsymbol{X}_k^*} \tag{4.28}$$

（4）线性系统状态与方差更新。

$$\hat{\boldsymbol{x}}_k = \hat{\boldsymbol{x}}_k^- + \boldsymbol{K}[\boldsymbol{y}_k - \boldsymbol{H}_k\hat{\boldsymbol{x}}_k^-] \tag{4.29}$$

$$\boldsymbol{P}_k = [\boldsymbol{I} - \boldsymbol{K}\boldsymbol{H}_k]\boldsymbol{P}_k^- \tag{4.30}$$

$$\boldsymbol{y}_k = \boldsymbol{z}_k - h(t_k,\boldsymbol{X}_k^*) \tag{4.31}$$

（5）系统状态更新。

$$\hat{\boldsymbol{X}}_k = \boldsymbol{X}_k^* + \hat{\boldsymbol{x}}_k \tag{4.32}$$

线性递推卡尔曼滤波是沿固定基准轨迹线性化卡尔曼滤波算法，基准轨迹的选择是构造线性递推卡尔曼滤波算法的关键。对于具体工程问题，构造线性递推卡尔曼滤波时，要求或多或少了解系统的基准行为，例如，跟踪火箭发射弹道时，火箭标称设计弹道作为基准弹道。但大多数情况下，人们很难了解系统的基准轨迹，因此，由 Bucy 和卡尔曼等人给出针对非线性系统的扩展卡尔曼滤波算法。

4.3 扩展卡尔曼滤波

对非线性系统，基于当前系统估计值的线性化模型为

$$\begin{cases}\boldsymbol{x}_k = \boldsymbol{\Phi}(t_k,t_i)\boldsymbol{x}_i + \boldsymbol{v}_k \\ \boldsymbol{y}_i = \boldsymbol{H}_i\boldsymbol{x}_i + \boldsymbol{\varepsilon}_i, \quad i = 1,2,\cdots,k\end{cases} \tag{4.33}$$

其中

$$\boldsymbol{x}_k = \boldsymbol{X}_k - \boldsymbol{X}_k^-, \boldsymbol{y}_i = \boldsymbol{z}_i - \boldsymbol{h}(\boldsymbol{X}_i^-)$$

$$E[\boldsymbol{v}_k] = 0, E[\boldsymbol{v}_k,\boldsymbol{v}_k^{\mathrm{T}}] = \boldsymbol{Q}_k, E[\boldsymbol{\varepsilon}_k] = 0, E[\boldsymbol{\varepsilon}_k\boldsymbol{\varepsilon}_k^{\mathrm{T}}] = \boldsymbol{R}_k$$

式中：$\boldsymbol{\Phi}(t,t_i)$为系统状态转移矩阵，满足以下变分方程：

$$\begin{cases}\dot{\boldsymbol{\Phi}}(t,t_i) = \boldsymbol{F}_i \cdot \boldsymbol{\Phi}(t,t) \\ \boldsymbol{\Phi}(t_i,t_i) = \boldsymbol{I}\end{cases} \tag{4.34}$$

$\boldsymbol{F}_i = \left.\dfrac{\partial \boldsymbol{f}}{\partial \boldsymbol{X}}\right|_{X=X_i^-}, \boldsymbol{H}_i = \left.\dfrac{\partial \boldsymbol{h}}{\partial \boldsymbol{X}}\right|_{X=X_i^-}$ 分别为非线性系统式(3.1)和式(3.2)的系统状态和观测模型关于系统状态向量的雅可比矩阵。

例4.1的动力学系统,状态转移矩阵 $\boldsymbol{\Phi}(t,t_0)$ 满足的变分方程为

$$\begin{cases} \dfrac{d}{dt}\left(\dfrac{\partial \boldsymbol{X}}{\partial \boldsymbol{X}_0}\right) = \dfrac{\partial}{\partial \boldsymbol{X}}\left(\dfrac{\mathrm{d}\boldsymbol{X}}{\mathrm{d}t}\right) \cdot \left(\dfrac{\partial \boldsymbol{X}}{\partial \boldsymbol{X}_0}\right) = \begin{bmatrix} 0 & -1 \\ 0 & 0 \end{bmatrix} \cdot \left(\dfrac{\partial \boldsymbol{X}}{\partial \boldsymbol{X}_0}\right) \\ \left.\dfrac{\partial \boldsymbol{X}}{\partial \boldsymbol{X}_0}\right|_{t_0} = \boldsymbol{I}_{2\times 2} \end{cases}$$

系统状态转移矩阵的解析解为

$$\boldsymbol{\Phi}(t,t_0) = \frac{\partial \boldsymbol{X}}{\partial \boldsymbol{X}_0} = \begin{bmatrix} 1 & -(t-t_0) \\ 0 & 1 \end{bmatrix}$$

$$\boldsymbol{\Phi}(t_i,t_{i-1}) = \frac{\partial \boldsymbol{X}_i}{\partial \boldsymbol{X}_{i-1}} = \begin{bmatrix} 1 & -(t_i-t_{i-1}) \\ 0 & 1 \end{bmatrix}$$

例4.1的动力学系统,系统观测矩阵为

$$\frac{\partial h}{\partial \boldsymbol{X}} = \frac{\partial}{\partial \boldsymbol{X}}(\boldsymbol{h}(\boldsymbol{X})) = \frac{\partial}{\partial \boldsymbol{X}}\left(\begin{bmatrix} \sqrt{h^2+l^2} \\ \arctan\left(\dfrac{h}{l}\right) \end{bmatrix}\right) = \begin{bmatrix} \dfrac{h}{\sqrt{h^2+l^2}} & 0 \\ \dfrac{l}{h^2+l^2} & 0 \end{bmatrix}$$

假设已经获得该系统在 t_{k-1} 时刻的系统状态估计值 $\boldsymbol{X}_{k-1}^+$ 和估计值协方差矩阵 $\boldsymbol{P}_{k-1}$,当系统在 $\boldsymbol{t}_k$ 时刻获得新观测 $\boldsymbol{z}_k$ 后,扩展卡尔曼滤波顺序递推过程描述如下。

(1) 系统状态和变分运动方程外推($t_{k-1} \to t_k$)。

系统状态方程:

$$\begin{cases} \dot{\boldsymbol{X}} = \boldsymbol{f}(t,\boldsymbol{X}) \\ \dot{\boldsymbol{X}}|_{t_{k-1}} = \boldsymbol{X}_{k-1}^+ \end{cases} \Rightarrow \boldsymbol{X}_k^- \tag{4.35}$$

变分运动方程:

$$\begin{cases} \dot{\boldsymbol{\Phi}}(t,t_{k-1}) = \boldsymbol{F}_{k-1}\boldsymbol{\Phi}(t,t_{k-1}) \\ \dot{\boldsymbol{\Phi}}(t_{k-1},t_{k-1}) = \boldsymbol{I} \end{cases} \Rightarrow \boldsymbol{\phi}(t_k,t_{k-1}) \tag{4.36}$$

(2) 系统状态协方差矩阵外推。

$$\boldsymbol{P}_k^- = \boldsymbol{\Phi}(t_k,t_{k-1})P_{k-1}\boldsymbol{\Phi}^{\mathrm{T}}(t_k,t_{k-1}) + \boldsymbol{Q} \tag{4.37}$$

(3) 滤波增益矩阵。

$$\boldsymbol{K} = \boldsymbol{P}_k^-\boldsymbol{H}_k^{\mathrm{T}}[\boldsymbol{H}_k\boldsymbol{P}_k^-\boldsymbol{H}_k^{\mathrm{T}} + \boldsymbol{R}_k]^{-1}$$

$$\boldsymbol{H}_k = \left.\frac{\partial \boldsymbol{h}}{\partial \boldsymbol{X}}\right|_{X=X_k^-}^{-1} \tag{4.38}$$

(4) 系统状态与方差更新。

$$\boldsymbol{X}_k^+ = \boldsymbol{X}_k^- + \boldsymbol{K}[\boldsymbol{z}_k - \boldsymbol{h}(t_k,\boldsymbol{X}_k^-)] \tag{4.39}$$

$$\boldsymbol{P}_k = [\boldsymbol{I} - \boldsymbol{K}\boldsymbol{H}_k]\boldsymbol{P}_k^- \tag{4.40}$$

下面介绍例4.1的扩展卡尔曼滤波算法。

若已知 $k-1$ 次状态估值为 $\hat{\boldsymbol{X}}_{k-1}^+ = \begin{bmatrix} h_{k-1}^+ \\ \dot{h}_{k-1}^+ \end{bmatrix}$，和状态估值协方差矩阵 $\boldsymbol{P}_{k-1}^+$，则对自由落体的状态估计扩展卡尔曼滤波算法如下：

（1）状态最优预测—预报 t_k 时刻状态估计值 $\hat{\boldsymbol{X}}_k^- = \begin{bmatrix} \boldsymbol{h}_k^- \\ \dot{\boldsymbol{h}}_k^- \end{bmatrix}$ 和状态估值协方差矩阵 $\boldsymbol{P}_k^-$。

$$h_k^- = h_{k-1}^+ - \dot{h}_{k-1}^+(t_k - t_{k-1}) - \frac{1}{2}g_0(t_k - t_{k-1})^2$$

$$\dot{h}_k^- = \dot{h}_{k-1}^+ + g_0(t_k - t_{k-1})$$

$$\boldsymbol{P}_k^- = \boldsymbol{\Phi}(t_k, t_{k-1})\boldsymbol{P}_{k-1}^+\boldsymbol{\Phi}^{\mathrm{T}}(t_k, t_{k-1}) + \boldsymbol{Q}$$

（2）最优滤波增益。

$$\boldsymbol{K}_k = \boldsymbol{P}_k^-(\boldsymbol{H}_k^-)^{\mathrm{T}}[\boldsymbol{H}_k^-\boldsymbol{P}_k^-(\boldsymbol{H}_k^-)^{\mathrm{T}} + \boldsymbol{R}]^{-1}$$

$$\boldsymbol{H}_k^- = \begin{bmatrix} \dfrac{h_k^-}{\sqrt{(h_k^-)^2 + l^2}} & 0 \\ \dfrac{l}{\sqrt{(h_k^-)^2 + l^2}} & 0 \end{bmatrix}$$

（3）状态估值与协方差更新。

$$\hat{\boldsymbol{X}}_k^+ = \hat{\boldsymbol{X}}_k^- + \boldsymbol{K}_k[\boldsymbol{z}_k - \boldsymbol{h}(\hat{\boldsymbol{X}}_k^-)]$$

$$\boldsymbol{P}_k^+ = [\boldsymbol{I} - \boldsymbol{K}_k\boldsymbol{H}_k^-]\boldsymbol{P}_k^-$$

仿真计算，$\boldsymbol{X}_0 = \begin{bmatrix} h_0 \\ \dot{h} \end{bmatrix} = \begin{bmatrix} 1000.0\text{m} \\ 2.0\text{m/s} \end{bmatrix}$，$l = 300.0\text{m}$，测量随机差 $\sigma_\rho = 30\text{m}$，$\sigma_E = 0.4°$。滤波初值 $\hat{\boldsymbol{X}}_0^+ = \begin{bmatrix} h_0^+ \\ \dot{h}_0^+ \end{bmatrix} = \begin{bmatrix} 400.0 \\ 0.0 \end{bmatrix}$，初始估计协方差矩阵 $\boldsymbol{P}_0^+ = \begin{bmatrix} 2000.0 & 0.0 \\ 0.0 & 100.0 \end{bmatrix}$。

估计运动状态与实际运动状态如图4.1所示，滤波误差如图4.2所示，$O-C$ 结果如图4.3所示。从 $O-C$ 结果可以看出，卡尔曼滤波系统状态估计是有偏的。

4.3.1 卡尔曼滤波算法的缺陷

尽管对非线性动力学系统，扩展卡尔曼滤波算法已得到广泛应用，但存在的缺陷却不容忽视，焦点在于依靠非线性函数的一阶或二阶线性化近似，能否对随机变量非线性变换的概率属性进行近似。

（1）线性化变换是可靠的，当且仅当系统是近似线性的或者能够被近似线性化。如果该条件不成立，线性化近似，轻则将导致滤波性能显著降低，重则导

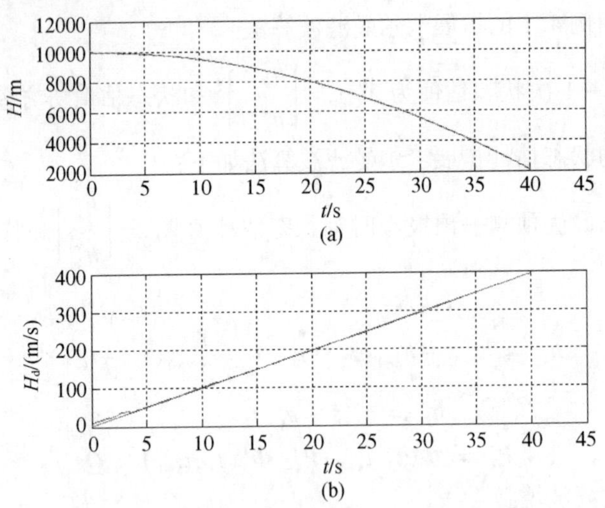

图 4.1　扩展卡尔曼滤波估计算法

实线—实际状态；虚线—估计状态。

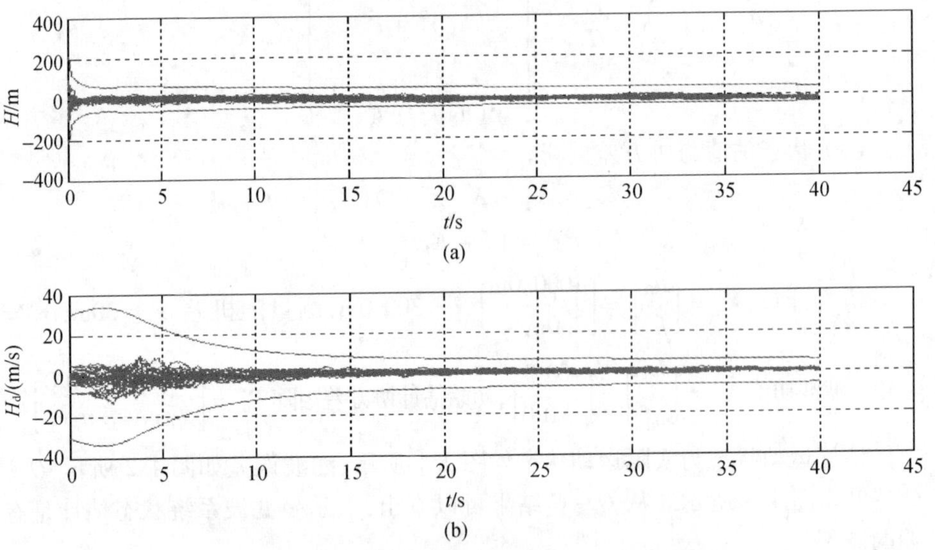

图 4.2　扩展卡尔曼滤波估计误差及矩阵 $\boldsymbol{P}$ 对角元素的平方根

致滤波莫名发散。而要论证系统线性化后的有效性，则不是一件容易的事，因为，滤波过程是个动态时序过程，线性化有效性依赖于随机变量非线性变换的概率属性传递、当前系统状态估值和系统方差矩阵的大小。

(2) 线性化变换是可行的，当且仅当系统雅可比矩阵(Jacobian，对一阶扩展卡尔曼滤波)和海赛矩阵(Hessian，对高阶扩展卡尔曼滤波)存在。但对于非线性系统并不总是满足该条件。一些系统状态是非连续的，如系统状态变量是分

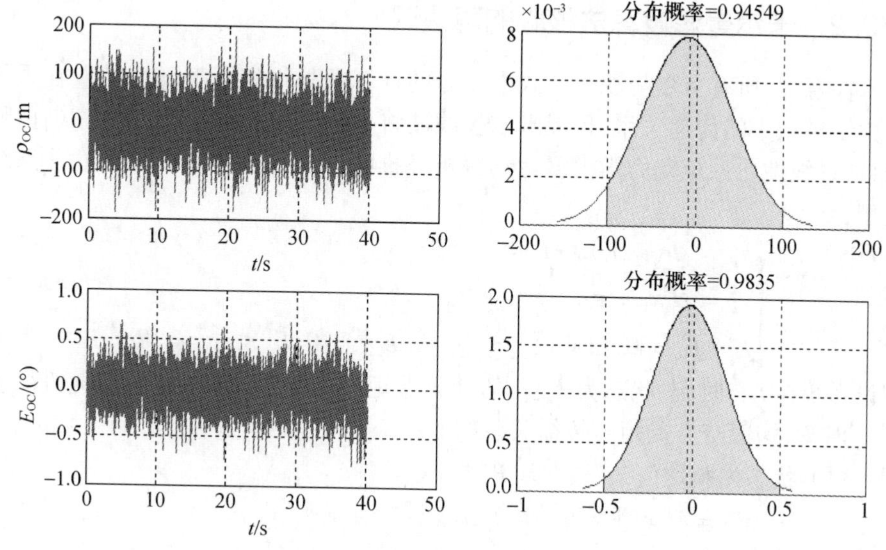

图 4.3　滤波残差及噪声分布统计

段连续的，或系统观测敏感器分段量化输出，或系统存在奇点。另一方面，系统自身是离散化系统，连续系统雅可比矩阵不存在，另外，对于某些特殊动力学系统，仅能给出雅可比矩阵满足的变分方程组。

（3）系统雅可比和海赛矩阵的解析函数推导和数值计算将是一件非常困难的工作，解析函数推导有时需要对系统状态方程作出某种近似假设，即使如此，对通常的多维系统，其雅可比矩阵和海赛矩阵的代数表达式常常是冗长复杂的函数"堆砌"，即使具备微分学知识的工程师，也难以保证其推导过程的准确性，更何况解析函数的计算机代码化，也可能出现难以调试的错误。因此，建立和应用复杂多维系统的扩展卡尔曼滤波算法，并不单单是应用卡尔曼滤波算法的过程，而是一个构造和建立算法的过程。

（4）卡尔曼滤波的核心在于解决高斯噪声通过非线性系统模型传递的概率统计问题，扩展卡尔曼滤波通过线性化系统模型，得到关于系统状态的最优预测和系统状态方差解析的黎卡提（Riccati）外推方程。线性化将引起系统后验均值和方差产生较大误差，导致滤波估值为次优的，甚至滤波发散。

我们通常对自己考虑的系统，对其系统状态动力学和观测模型了解的比较清楚，模型较为精确，但对系统和观测噪声及其概率分布特性却很难清楚地描述，最多只是近似地统计信息而已。卡尔曼滤波及扩展卡尔曼滤波通过近似系统模型解决噪声通过非线性系统模型传递的概率统计问题，为什么不能保持非线性系统模型的精确性，得到满足非线性系统模型传递概率统计特性的近似解呢？

4.3.2 卡尔曼滤波算法核心的再认识

注意到,所有卡尔曼滤波公式中核心的计算是外推高斯型随机变量在系统动力学模型中的传递关系,扩展卡尔曼滤波将系统和观测噪声表示为高斯白噪声,通过线性化系统动力学模型达到解析外推噪声的传播关系。由线性化系统模型:

$$\begin{cases}\boldsymbol{x}_k = \boldsymbol{\Phi}(t_k,t_i)\boldsymbol{x}_i + \boldsymbol{v}_k \\ \boldsymbol{y}_i = \boldsymbol{H}_i\boldsymbol{x}_i + \boldsymbol{\varepsilon}_i, \quad i = 1,2,\cdots,k \\ E[\boldsymbol{v}_k] = 0, E[\boldsymbol{v}_k\boldsymbol{v}_k^{\mathrm{T}}] = \boldsymbol{Q}_k, E[\boldsymbol{\varepsilon}_k] = 0, E[\boldsymbol{\varepsilon}_k\boldsymbol{\varepsilon}_k^{\mathrm{T}}] = \boldsymbol{R}_k\end{cases} \tag{4.41}$$

假设系统在 t_{k-1} 时刻,状态为 $\hat{\boldsymbol{x}}_{k-1}^{+}$,估计方差矩阵为 $\boldsymbol{P}_{k-1}^{+}$,外推高斯型随机变量到 t_k 时刻,均值与方差矩阵传播关系如下:

(1) 状态先验均值 $\overline{x_k^-}$ 与方差 $\boldsymbol{P}^{-k}$。

$$\overline{\boldsymbol{x}_k^-} = E[\boldsymbol{x}_k^-] = E[\boldsymbol{\Phi}(t_k,t_{k-1})\hat{\boldsymbol{x}}_{k-1}^{+} + \boldsymbol{v}_k] = \boldsymbol{\Phi}(t_k,t_{k-1})E[\hat{\boldsymbol{x}}_{k-1}^{+}] + E[\boldsymbol{v}_k] = \boldsymbol{\Phi}(t_k,t_{k-1}) \cdot \hat{\boldsymbol{x}}_{k-1}^{+} \tag{4.42}$$

$$\boldsymbol{P}_k^- = \boldsymbol{P}_{xx}^- = E\{[\boldsymbol{x}_k^- - E[\boldsymbol{x}_k^-]] \cdot [\boldsymbol{x}_k^- - E[\boldsymbol{x}_k^-]]^{\mathrm{T}}\} = \boldsymbol{\Phi}(t_k,t_{k-1})E\{[\boldsymbol{x}_{k-1} - E[\boldsymbol{x}_{k-1}]] \cdot [\boldsymbol{x}_{k-1} - E[\boldsymbol{x}_{k-1}]]^{\mathrm{T}}\} \boldsymbol{\Phi}^{\mathrm{T}}(t_k,t_{k-1}) + E\{\boldsymbol{v}_k\boldsymbol{v}_k^{\mathrm{T}}\} = \boldsymbol{\Phi}(t_k,t_{k-1})\boldsymbol{P}_{k-1}^{+}\boldsymbol{\Phi}^{\mathrm{T}}(t_k,t_{k-1}) + \boldsymbol{Q}_k \tag{4.43}$$

(2) 观测先验均值 $\bar{\boldsymbol{y}}_k$ 与方差 $\boldsymbol{P}_{yy}^-$。

$$\overline{\boldsymbol{y}_k^-} = E[\boldsymbol{y}_k^-] = E[\boldsymbol{H}_k\boldsymbol{x}_k^- + \boldsymbol{\varepsilon}_k] = \boldsymbol{H}_k\overline{\boldsymbol{x}_k^-} \tag{4.54}$$

$$\boldsymbol{P}_{yy}^- = E\{[\boldsymbol{y}_k^- - \overline{\boldsymbol{y}_k^-}][\boldsymbol{y}_k^- - \overline{\boldsymbol{y}_k^-}]^{\mathrm{T}}\} = \boldsymbol{H}_kE\{[\boldsymbol{x}_k^- - \overline{\boldsymbol{x}_k^-}][\boldsymbol{x}_k^- - \overline{\boldsymbol{x}_k^-}]^{\mathrm{T}}\}\boldsymbol{H}_k^{\mathrm{T}} + E[\boldsymbol{\varepsilon}_k\boldsymbol{\varepsilon}_k^{\mathrm{T}}] = \boldsymbol{H}_k\boldsymbol{P}_k^-\boldsymbol{H}_k^{\mathrm{T}} + \boldsymbol{R}_k \tag{4.45}$$

(3) 状态与观测先验协方差矩阵 $\boldsymbol{P}_{xy}^-$。

$$\boldsymbol{P}_{xy}^- = E\{[\boldsymbol{x}_k^- - \overline{\boldsymbol{x}_k^-}][\boldsymbol{y}_k^- - \overline{\boldsymbol{y}_k^-}]^{\mathrm{T}}\} = E\{\boldsymbol{x}_k^- - \overline{\boldsymbol{x}_k^-}[\boldsymbol{x}_k^- - \overline{\boldsymbol{x}_k^-}]^{\mathrm{T}}\}\boldsymbol{H}_k^{\mathrm{T}} = \boldsymbol{P}_k^-H_k^{\mathrm{T}} = \boldsymbol{P}_{xx}^-\boldsymbol{H}_k^{\mathrm{T}} \tag{4.46}$$

(4) 卡尔曼滤波增益矩阵 $\boldsymbol{K}$。

$$\boldsymbol{K} = \boldsymbol{P}_k^-\boldsymbol{H}_k^{\mathrm{T}}[\boldsymbol{H}_k\boldsymbol{P}_k^-\boldsymbol{H}_k^{\mathrm{T}} + \boldsymbol{R}_k]^{-1} = \boldsymbol{P}_{xy}^-(\boldsymbol{P}_{xy}^-)^{-1} \tag{4.47}$$

(5) 状态后验均值 $\bar{\boldsymbol{x}}_k^{+}$ 与方差 $\boldsymbol{P}_k^{+}$。

$$\overline{\boldsymbol{x}_k^+} = \overline{\boldsymbol{x}_k^-} + \boldsymbol{K}(\boldsymbol{y}_k - \overline{\boldsymbol{y}_k^-}) \tag{4.48}$$

$$\boldsymbol{P}_k^+ = \boldsymbol{P}_k^- - \boldsymbol{K}\boldsymbol{H}_k\boldsymbol{P}_k^- = \boldsymbol{P}_k^- - \boldsymbol{K}(\boldsymbol{H}_k\boldsymbol{P}_k^-H_k^{\mathrm{T}} + \boldsymbol{R}_k)\{(\boldsymbol{H}_k\boldsymbol{P}_k^-\boldsymbol{H}_k^{\mathrm{T}} + \boldsymbol{R}_k)^{-1}\boldsymbol{H}_k\boldsymbol{P}_k^-\} = \boldsymbol{P}_k^- - \boldsymbol{K}\boldsymbol{P}_{yy}^-\boldsymbol{K}^{\mathrm{T}} = \boldsymbol{P}_{xx}^- - \boldsymbol{K}\boldsymbol{P}_{yy}^-\boldsymbol{K}^{\mathrm{T}} \tag{4.49}$$

下面将分析非线性函数均值和方差传播特点,分析表明,这样的处理使得后验均值和方差存在较大的误差,是导致卡尔曼滤波成为次优或引起滤波发散的主要原因,特别对于空间观测中非线性函数关系,情况更为复杂。

4.3.3 模型噪声和观测噪声

从上面算法的叙述中,系统状态模型噪声和观测噪声协方差矩阵 $\boldsymbol{Q}$ 和 $\boldsymbol{R}$ 作为卡尔曼滤波算法的输入,状态模型噪声 $\boldsymbol{Q}$ 作为表征建立的状态模型精度的指标,可以根据系统的动力学特征,以及对系统认识和对解决问题的精度考虑,给出比较准确的模型噪声协方差矩阵。比如:利用卡尔曼滤波对卫星轨道进行监视,系统动力学模型可以仅考虑地球二阶带谐项 J_2 摄动,对近地卫星摄动运动加速度的相对精度为 $O(10^{-4})$。综合考虑气动阻力摄动等因素,对近地卫星,考虑 J_2 摄动的系统状态动力学模型,其模型噪声协方差矩阵可近似为 $\boldsymbol{Q}=\mathrm{diag}(O(10^{-6}))$,其中 $O(x)$ 表示与 x 同量级的任意实数。

观测噪声除测量敏感器的先验随机噪声外,还来源于测量环境的渐变和突变。不准确的观测噪声方差矩阵会造成滤波发散。因此,有必要在实时滤波过程中对观测噪声进行方差统计,提高滤波的精度和稳定性。

测量残差$(O-C)$为

$$\boldsymbol{r}_i = z_i - h(\bar{X}_i^-) \tag{4.50}$$

由卡尔曼滤波算法的假设,测量残差是不相关零均值的高斯白噪声,满足:

$$E\{\boldsymbol{r}_i\boldsymbol{r}_j^{\mathrm{T}}\} \approx \begin{cases} 0 & i \neq j \\ \boldsymbol{H}_k^-\boldsymbol{P}_k^-(\boldsymbol{H}_k^-)^{\mathrm{T}} + \boldsymbol{R} & i = j \end{cases} \tag{4.51}$$

根据统计原理,随机变量 $\boldsymbol{r}_i(i=1,\cdots,k)$ 的一阶矩 $\boldsymbol{v}_k$(样本均值)和二阶矩 $\boldsymbol{\sigma}_k$(样本均方差)分别为

$$\boldsymbol{v}_k = \frac{1}{k}\sum_{i=1}^{k}\boldsymbol{r}_i,\boldsymbol{\sigma}_k = \frac{1}{k-1}\sum_{i=1}^{k}(\boldsymbol{r}_i-\boldsymbol{v}_k)(\boldsymbol{r}_i-\boldsymbol{v}_k)^{\mathrm{T}} \tag{4.52}$$

同样,$\boldsymbol{H}_i^-\boldsymbol{P}_k^-(\boldsymbol{H}_i^-)^{\mathrm{T}}$ 在采样区间的均值为

$$\boldsymbol{H}_k^-\boldsymbol{P}_k^-(\boldsymbol{H}_k^-)^{\mathrm{T}} = \frac{1}{k}\sum_{i=1}^{k}\boldsymbol{H}_i^-\boldsymbol{P}_i^-(\boldsymbol{H}_i^-)^{\mathrm{T}} \tag{4.53}$$

由式(4.52)和式(4.53),可以得到测量噪声协方差距阵的统计:

$$\boldsymbol{R}_k = \frac{1}{k-1}\sum_{i=1}^{k}\left[(\boldsymbol{r}_i-\boldsymbol{v}_k)(\boldsymbol{r}_i-\boldsymbol{v}_k)^{\mathrm{T}} - \frac{k-1}{k}\boldsymbol{H}_i^-\boldsymbol{P}_i^-(\boldsymbol{H}_i^-)^{\mathrm{T}}\right] \tag{4.54}$$

因此,卡尔曼滤波的增益和状态更新分别为

$$\boldsymbol{K}_k = \boldsymbol{P}_k^-(\boldsymbol{H}_k^-)^{\mathrm{T}}[\boldsymbol{H}_k^-\boldsymbol{P}_k^-(\boldsymbol{H}_k^-)^{\mathrm{T}} + \boldsymbol{R}_k]^{-1} \tag{4.55}$$

$$\hat{\boldsymbol{X}}_k^+ = \hat{\boldsymbol{X}}_k^- + \boldsymbol{K}_k[z_k - \boldsymbol{h}(\hat{\boldsymbol{X}}_k^-) - \boldsymbol{v}_k] \tag{4.56}$$

从许多具体问题的实际应用效果来看,增益矩阵由式(4.55)代替式(4.38),状态更新由式(4.56)代替式(4.39)会明显提高滤波精度。一方面,观测噪声协方差距阵的实时更新,可以有效地提高滤波的稳定性,抑制滤波发散;

另一方面,对于测量系统差是弱观测系统,可以通过残差统计求解系统差,而不是通过滤波方程来提高系统的可观测性。

4.3.4 算法应用与要点

上节叙述了非线性动力学系统的扩展卡尔曼滤波算法,在构造和应用具体滤波算法时,下列几点需要特别注意。

(1) 检验状态方差矩阵 $\boldsymbol{P}_k$,保证其对称和半正定性。保证状态方差矩阵的对称性和半正定性,是构造和应用滤波算法时的两个必要条件,缺一不可。在滤波计算过程中,以上两个必要条件经常被破坏,原因可能是算法程序有“bug”或系统状态矩阵是病态矩阵。对病态动力学系统,系统状态方差矩阵更新可采用如下形式,称为“Joshef form”更新方程:

$$\boldsymbol{P}_k^+ = [\boldsymbol{I} - \overline{\boldsymbol{K}}_k\boldsymbol{H}_k]\boldsymbol{P}_k^-[\boldsymbol{I} - \overline{\boldsymbol{K}}_k\boldsymbol{H}_k]^{\mathrm{T}} + \overline{\boldsymbol{K}}_k\boldsymbol{R}_k\overline{\boldsymbol{K}}_k^T \tag{4.57}$$

方程右端是两个对称矩阵的和,其中第一项是对称正定矩阵,第二项是对称半正定矩阵,保证系统状态方差矩阵的对称性和半正定性。对连续系统状态方差外推黎卡提方程积分时,为保证状态方差矩阵的对称性,同时减少数值计算量,通常采用上对角部分方程积分法,积分完成后进行对角复制,保证方差矩阵的对称性。

(2) 渐近稳定性。仍有除式(4.55)和式(4.57)外其他形式的状态方差和最优增益计算方法,但从数值计算稳定性考虑,计算公式形式的变化并不能增加滤波算法的稳定性,因为,卡尔曼增益和系统状态方差方程是渐近稳定系统,即在足够长的测量时段内,卡尔曼增益和系统状态是不依赖状态初值 $\hat{\boldsymbol{x}}_0$ 和状态方差 $\boldsymbol{P}_0$ 渐近稳定的。通常情况下,卡尔曼滤波稳定收敛,系统状态方差矩阵是渐近稳定的,但反过来,系统状态方差渐近稳定时,卡尔曼滤波不一定收敛,甚至可能是发散的,因为只要系统动力学是稳定可控的,同系统可测性无关的系统状态方差一定是渐近稳定,而整个卡尔曼滤波算法收敛却与系统观测有关,因此,在构造系统状态卡尔曼滤波算法时,一定要注意系统状态方差的渐近稳定性与滤波算法收敛性之间的关系。

滤波算法稳定收敛的必要条件为

$$\boldsymbol{P}_k - E[(\boldsymbol{x}(t_k) - \hat{\boldsymbol{x}}_k)(x(t_k) - \hat{\boldsymbol{x}}_k)^{\mathrm{T}}] \geqslant 0, \forall t_k, k = 1,2,\cdots \tag{4.58}$$

为避免状态方差矩阵过快收敛,滤波增益减小,降低滤波状态与“新息”的更新依赖关系,导致滤波“饱和”。因此,对非线性系统扩展卡尔曼滤波,通常需要对系统状态方差矩阵稳定速度进行适当干预,更有利于滤波精度的提高,如:

$$\boldsymbol{P}_k^- = \mathrm{e}^a \cdot \boldsymbol{\Phi}(t_{k-1}, t_k)\boldsymbol{P}_{k-1}^+\boldsymbol{\Phi}^{\mathrm{T}}(t_{k-1}, t_k) + \boldsymbol{Q} \cdot (t_k - t_{k-1}), a \geqslant 0 \tag{4.59}$$

某系统传递矩阵为 $\boldsymbol{\Phi}(t_{k-1}, t_k) = \begin{pmatrix} 1 & t_k - t_{k-1} \\ 0 & 1 \end{pmatrix}$,模型噪声矩阵为 $\boldsymbol{Q} =$

$\begin{pmatrix}0 & 0\\0 & 10^{-8}\end{pmatrix}$，分别取 $a=0,0.01,0.05$，状态方差矩阵对角元素平方根与时间的关系如图 4.4 所示，取 $a=0.01$，方差矩阵平稳收敛。

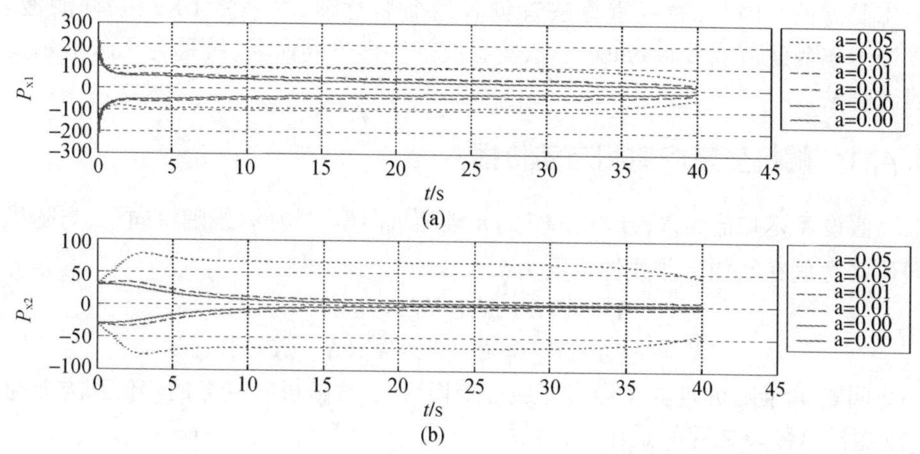

图 4.4　状态方差矩阵对角元素平方根与时间的关系

（3）设计具体动力学系统的卡尔曼滤波算法时，需要已知系统状态模型噪声矩阵 $\boldsymbol{Q}$，观测模型噪声矩阵 $\boldsymbol{R}$，以及状态初始估计方差矩阵 $\boldsymbol{P}_0$，综合考虑系统状态转移矩阵 $\boldsymbol{\Phi}$ 和观测矩阵 $\boldsymbol{H}$ 的性质，除系统状态转移矩阵 $\boldsymbol{\Phi}$ 和观测矩阵 $\boldsymbol{H}$ 需要从系统状态和观测模型中严格推导外，对噪声矩阵和初始方差矩阵则需要仔细考虑，依据系统噪声现状和初始估计的准确程度，确定合理的取值，使系统滤波过程稳定收敛。

4.4　无味卡尔曼滤波

无味卡尔曼滤波是由牛津大学机器人技术研究 Julier 和 Uhlman 于 1995 年提出的，2000 年由 Wan 和 Van der Merwe[75-77] 推广到非线性动力学系统参数估计。之所以称为无味卡尔曼滤波（Unscented Kalman Filter），由 Julier 解释原因：

（1）有别于传统的粒子和随机采样卡尔曼滤波，其确定性的随机量采样策略和算法，通过采样点表现了随机量的主要分布特征，且采样点不受高斯分布的限制，采样点权重系数不受单位权重限制；

（2）虽然相关概念和术语来自卡尔曼滤波，但更进一步的研究表明，以确定性采样点表现随机过程的主要概率分布特征，是卡尔曼滤波原理和算法的进一步发展；

（3）无味卡尔曼滤波的核心是无味变换，确定性的随机量采样策略和算法保证随机过程在经过非线性函数传递后，仍然表征随机函数的主要概率分布特

征,可以称得上“无味”变换;

(4) 鉴于模糊的命名不足以概括“无味”变换的独特之处,经牛津大学机器人技术研究所全体投票,将基于“无味”变换原理的卡尔曼滤波命名为无味卡尔曼滤波。因此,为尊重算法首创者的命名意图,本书将 UKF、采样滤波、无迹卡尔曼滤波或 Unscented 卡尔曼滤波等国内不同命名,统称为无味卡尔曼滤波算法。

4.4.1 随机变量均值和方差传播

假设$\boldsymbol{X}$是均值为$\overline{\boldsymbol{X}}$、方差为$\boldsymbol{P}_x$的$n$维随机向量,$\boldsymbol{Y}$为$m$维随机向量,与随机向量$\boldsymbol{X}$之间存在如下非线性函数关系:

$$\boldsymbol{Y} = f(\boldsymbol{X}), \boldsymbol{X} \in R^n, \boldsymbol{Y} \in R^m$$

$$\overline{\boldsymbol{X}} = E[\boldsymbol{X}], \boldsymbol{P}_X = E[(\boldsymbol{X} - \overline{\boldsymbol{X}})(\boldsymbol{X} - \overline{\boldsymbol{X}})^{\mathrm{T}}]$$

问题:n维随机向量$\boldsymbol{X}$经过非线性变换后,m维随机向量$\boldsymbol{Y}$的均值和方差与n维随机向量$\boldsymbol{X}$之间的是什么关系?

根据扩展卡尔曼滤波均值和方差外推过程,在X均值$\overline{X}$附近线性化函数,得到

$$f(\boldsymbol{X}) = f(\overline{\boldsymbol{X}}) + \frac{\partial f}{\partial \boldsymbol{X}}(\boldsymbol{X} - \overline{\boldsymbol{X}}) \tag{4.60}$$

式中:$\frac{\partial f}{\partial \boldsymbol{X}}$为非线性变换雅可比矩阵。

m维随机变量$\boldsymbol{Y}$的均值可以近似为

$$\begin{aligned}\overline{\boldsymbol{Y}} &= E[f(\boldsymbol{X})] = E[f(\overline{\boldsymbol{X}}) + \frac{\partial f}{\partial \boldsymbol{X}}(\boldsymbol{X} - \overline{\boldsymbol{X}})] = \\ & f(\overline{\boldsymbol{X}}) + \frac{\partial f}{\partial \boldsymbol{X}}(E[X] - \overline{\boldsymbol{X}}) = f(\overline{\boldsymbol{X}})\end{aligned} \tag{4.61}$$

m维随机变量Y的方差可以近似为

$$\begin{aligned}\boldsymbol{P}_Y &= E[f(\boldsymbol{X}) - E[f(\boldsymbol{X})])(f(\boldsymbol{X}) - E[f(\boldsymbol{X})])^{\mathrm{T}}] = \\ & E[f(\boldsymbol{X}) - f(\boldsymbol{X}))(f(\boldsymbol{X}) - f(\overline{\boldsymbol{X}}))^{\mathrm{T}}] = \\ & E\left[\frac{\partial f}{\partial \boldsymbol{X}}(\boldsymbol{X} - \overline{\boldsymbol{X}})(\boldsymbol{X} - \overline{\boldsymbol{X}})^{\mathrm{T}}\left(\frac{\partial f}{\partial \boldsymbol{X}}\right)^{\mathrm{T}}\right] = \\ & \frac{\partial f}{\partial \boldsymbol{X}}E[(\boldsymbol{X} - \overline{\boldsymbol{X}})(\boldsymbol{X} - \overline{\boldsymbol{X}})^{\mathrm{T}}]\left(\frac{\partial f}{\partial \boldsymbol{X}}\right)^{\mathrm{T}} = \\ & \left(\frac{\partial f}{\partial \boldsymbol{X}}\right)P_X\left(\frac{\partial f}{\partial \boldsymbol{X}}\right)^{\mathrm{T}}\end{aligned} \tag{4.62}$$

卡尔曼滤波均值和方差外推,均基于以上近似算法,有没有问题?下面给出一个例子,以极坐标测量到笛卡儿坐标的非线性函数概率分布为例,说明在卡尔曼滤波均值和方差外推过程中,在某些时候将严重偏离随机过程的实际传播特

征，在这里，仅考虑随机过程的均值和方差传播。

例 4.2 设在位置(0,0)处敏感器测量定点目标，其位置为(0,1)，测距和测角采样为

$$r = 1 + v_r, E[v_r] = 0, P_r = E[v_r \cdot v_r^{\mathrm{T}}] = \sigma_r^2$$

$$\theta = \frac{\pi}{2} + v_\theta, E[v_\theta] = 0, P_\theta = E[v_\theta \cdot v_\theta^{\mathrm{T}}] = \sigma_\theta^2$$

极坐标测量到笛卡儿坐标的非线性函数为

$$\begin{pmatrix} x \\ y \end{pmatrix} = f(r,\theta) = \begin{pmatrix} r\cos\theta \\ r\sin\theta \end{pmatrix}$$

线性化笛卡儿坐标的均值与方差如下：

$$E\left[\begin{pmatrix} x \\ y \end{pmatrix}\right] = \begin{pmatrix} \bar{x} \\ \bar{y} \end{pmatrix} = f(\bar{r},\bar{\theta}) = f\left(1,\frac{\pi}{2}\right) = \begin{pmatrix} 0 \\ 1 \end{pmatrix}$$

$$\boldsymbol{P}_{xy} = \frac{\partial f(r,\theta)}{\partial r \partial \theta} \cdot \begin{pmatrix} \sigma_r^2 & 0 \\ 0 & \sigma_\theta^2 \end{pmatrix} \cdot \left(\frac{\partial f(r,\theta)}{\partial r \partial \theta}\right)^{\mathrm{T}} =$$

$$\begin{pmatrix} 0 & -r \\ 1 & 0 \end{pmatrix} \cdot \begin{pmatrix} \sigma_r^2 & 0 \\ 0 & \sigma_\theta^2 \end{pmatrix} \cdot \begin{pmatrix} 0 & 1 \\ -r & 0 \end{pmatrix} = \begin{pmatrix} \sigma_\theta^2 & 0 \\ 0 & \sigma_r^2 \end{pmatrix}$$

则笛卡儿坐标平面中，按 1 倍方差散布区域满足下面的椭圆方程：

$$\frac{(x-\bar{x})^2}{\sigma_\theta^2} + \frac{(y-\bar{y})^2}{\sigma_r^2} = 1$$

对观测量按测距 r 和测角 θ 进行蒙特卡罗采样（如 $N = 10000$ 次），观测样本点经笛卡儿非线性函数变换后，有

$$\{x_i, i = 1,2,\cdots,N\}$$
$$\{y_i, i = 1,2,\cdots,N\}$$

则蒙特卡罗样本均值为

$$x_{\text{mean}} = \frac{1}{N}\sum_{i=1}^{N} x_i, y_{\text{mean}} = \frac{1}{N}\sum_{i=1}^{N} y_i$$

蒙特卡罗样本方差为

$$\begin{cases} \sigma_x^2 = \dfrac{\sum\limits_{i=1}^{N}(x_i - x_{\text{mean}})^2}{N-1} \\ \sigma_y^2 = \dfrac{\sum\limits_{i=1}^{N}(y_i - y_{\text{mean}})^2}{N-1} \end{cases}$$

则在笛卡儿坐标平面内，按 1 倍方差散布区域，满足下面的椭圆方程：

$$\frac{(x - x_{\text{mean}})^2}{\sigma_x^2} + \frac{(y - y_{\text{mean}})^2}{\sigma_y^2} = 1$$

如图 4.5 所示,对测距 r 和测角 θ 进行蒙特卡罗采样($\sigma_r=0.02\text{m}, \sigma_\theta=5.0°$),分别进行样本点均值和方差统计,线性化近似均值和方差计算。

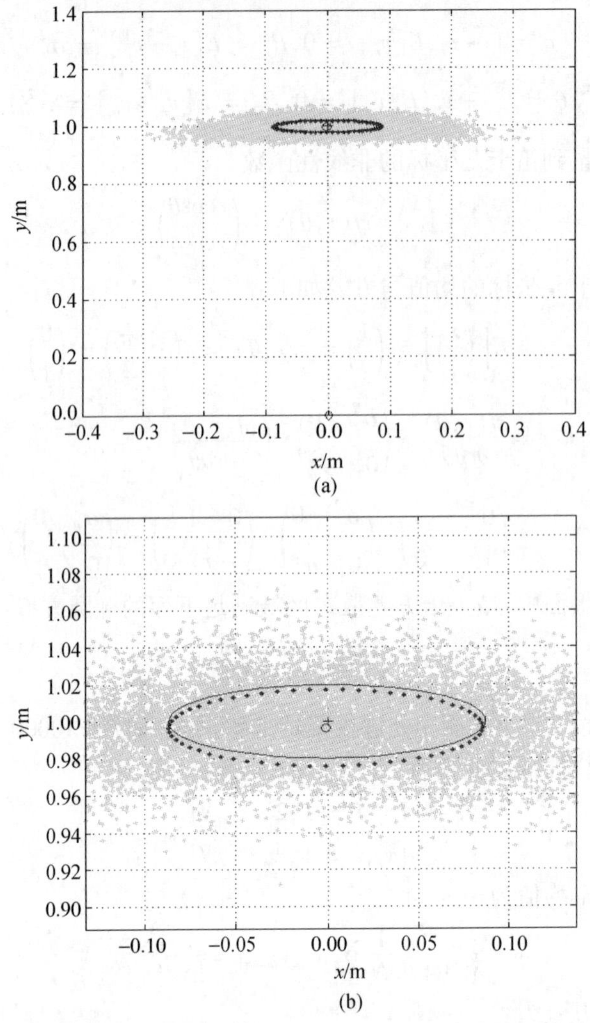

图 4.5 蒙特卡罗仿真与线性化均值、方差外推比较(a)和局部放大(b)

○—样本均值;+—线性均值;虚线—样本统计方差;实线—线性方差。

分析表明:假设蒙特卡罗样本均值和方差是精确的(当样本点足够多时,蒙特卡罗方法能够足够精确逼近任意随机变量的概率统计特征),则当测量随机噪声较小时,线性化均值与方差同理论值差别较小,在这种情况下扩展卡尔曼滤波能够得到非线性系统的精确估计。

对测距 r 和测角 θ 进行蒙特卡罗采样($\sigma_r=0.02\text{m}, \sigma_\theta=15.0°$),分别进行样本点均值和方差统计,线性化近似均值和方差计算,如图 4.6 所示。

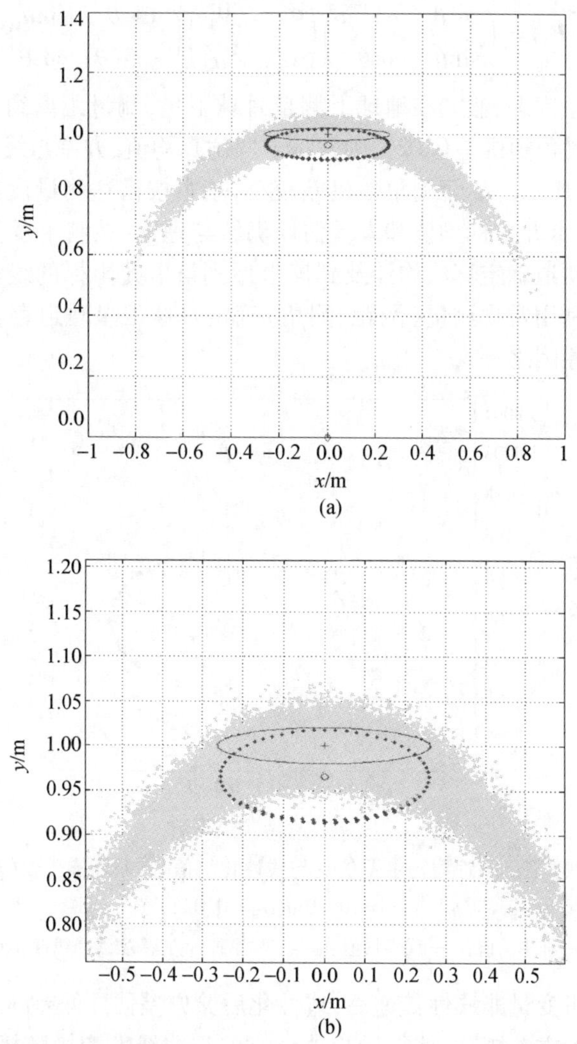

图 4.6 蒙特卡罗仿真与线性化均值、方差外推比较(a)和局部放大(b)

○—样本均值；+—线性均值；虚线—样本统计方差；实线—线性方差。

分析表明：假设蒙特卡罗样本均值和方差是精确的（当样本点足够多时，蒙特卡罗方法能够足够精确逼近任意随机变量的概率统计特征），则当测量随机噪声较大时，线性化均值与方差同理论值差别较大，在这种情况下扩展卡尔曼滤波不可能得到非线性系统的精确估计，甚至可能引起滤波计算的发散。

线性化会导致均值和方差估计与样本实际均值和方差出现偏差，偏差大小与测量随机差的大小有关。尽管为说明问题，测角随机差取值较大，超出人们对测量随机差的预期范围，但线性化导致非线性函数均值和方差出现偏差的事实是毋庸置疑的。线性化方差估计精度同跟踪几何和测量距离有关：

$$\boldsymbol{P}_Y = \begin{pmatrix} \cos\theta & -\sin\theta \\ \sin\theta & \cos\theta \end{pmatrix} \begin{pmatrix} \sigma_r^2 & 0 \\ 0 & r^2\sigma_\theta^2 \end{pmatrix} \begin{pmatrix} \cos\theta & \sin\theta \\ -\sin\theta & \cos\theta \end{pmatrix}$$

同样的测量问题，假如在地球上测量月球卫星，测量距离约 38 万 km，距离随机差 100m，测角随机差 0.02°，则蒙特卡罗仿真均值、方差与线性化外推均值、方差，如图 4.7 所示。尽管测角随机差较小，基本按雷达测量设备设计指标，但通过线性化，笛卡儿坐标均值和方差估计仍然与理论（蒙特卡罗仿真）值存在偏差。通常卫星轨道确定算法均涉及到球坐标到笛卡儿坐标的线性化过程，而这些偏差是造成利用常规测量（测距、测角）确定月球卫星轨道存在偏差，甚至算法出现发散的原因之一。

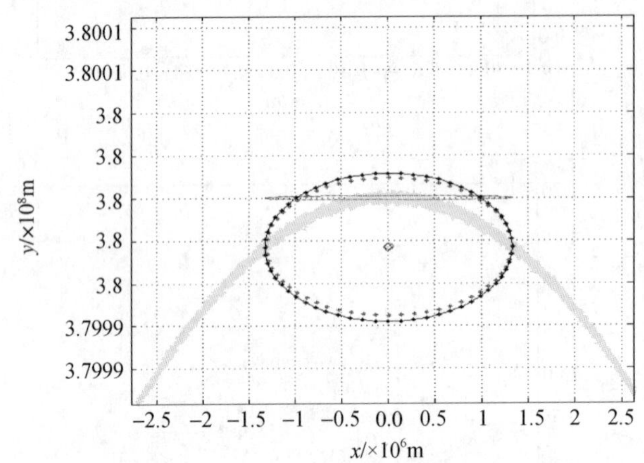

图 4.7 月球卫星跟踪蒙特卡罗仿真与线性化均值、方差外推比较（局部放大）

（$\sigma_r = 100.0\text{m}, \sigma_\theta = 0.02°$）

○—样本均值；+—线性均值；虚线—样本统计方差；实线—线性方差。

为解决随机变量非线性传递后，线性化后验方差估计偏差问题，通常采取调整随机变量先验方差矩阵，使得后验估计方差与非线性变换随机变量的固有分布匹配，这就是通常构造扩展卡尔曼滤波算法时需要调整状态和测量先验方差矩阵、强制滤波稳定收敛的原因。对后验方差矩阵递推方程增加阻尼因子，可以抑制方差矩阵下降过快、解决滤波过早“饱和”问题，但均值估计的有偏性将无法改变。

4.4.2 随机过程无味变换

非线性无味卡尔曼滤波保持系统模型的精确性，而通过无味变换（Unscented Tranform，UT），解决随机向量通过非线性函数传递后的概率分布问题。

设 $\boldsymbol{X}$ 是 n 维随机向量，概率密度函数为 $p_x(\boldsymbol{X})$，均值为 $\overline{\boldsymbol{X}}$，协方差矩阵 $\boldsymbol{P}_{xx}$，$\boldsymbol{Y}$ 为 m 维随机向量，与随机向量 $\boldsymbol{X}$ 之间存在如下非线性函数关系：

$$\boldsymbol{Y}=f(\boldsymbol{X}),\boldsymbol{X}\in R^n,\boldsymbol{Y}\in R^m$$

问题:随机向量 $\boldsymbol{X}$ 经过非线性函数传递后,如何计算随机向量 $\boldsymbol{Y}$ 的均值 $\overline{\boldsymbol{Y}}$ 与协方差矩阵 $\boldsymbol{P}_{yy}$?

由4.4.1节讨论,扩展卡尔曼滤波通过非线性函数线性化近似(一阶或二阶近似),计算随机向量 $\boldsymbol{Y}$ 的均值 $\overline{\boldsymbol{Y}}$ 与协方差矩阵 $\boldsymbol{P}_{yy}$,如一阶近似条件下,随机向量 $\boldsymbol{Y}$ 的均值 $\overline{\boldsymbol{Y}}$ 与协方差矩阵 $\boldsymbol{P}_{yy}$ 近似为

$$\overline{\boldsymbol{Y}}=f(\overline{\boldsymbol{X}}) \tag{4.63}$$

$$\boldsymbol{P}_y=\left(\frac{\partial f}{\partial \boldsymbol{X}}\right)\bigg|_{X=\overline{X}}\cdot P_{xx}\cdot\left(\frac{\partial f}{\partial \boldsymbol{X}}\right)^{\mathrm{T}}\bigg|_{X=\overline{X}} \tag{4.64}$$

4.4.1节分析表明:线性化导致非线性函数均值和方差出现偏差的事实,是毋庸置疑的。基于近似随机非线性函数的概率分布比近似随机非线性函数更简单原则,无味卡尔曼滤波引入有限个采样点直接近似随机过程非线性函数概率分布。

设采样点集合为$\{W_i^m,W_i^c,\boldsymbol{\chi}_i\}$ $(i=0,1,\cdots,p)$,满足下列条件约束:

$$g[\chi,p_x(\chi)]=\begin{bmatrix}\sum\limits_{i=0}^{p}W_i^m-1\\ \sum\limits_{i=0}^{p}W_i^m\boldsymbol{\chi}_i-\overline{\boldsymbol{X}}\\ \sum\limits_{i=0}^{p}W_i^c[\boldsymbol{\chi}_i-\overline{\boldsymbol{X}}][\boldsymbol{\chi}_i-\overline{\boldsymbol{X}}]^{\mathrm{T}}-\boldsymbol{P}_{xx}\end{bmatrix}=0 \tag{4.65}$$

采样点经非线性变换后,得到

$$\{W_i^m,W_i^c,\boldsymbol{\chi}_i\}\xrightarrow{f(\chi)}\{W_i^m,W_i^c,Y_i\},i=0,1,2,\cdots,p \tag{4.66}$$

则随机向量 $\boldsymbol{Y}$ 的均值 $\overline{\boldsymbol{Y}}$ 与协方差矩阵 $\boldsymbol{P}_{yy}$ 近似为

$$\begin{cases}\overline{\boldsymbol{Y}}=\sum\limits_{i=0}^{p}W_i^m\boldsymbol{Y}_i\\ \boldsymbol{P}_{yy}=\sum\limits_{i=0}^{p}W_i^c(\boldsymbol{Y}_i-\overline{\boldsymbol{Y}})(\boldsymbol{Y}_i-\overline{\boldsymbol{Y}})^{\mathrm{T}}\end{cases} \tag{4.67}$$

满足条件方程式(4.65)的采样集合,如图4.8所示,其采样点的选择策略是构成无味变换算法[77]的核心,不同的随机过程原则上存在不同的采样策略。

本章仅就高斯分布给出所谓的变尺度无味变换(Scaled Unscented Transformation,SUT)算法[77]。设 $\boldsymbol{X}$ 是 n 维随机向量,概率密度函数为 $p_x(\boldsymbol{X})$,均值为 $\overline{\boldsymbol{X}}$,协方差矩阵 $\boldsymbol{P}_{xx}$,则 $p=2n+1$ 个采样点$\{W_i^m,W_i^c,\chi_i\}$ $(i=0,1,2,\cdots,p)$由下列算法组成:

(1) 采样点:

$$\begin{cases}\boldsymbol{\chi}_0=\overline{\boldsymbol{X}}\\ \boldsymbol{\chi}_i=\boldsymbol{\chi}_0+(\sqrt{(n+\lambda)P_{xx}})_i,i=1,2,\cdots,n\\ \boldsymbol{\chi}_i=\boldsymbol{\chi}_0-(\sqrt{(n+\lambda)P_{xx}})_j,i=n+1,n+2,\cdots,2n+1,j=1,2,\cdots,n\end{cases} \tag{4.68}$$

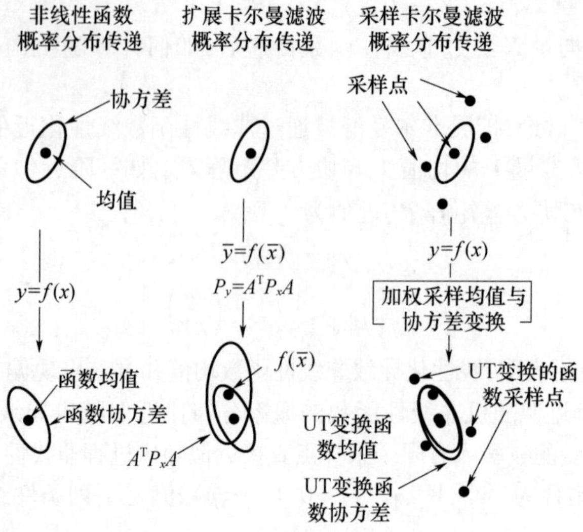

图 4.8　非线性函数概率分布传递与近似(来自 Julier[77])

式中:$(\sqrt{(n+\lambda)\boldsymbol{P}_{xx}})_j$ 为矩阵 $(n+\lambda)\boldsymbol{P}_{xx}$ 平方根矩阵的第 j 列。正定矩阵的平方根分解采用 Cholesky 分解,见附录 C。

(2) 采样点权系数:

$$\begin{cases} W_0^m = \dfrac{\lambda}{\lambda + n} \\ W_0^c = \dfrac{\lambda}{\lambda + n} + (1 - \alpha^2 + \beta) \\ W_i^m = W_i^c = \dfrac{1}{2} \cdot \dfrac{1}{(n+\lambda)}, \quad i = 1,2,\cdots,2n \end{cases} \tag{4.69}$$

其中

$$\lambda = \alpha^2(n+\kappa) - n$$

式中:α 为主比例因子,决定着采样点在先验均值 $\overline{\boldsymbol{X}}$ 周围的散布范围。$0 \leqslant \alpha \leqslant 1$,取值范围 $10^{-3} \leqslant \alpha < 1$,一般取 $\alpha = 0.5$;β 为次比例因子,用于强化先验均值采样点 χ_0 在计算后验方差矩阵时的权重,使随机过程后验高级矩误差最小,$\beta > 0$。当 X 是高斯型随机过程时,最优值 $\beta = 2$;κ 为保证后验协方差矩阵为正定矩阵,$\kappa \geqslant 0$,一般地 $\kappa = 0$。

采样点经过非线性函数变换:$\boldsymbol{Y}_i = f(\boldsymbol{\chi}_i)\ (i = 0,1,2,\cdots,2n)$,得到随机向量 $\boldsymbol{Y}$ 的 $2n+1$ 个样本点,则随机向量 $\boldsymbol{Y}$ 的均值 $\overline{\boldsymbol{Y}}$ 与协方差矩阵 $\boldsymbol{P}_{yy}$ 近似为

$$\begin{cases} \overline{\boldsymbol{Y}} = \sum\limits_{i=0}^{p} W_i^m \boldsymbol{Y}_i \\ \boldsymbol{P}_{yy} = \sum\limits_{i=0}^{p} W_i^c (\boldsymbol{Y}_i - \overline{\boldsymbol{Y}})(\boldsymbol{Y}_i - \overline{\boldsymbol{Y}})^{\mathrm{T}} \end{cases} \tag{4.70}$$

例 4.3 设在位置(0,0)处敏感器测量定点目标,其位置为(0,1),测距和测角采样为

$$r = 1 + v_r, E[v_r] = 0, P_r = E[v_r \cdot v_r^{\mathrm{T}}] = \sigma_r^2$$

$$\theta = \frac{\pi}{2} + v_\theta, E[v_\theta] = 0, P_\theta = E[v_\theta \cdot v_\theta^{\mathrm{T}}] = \sigma_\theta^2$$

则随机变量先验均值和方差矩阵分别为

$$\overline{\boldsymbol{X}} = \begin{pmatrix} \bar{r} \\ \bar{\theta} \end{pmatrix} = \begin{pmatrix} 1 \\ \pi/2 \end{pmatrix}, \boldsymbol{P}_{xx} = \begin{pmatrix} \sigma_r^2 & 0 \\ 0 & \sigma_\theta^2 \end{pmatrix} = \begin{pmatrix} 0.02^2 & 0 \\ 0 & \left(15 \cdot \frac{\pi}{180}\right)^2 \end{pmatrix}$$

极坐标测量到迪卡尔坐标的非线性函数变换为

$$\boldsymbol{Y} = f(\boldsymbol{X}) = \begin{pmatrix} r\cos\theta \\ r\sin\theta \end{pmatrix}$$

问题:如何利用变尺度无味变换 SUT 近似随机过程 $\boldsymbol{Y}$ 的均值和方差矩阵?

取 $\alpha = 0.5, \beta = 2, \kappa = 0$,随机变量维数 $n = \dim(\boldsymbol{X}) = 2$,由变尺度无味变换算法,采样集合 $\{W_i^m, W_i^c, \boldsymbol{\chi}_i\}$ $(i = 0,1,2,3,4)$ 为

$$W_0^m = -3.0, W_1^m = 1.0, W_2^m = 1.0, W_3^m = 1.0, W_4^m = 1.0$$

$$W_0^c = -0.25, W_1^c = 1.0, W_2^c = 1.0, W_3^c = 1.0, W_4^c = 1.0$$

$$\chi_0 = \begin{pmatrix} 1.000000 \\ 1.570796 \end{pmatrix}, \chi_1 = \begin{pmatrix} 1.014142 \\ 1.570796 \end{pmatrix}, \chi_2 = \begin{pmatrix} 1.000000 \\ 1.755916 \end{pmatrix},$$

$$\chi_3 = \begin{pmatrix} 0.985858 \\ 1.570796 \end{pmatrix}, \chi_4 = \begin{pmatrix} 1.000000 \\ 1.385676 \end{pmatrix}$$

显然,采样集合 $\{W_i^m, W_i^c, \boldsymbol{\chi}_i\}$ $(i = 0,1,\cdots,4)$ 满足约束方程式(4.65),即

$$\sum_{i=0}^{4} W_i^m = 1, \sum_{i=0}^{4} W_i^m \boldsymbol{\chi}_i = \begin{pmatrix} 1.0 \\ \frac{\pi}{2} \end{pmatrix} = \overline{\boldsymbol{X}}$$

$$\sum_{i=0}^{4} W_i^c (\boldsymbol{\chi}_i - \overline{\boldsymbol{X}})(\boldsymbol{\chi}_i - \overline{\boldsymbol{X}})^{\mathrm{T}} = \begin{pmatrix} 0.02^2 & 0 \\ 0 & \left(15 \cdot \frac{\pi}{180}\right)^2 \end{pmatrix} = \boldsymbol{P}_{xx}$$

采样点经过非线性函数变换,如图 4.9 所示。

$$\boldsymbol{Y}_0 = f(\boldsymbol{\chi}_0) = \begin{pmatrix} 0.00000 \\ 1.00000 \end{pmatrix}$$

$$\boldsymbol{Y}_1 = f(\boldsymbol{\chi}_1) = \begin{pmatrix} 0.00000 \\ 1.01414213562373 \end{pmatrix}$$

$$\boldsymbol{Y}_2 = f(\boldsymbol{\chi}_2) = \begin{pmatrix} -0.18406460488498 \\ 0.98291414743534 \end{pmatrix}$$

$$\boldsymbol{Y}_3 = f(\boldsymbol{\chi}_3) = \begin{pmatrix} 0.00000 \\ 0.98585786437627 \end{pmatrix}$$

$$\boldsymbol{Y}_4 = f(\boldsymbol{\chi}_4) = \begin{pmatrix} 0.18406460488498 \\ 0.98291414743534 \end{pmatrix}$$

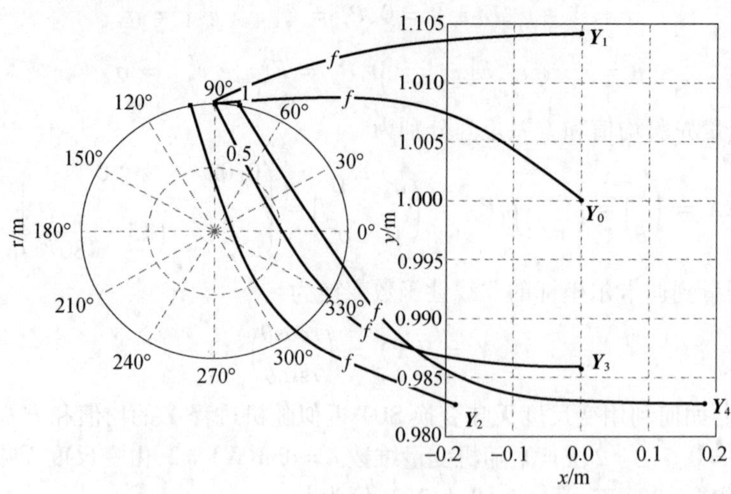

图 4.9　变尺度 UT 变换(由球坐标到笛卡儿坐标变换)

由 SUT 无味变换后,随机向量 $\boldsymbol{Y}$ 的均值 $\overline{\boldsymbol{Y}}$ 与协方差矩阵 $\boldsymbol{P}_{yy}$ 近似为

$$(\overline{\boldsymbol{Y}})_{\mathrm{SUT}} = \begin{pmatrix} \overline{x} \\ \overline{y} \end{pmatrix} = W_0^m \boldsymbol{Y}_0 + W_1^m \boldsymbol{Y}_1 + W_2^m \boldsymbol{Y}_2 + W_3^m \boldsymbol{Y}_3 + W_4^m \boldsymbol{Y}_4 = \begin{pmatrix} 0.0000 \\ 0.96582829487068 \end{pmatrix}$$

$$(\boldsymbol{P}_{yy})_{\mathrm{SUT}} = \begin{pmatrix} \boldsymbol{\sigma}_x^2 & \boldsymbol{\sigma}_x \boldsymbol{\sigma}_y \\ \boldsymbol{\sigma}_x \boldsymbol{\sigma}_y & \boldsymbol{\sigma}_y^2 \end{pmatrix} = \sum_{i=0}^{4} W_i^c (\boldsymbol{Y}_i - \overline{\boldsymbol{Y}})(\boldsymbol{Y}_i - \overline{\boldsymbol{Y}})^{\mathrm{T}} = \begin{pmatrix} 0.06775955754293 & 0.0 \\ 0.0 & 0.00302733722075 \end{pmatrix}$$

将扩展卡尔曼滤波线性化,随机向量 $\boldsymbol{Y}$ 的均值 $\overline{\boldsymbol{Y}}$ 与协方差矩阵 $\boldsymbol{P}_{yy}$ 近似为

$$(\overline{\boldsymbol{Y}})_{\mathrm{EKF}} = \begin{pmatrix} \overline{x} \\ \overline{y} \end{pmatrix} = f(\overline{r}, \overline{\theta}) = f\left(1, \frac{\pi}{2}\right) = \begin{pmatrix} 0 \\ 1 \end{pmatrix}$$

$$(\boldsymbol{P}_{yy})_{\mathrm{EKF}} = \frac{\partial f(r,\theta)}{\partial r \partial \theta} \cdot \begin{pmatrix} \sigma_r^2 & 0 \\ 0 & \sigma_\theta^2 \end{pmatrix} \cdot \left(\frac{\partial f(r,\theta)}{\partial r \partial \theta}\right)^{\mathrm{T}} = \begin{pmatrix} 0.0004 & 0.0 \\ 0.0 & 0.06853891945201 \end{pmatrix}$$

蒙特卡罗采样,随机向量 $\boldsymbol{Y}$ 的均值 $\overline{\boldsymbol{Y}}$ 与协方差矩阵 $\boldsymbol{P}_{yy}$ 近似为

$$(\overline{\boldsymbol{Y}})_{\mathrm{MTC}} = \begin{pmatrix} \overline{x} \\ \overline{y} \end{pmatrix} = \begin{pmatrix} -0.00176584464457 \\ 0.96610771827503 \end{pmatrix}$$

$$(\boldsymbol{p}_{yy})_{\mathrm{MTC}} = \begin{pmatrix} 0.06441440738224 & 0.0 \\ 0.0 & 0.00266822928824 \end{pmatrix}$$

如图 4.10 所示，在笛卡儿坐标平面内，随机向量 $\boldsymbol{Y}$ 按 1 倍方差散布区域，满足下面的椭圆方程：

$$\frac{(x-\bar{x}_c)^2}{(\sigma_x^2)_c} + \frac{(y-\bar{y}_c)^2}{(\sigma_y^2)_c} = 1, c = \mathrm{SUT,EKF,MTC}$$

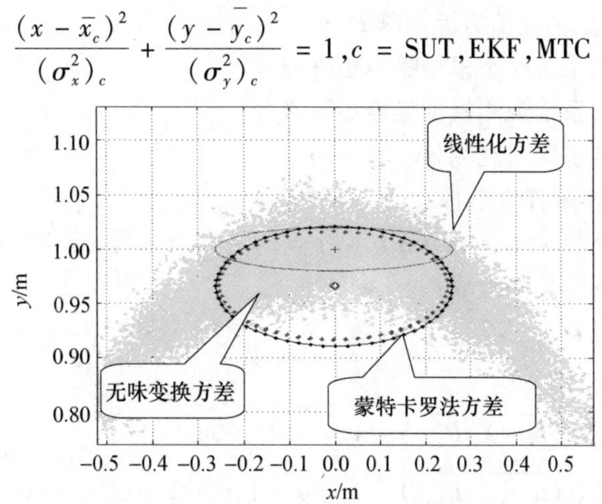

图 4.10　笛卡儿坐标平面内，随机向量 $\boldsymbol{Y}$ 按 1 倍方差散布区域

上述算例表明：蒙特卡罗样本均值和方差是精确的（当样本点足够多时，蒙特卡罗方法能够足够精确逼近任意随机变量的概率统计特征）。线性化均值与方差同理论值差别较大，仅能达到一阶近似，在这种情况下扩展卡尔曼滤波不可能得到非线性系统的精确估计，甚至可能引起滤波计算的发散。无味变换仅用有限的采样点及采样点权重系数，能够较为精确地逼近随机向量非线性函数变换的均值与方差矩阵。因此，基于无味变换的卡尔曼滤波，在通常情况下，是优于非线性动力学系统的扩展卡尔曼滤波算法。

4.4.3　基于无味变换的卡尔曼滤波

对非线性系统式(3.1)、式(3.2)，连续系统动力学模型：

$$\dot{\boldsymbol{X}}(t) = \boldsymbol{f}(t, \boldsymbol{X}(t)) + \boldsymbol{w}(t) \tag{4.71}$$

式中：$\boldsymbol{X}(t)$ 为系统的状态变量；$\boldsymbol{w}(t)$ 为系统模型噪声，通常被假设为高斯白噪声。

$$E[\boldsymbol{w}(t)] = 0, E[\boldsymbol{w}(t)\boldsymbol{w}^{\mathrm{T}}(t)] = Q_t, E[\boldsymbol{w}(t_1)\boldsymbol{w}^{\mathrm{T}}(t_2)] = 0$$

离散观测模型：

$$\boldsymbol{z}_k = \boldsymbol{h}(\boldsymbol{X}(t_k)) + \boldsymbol{v}_k, k = 1,2,\cdots,n \tag{4.72}$$

式中：$\boldsymbol{z}_k$ 为系统观测量，是系统状态变量的函数，也是系统的外部表现；$\boldsymbol{v}_k$ 为系统观测噪声，同样，通常被假设为高斯白噪声，则

$$E[\boldsymbol{v}(t)] = 0, E[\boldsymbol{v}(t)\boldsymbol{v}^{\mathrm{T}}(t)] = R_t, E[\boldsymbol{v}(t_1)\boldsymbol{v}^{\mathrm{T}}(t_2)] = 0$$

假设已经获得该系统在 t_{k-1} 时刻的系统状态估计值 $\boldsymbol{X}_{k-1}^{+}$ 和估计值协方差矩

阵 $\boldsymbol{P}_{k-1}$，当系统在 t_k 时刻获得新观测 z_k 后，基于无味变换的卡尔曼滤波顺序递推过程描述如下。

1. 滤波初始化

(1) t_{k-1} 时刻系统状态估计值 $\boldsymbol{X}_{k-1}^{+}$。

(2) t_{k-1} 时刻估计值方差矩阵 P_{k-1}。

(3) t_k 时刻系统状态模型噪声矩阵 $\boldsymbol{Q}_k$。

(4) t_k 时刻系统观测模型噪声矩阵 $\boldsymbol{R}_k$。

(5) t_k 时刻系统新观测 z_k。

2. 无味变换采样点选择

系统状态维数为 $n=\dim(\boldsymbol{X})$，则 $p=2n+1$ 个采样点 $\{W_i^m, W_i^c, \boldsymbol{\chi}_i\}$，$i=0, 1,\cdots,p-1$，由下列算法组成：

(1) 采样点：

$$\begin{cases}\boldsymbol{\chi}_0 = \boldsymbol{X}_{k-1}^{+} \\ \boldsymbol{\chi}_i = \boldsymbol{\chi}_0 + \left(\sqrt{(n+\lambda)P_{k-1}^{+}}\right)_i \quad i=1,2,\cdots,n \\ \boldsymbol{\chi}_i = \boldsymbol{\chi}_0 - \left(\sqrt{(n+\lambda)P_{k-1}^{+}}\right)_j \quad i=n+1,n+2,\cdots,2n+1, j=1,2,\cdots,n\end{cases} \tag{4.73}$$

(2) 权系数：

$$W_0^m = \frac{\lambda}{\lambda+n}$$

$$W_0^c = \frac{\lambda}{\lambda+n} + (1-\alpha^2+\beta)$$

$$W_i^m = W_i^c = \frac{1}{2}\cdot\frac{1}{(n+\lambda)}, i=1,2,\cdots,2n \tag{4.74}$$

(3) 状态先验均值 $\overline{\boldsymbol{X}}_k^{-}$ 与方差 $\boldsymbol{P}_k^{-}$：

$$\begin{cases}\dot{\boldsymbol{X}}(t) = \boldsymbol{f}(t,\boldsymbol{X}(t)) \\ \boldsymbol{X}(t_{k-1}) = \chi_i\end{cases} \xrightarrow{t_{k-1}\Rightarrow t_k} \boldsymbol{X}_k^{-}(i), i=0,1,2,\cdots,p-1 \tag{4.75}$$

$$\overline{\boldsymbol{X}}_k^{-} = \sum_{i=0}^{p-1} W_i^m \boldsymbol{X}_k^{-}(i) \tag{4.76}$$

$$\boldsymbol{P}_k^{-} = \sum_{i=0}^{p-1} W_i^c \{[\boldsymbol{X}_k^{-}(i) - \overline{\boldsymbol{X}}_k^{-}][\boldsymbol{X}_k^{-}(i) - \overline{\boldsymbol{X}}_k^{-}]^{\mathrm{T}}\} + \boldsymbol{Q}_k \tag{4.77}$$

(4) 观测先验均值 $\overline{z}_k^{-}$ 与方差 $\boldsymbol{P}_{zz}^{-}$：

$$z_k^{-}(i) = \boldsymbol{h}(\boldsymbol{X}_k^{-}(i)) \quad i=0,1,2,\cdots,p-1 \tag{4.78}$$

$$\overline{z_k^{-}} = \sum_{i=0}^{p-1} W_i^m z_k^{-}(i) \tag{4.79}$$

$$\boldsymbol{P}_{zz}^{-} = \sum_{i=0}^{p-1} W_i^c \{[z_k^{-}(i) - \overline{z_k^{-}}][z_k(i) - z_k^{-}]^{\mathrm{T}}\} + \boldsymbol{R}_k \tag{4.80}$$

(5) 卡尔曼滤波增益矩阵 $\boldsymbol{K}$：

$$\boldsymbol{P}_{xz}^{-}=\sum_{i=0}^{p-1}W_i^c\{[\boldsymbol{X}_k^-(i)-\overline{\boldsymbol{X}}_k^-][z_k^-(i)-\overline{z}_k^-]^{\mathrm{T}}\} \tag{4.81}$$

$$\boldsymbol{K}=\boldsymbol{P}_{xz}^{-}(\boldsymbol{P}_{zz}^{-})^{-1} \tag{4.82}$$

(6) 状态后验均值 $\overline{\boldsymbol{X}}_k^+$ 与方差 $\boldsymbol{P}_k^+$：

$$\overline{\boldsymbol{X}}_k^+=\boldsymbol{X}_k^-+K(z_k-\overline{z}_k^-) \tag{4.83}$$

$$\boldsymbol{P}_k^+=P_k^--\boldsymbol{K}\boldsymbol{P}_{zz}^-K^{\mathrm{T}} \tag{4.84}$$

对于例 4.1，若已知 $k-1$ 次状态估值 $\hat{\boldsymbol{X}}_{k-1}^+=\begin{bmatrix}h_{k-1}^+\\ \dot{h}_{k-1}^+\end{bmatrix}$ 和状态估值协方差矩阵 $\boldsymbol{P}_{k-1}^+$，则对自由落体状态估计的无味扩展卡尔曼滤波算法如下。

(1) 无味变换采样点选择。系统状态维数为 $n=2$，则 $p=5$ 个采样点 $\{W_i^m, W_i^c,\boldsymbol{\chi}_i\}$ $(i=0,1,\cdots4)$，由下列算法组成，采样点如图 4.11 所示，取 $\alpha=0.5,\beta=2,\kappa=0,\lambda=\alpha^2(n+\kappa)-n=-1.5$。

采样点计算：

$$\begin{cases}\boldsymbol{\chi}_0=\hat{\boldsymbol{X}}_{k-1}^+\\ \boldsymbol{\chi}_i=\boldsymbol{\chi}_0+(\sqrt{0.5\boldsymbol{P}_{k-1}^+})_i,i=1,2\\ \boldsymbol{\chi}_i=\boldsymbol{\chi}_0-(\sqrt{0.5\boldsymbol{P}_{k-1}^+})_j,i=3,4,j=1,2\end{cases}$$

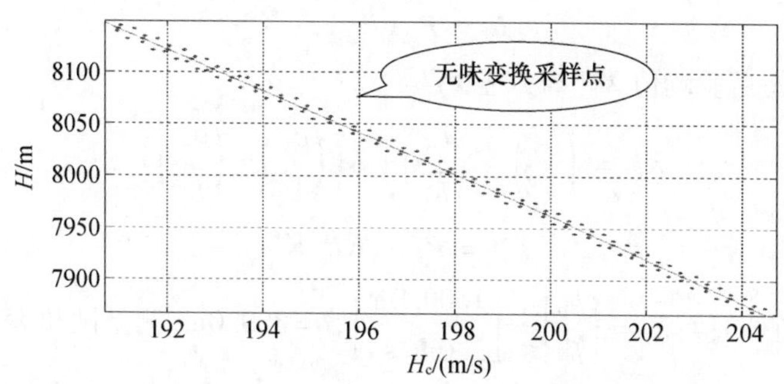

图 4.11 状态空间 $\{h,\dot{h}\}$ 中 Sigma 采样点

均值和协方差系数：

$$\begin{cases}W_0^m=\dfrac{\lambda}{\lambda+n}\\ W_0^c=\dfrac{\lambda}{\lambda+n}+(1+\alpha^2+\beta)\\ W_i^m=W_i^c=\dfrac{1}{2}\cdot\dfrac{1}{(n+\lambda)},i=1,2,\cdots,2n\end{cases}$$

(2) 状态先验均值 $\overline{X}_k^-$ 与方差 P_k^-。

$$X_k^-(i) = \begin{pmatrix} h_k^-(i) \\ \dot{h}_k^-(i) \end{pmatrix} = \begin{pmatrix} h_{k-1}^+(i) - \dot{h}_{k-1}^+(t_k - t_{k-1}) - \dfrac{1}{2}g_0(t_k - t_{k-1})^2 \\ \dot{h}_k^-(i) + g_0(t_k - t_{k-1}) \end{pmatrix}, i = 0,1,2,3,4$$

$$\overline{X}_k^- = \begin{pmatrix} \overline{h}_k^- \\ \overline{\dot{h}}_k^- \end{pmatrix} = \sum_{i=0}^{4} W_i^m \begin{pmatrix} h_k^-(i) \\ \overline{\dot{h}}_k^-(i) \end{pmatrix}$$

$$P_k^- = \sum_{i=0}^{4} W_i^c \left\{ \left[\begin{pmatrix} h_k^-(i) \\ \dot{h}_k^-(i) \end{pmatrix} - \begin{pmatrix} \overline{h}_k^- \\ \overline{\dot{h}}_k^- \end{pmatrix} \right] \left[\begin{pmatrix} h_k^-(i) \\ \dot{h}_k^-(i) \end{pmatrix} - \begin{pmatrix} \overline{h}_k^- \\ \overline{\dot{h}}_k^- \end{pmatrix} \right]^{\mathrm{T}} \right\} + Q$$

(3) 观测先验均值 $\overline{z}_k^-$ 与方差 P_{zz}^-。

$$z_k^-(i) = \begin{bmatrix} \rho_k^-(i) \\ E_k^-(i) \end{bmatrix} = \begin{bmatrix} (h_k^-(i)^2 + l^2)^{1/2} \\ \arctan(h_k^-(i)/l) \end{bmatrix}, i = 0,1,2,3,4$$

$$\overline{z}_k^- = \begin{pmatrix} \overline{\rho}_k^- \\ \overline{E}_k^- \end{pmatrix} = \sum_{i=0}^{4} W_i^m \begin{pmatrix} \rho_k^-(i) \\ E_k^-(i) \end{pmatrix}$$

$$P_{zz}^- = \sum_{i=0}^{4} W_i^c \left\{ \left[\begin{pmatrix} \rho_k^-(i) \\ E_k^-(i) \end{pmatrix} - \begin{pmatrix} \overline{\rho}_k^- \\ \overline{E}_k^- \end{pmatrix} \right] \left[\begin{pmatrix} \rho_k^-(i) \\ \overline{E}_k^- \end{pmatrix} - \begin{pmatrix} \overline{\rho}_k^- \\ \overline{E}_k^- \end{pmatrix} \right]^{\mathrm{T}} \right\} + R$$

(4) 方差 P_{xz}^- 与卡尔曼滤波增益矩阵 K。

$$P_{xz}^- = \sum_{i=0}^{4} W_i^c \{ [X_k^-(i) - \overline{X}_k^-][z_k^-(i) - z_k^-]^{\mathrm{T}} \}$$

$$K = P_{xz}^-(P_{zz}^-)^{-1}$$

(5) 状态后验均值 $\overline{X}_k^+$ 与方差 P_k^+。

$$\overline{X}_k^+ = \begin{pmatrix} h_k^+ \\ \dot{h}_k^+ \end{pmatrix} = \begin{pmatrix} \overline{h}_k^- \\ \overline{\dot{h}}_k^- \end{pmatrix} + K\left(\begin{pmatrix} \rho_k \\ E_k \end{pmatrix} - \begin{pmatrix} \overline{\rho}_k^- \\ \overline{E}_k^- \end{pmatrix} \right)$$

$$P_k^+ = P_k^- - KP_{zz}^-K^{\mathrm{T}}$$

算法仿真初值：$X_0 = \begin{bmatrix} h_0 \\ \dot{h}_0 \end{bmatrix} = \begin{bmatrix} 1000.0\mathrm{m} \\ 2.0\mathrm{m/s} \end{bmatrix}$，$l = 300.0\mathrm{m}$，测量随机差 $\sigma_\rho = 30\mathrm{m}$，$\sigma_E = 0.4°$。滤波初值：$\hat{X}_0^+ = \begin{bmatrix} h_0^+ \\ \dot{h}_0^+ \end{bmatrix} = \begin{bmatrix} 400.0 \\ 0.0 \end{bmatrix}$，初始估计协方差矩阵：$P_0^+ = \begin{bmatrix} 2000.0 & 0.0 \\ 0.0 & 100.0 \end{bmatrix}$。滤波计算结果如图4.12和图4.13所示。

从残差($O-C$)结果(图4.14、图4.15)分析表明：对自由落体运动参数的扩展卡尔曼滤波和无味卡尔曼滤波算法均收敛，在滤波开始10s内，滤波精度相当，10s后，从残差分析，扩展卡尔曼滤波残差逐渐表现为均值为非零，且逐渐增大，EKF滤波残差表现为有偏性，测距和测角残差均值不为零，测距残差位于±100m的分布概率约为94.5%，测角残差位于±0.5°的分布概率约为98.3%(图4.15)；相

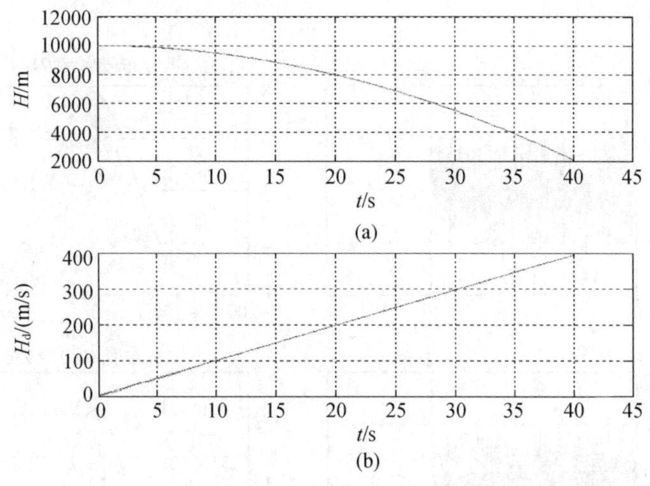

图 4.12　UKF 滤波估计算法

（实线—实际状态；虚线—估计状态）

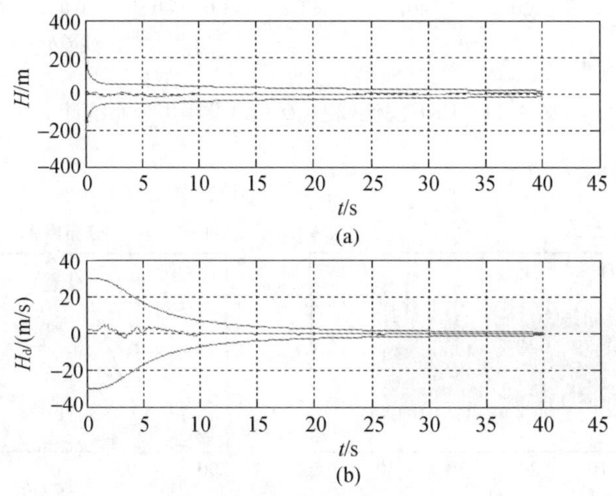

图 4.13　UKF 估计误差及矩阵 **P** 对角元素的平方根

反，无味卡尔曼滤波却非常稳定，滤波残差逐渐表现为均值为零的白噪声，测距残差位于 ±100m 的分布概率约为 94.7%，测角残差位于 ±0.5°的分布概率约为 99%（图 4.14）。

从计算结果图 4.16 可以看出：估计残差从 10s 开始，EKF 滤波误差逐渐增大，而 UKF 滤波精度随时间逐步提高，无味卡尔曼滤波表现更好。本书作者的观点：对于任意的非线性系统，在同样先验初值和观测噪声情况下，无味卡尔曼滤波均优于扩展卡尔曼滤波算法，一些文献对同一系统应用两种滤波后得出相反的结论，说明在计算中存在某种影响无味卡尔曼滤波性能的因素。

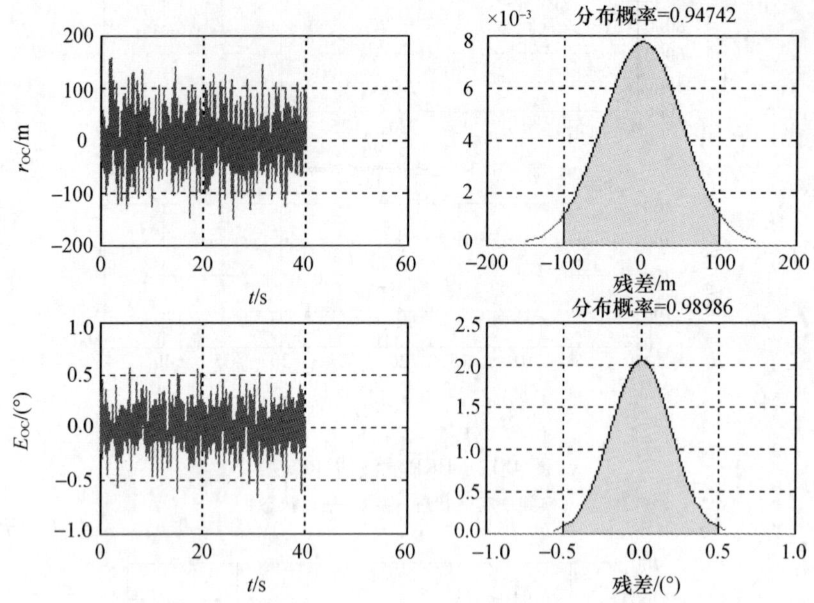

图 4.14　UKF 滤波残差（$O-C$）及噪声分布统计

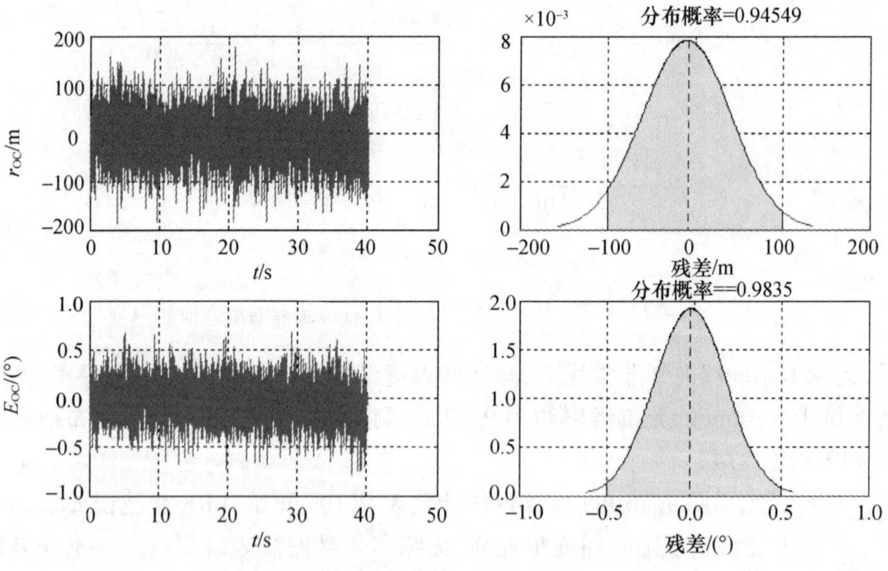

图 4.15　EKF 滤波残差（$O-C$）及噪声分布统计

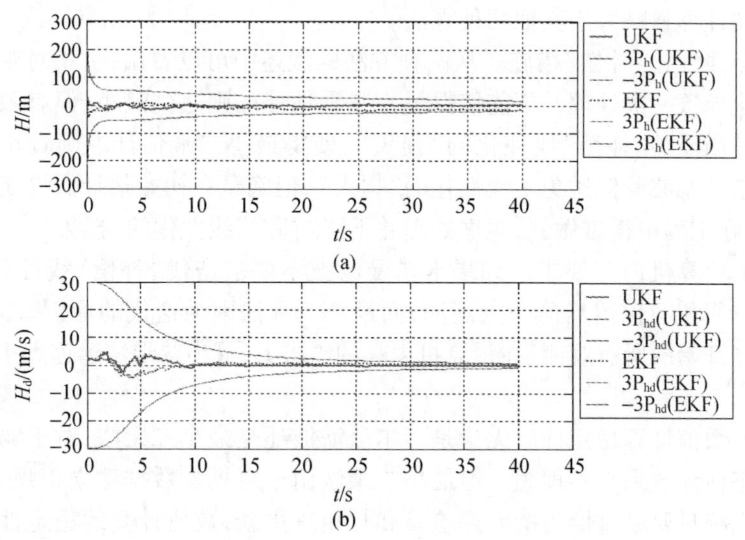

图 4.16　扩展卡尔曼滤波与无味卡尔曼滤波精度比较

4.5　精度与实时性

本章针对空间机动目标跟踪与实时定位问题,给出了机动卫星动力学系统状态的卡尔曼滤波算法和无味卡尔曼滤波算法,并针对扩展卡尔曼滤波的发散现象,从非线性函数随机变量均值和方差传播出发,进行了深入分析,指出扩展卡尔曼滤波通过线性化机动卫星动力学与观测模型,测量随机差和观测几何耦合是造成滤波发散的一个重要因素。最小二乘法更适合对稳态系统进行大量观测且观测量噪声基本稳定而进行高精度的系统状态估计,卡尔曼滤波则更适合对突变或渐变系统且观测噪声不稳定的系统进行系统状态重建。最小二乘法适合事后精确状态估计,卡尔曼滤波则更适合实时系统状态重建。在空间航天测控中选择使用哪种方法取决于解决问题的性质、精度与实时性的折中要求。尽管由于估计准则不同,最小二乘法与卡尔曼滤波在算法上存在差别,但这种差别不是本质的,两种算法各有特长。

(1) 观测量处理和状态修正。最小二乘法通过对成批观测量进行方差统计和方差检验,迭代改进某一时刻的系统状态估计。扩展卡尔曼滤波通过对当前观测量进行处理,产生“新息”给出当前观测时刻的系统状态估计。无味卡尔曼滤波通过产生系统状态空间的采样点,每个采样点均需要状态方程积分,预测状态空间的概率分布特征。最小二乘法除去条件方程产生、对角法化、对角传送等初等计算外,还需求解与状态向量同维的正规方程组的解。卡尔曼滤波则只需求解一个与状态向量同维的对称矩阵的逆,计算量远远小于最小二乘法,无味卡尔曼滤波计算量略大于其他两种算法。

(2) 线性化"补偿"措施。从两种方法的叙述中可以看出,由于对观测方程的线性化导致一次处理并不能使得最小二乘估计准则达到最小,但有限次迭代且方差控制能够"补偿"线性化的"损失",使得最小二乘估计准则真正达到最小。卡尔曼滤波看似避免了线性化的"损失",但隐藏在初始估计假设之下的苛刻条件,在工程中很难做到,顺序处理并不能"补偿"线性化的"损失"。

(3) 计算机内存要求。如果卡尔曼滤波不要求迭代"补偿"线性化的"损失",则计算机只保留当前一点观测,而最小二乘法因为迭代的原因,却需要保留从观测开始的所有观测,在计算机内存的需求上,最小二乘法远远大于卡尔曼滤波。

(4) 数值计算稳定性。无论是卡尔曼滤波还是最小二乘法,对于弱能观系统的状态估计效果都不理想。但最小二乘法由于对批量数据建立正规方程,对于能观系统只要经过恰当的方差检验和权矩阵更新,数值计算的稳定性是可以保证的。

(5) 发散性。最小二乘法在两次迭代之间出现突然发散的可能性极小,如果出现发散,可能的原因是弱能观性、极差的初始状态估计、强非线性,这些因素也会造成卡尔曼滤波的发散。除此之外,卡尔曼滤波还会因为滤波过程中方差越来越小引起滤波对新观测的敏感性降低而导致发散。因此,形形色色的自适应滤波应运而生,但在实际的工程应用中对误差噪声建模并不是一件简单的事。

(6) 噪声处理。同最小二乘法相比,卡尔曼滤波的独特之处在于状态估计与噪声处理相结合,不但可以防止滤波发散,而且还能够对系统非建模摄动进行可信的方差预测,更重要的是可以降低历史观测对当前状态估计的影响。

(7) 抗"坏"观测的能力。所谓"坏"观测是指明显违背观测统计特征的观测,由于最小二乘法是批处理的,测量数据的统计特征在每次迭代均能更新,因此,对"坏"观测的识别非常容易,而且随着收敛过程的继续,"次坏"观测也被识别,而被抛弃在条件方程之外,这样的持续过程使得最小二乘法抗"坏"观测的能力极强,从这个意义上讲,最小二乘法比卡尔曼滤波更"健壮"、更"稳定"。后者由于顺序处理的缘故,对"坏"观测的处理必须仔细考虑先验方差、过程噪声和测量权值之间的平衡关系。例如,过程噪声 $\boldsymbol{Q}$ 其对角元素过大,可能导致"坏"观测参与状态估计更新,对角元素过小,可能导致"好"观测被剔除状态估计更新过程。

第 5 章　卫星轨道机动运动动力学模型

卫星机动动力学状态变量 $\boldsymbol{X}$ 定义为卫星相对地心惯性系的位置矢量 $\boldsymbol{r}$ 与速度矢量 $\boldsymbol{v}$，根据牛顿动力学方程，卫星机动动力学模型可以表示为

$$\frac{\mathrm{d}\boldsymbol{X}}{\mathrm{d}t}=\begin{bmatrix}\frac{\mathrm{d}\boldsymbol{r}}{\mathrm{d}t}\\ \frac{\mathrm{d}\boldsymbol{v}}{\mathrm{d}t}\end{bmatrix}=\begin{bmatrix}\boldsymbol{v}\\ \boldsymbol{a}\end{bmatrix}=\begin{bmatrix}\boldsymbol{v}\\ \underbrace{\boldsymbol{a}_{\mathrm{c}}}_{\text{中心天球引力}}+\underbrace{\boldsymbol{a}_{\mathrm{E}}+\boldsymbol{a}_{\mathrm{S}}+\boldsymbol{a}_{\mathrm{M}}+\boldsymbol{a}_{\mathrm{SRP}}+\boldsymbol{a}_{\mathrm{DRAG}}+\cdots}_{\text{摄动力模型}}+\underbrace{\boldsymbol{a}_{\mathrm{THRUST}}}_{\text{机动力模型}}+\cdots\end{bmatrix} \tag{5.1}$$

式中：$\boldsymbol{r}=[x,y,z]^{\mathrm{T}}$，$\boldsymbol{v}=[v_x,v_y,v_z]^{\mathrm{T}}$，$r=\|\boldsymbol{r}\|$；$\boldsymbol{a}_{\mathrm{E}}$ 为地球非球形摄动加速度；$\boldsymbol{a}_{\mathrm{S}}$ 为太阳引力摄动加速度；$\boldsymbol{a}_{\mathrm{M}}$ 为月球引力摄动加速度；$\boldsymbol{a}_{\mathrm{SRP}}$ 为太阳光压摄动加速度；$\boldsymbol{a}_{\mathrm{DRAG}}$ 为大气阻力摄动加速度；$\boldsymbol{a}_{\mathrm{THRUST}}$ 为机动控制加速度。

同时，卫星机动动力学状态转移矩阵 $\boldsymbol{\Phi}(t,t_0)=\frac{\partial\boldsymbol{X}}{\partial\boldsymbol{X}_0}$，满足的变分方程如下：

$$\frac{\mathrm{d}}{\mathrm{d}t}(\boldsymbol{\Phi}(t,t_0))=\frac{\mathrm{d}}{\mathrm{d}t}\left(\frac{\partial\boldsymbol{X}}{\partial\boldsymbol{X}_0}\right)=\frac{\partial}{\partial\boldsymbol{X}}\left(\frac{\mathrm{d}\boldsymbol{X}}{\mathrm{d}t}\right)\cdot\frac{\partial\boldsymbol{X}}{\partial\boldsymbol{X}_0}=\frac{\partial}{\partial\boldsymbol{X}}\left(\frac{\mathrm{d}\boldsymbol{X}}{\mathrm{d}t}\right)\cdot\boldsymbol{\Phi}(t,t_0) \tag{5.2}$$

满足的初始条件为

$$\boldsymbol{\Phi}(t_0,t_0)=\frac{\partial X}{\partial X_0}=\boldsymbol{I} \tag{5.3}$$

其中

$$\frac{\partial}{\partial\boldsymbol{X}}\left(\frac{\mathrm{d}\boldsymbol{X}}{\mathrm{d}t}\right)=\begin{bmatrix}\frac{\partial}{\partial\boldsymbol{r}}\left(\frac{\mathrm{d}\boldsymbol{r}}{\mathrm{d}t}\right) & \frac{\partial}{\partial\boldsymbol{v}}\left(\frac{\mathrm{d}\boldsymbol{r}}{\mathrm{d}t}\right)\\ \frac{\partial}{\partial\boldsymbol{r}}\left(\frac{\mathrm{d}\boldsymbol{v}}{\mathrm{d}t}\right) & \frac{\partial}{\partial\boldsymbol{v}}\left(\frac{\mathrm{d}\boldsymbol{v}}{\mathrm{d}t}\right)\end{bmatrix}=\begin{bmatrix}\frac{\partial\boldsymbol{v}}{\partial\boldsymbol{r}} & \frac{\partial\boldsymbol{v}}{\partial\boldsymbol{v}}\\ \frac{\partial\boldsymbol{a}}{\partial\boldsymbol{r}} & \frac{\partial\boldsymbol{a}}{\partial\boldsymbol{v}}\end{bmatrix}=\begin{bmatrix}\boldsymbol{O}_{3\times3} & \boldsymbol{I}_{3\times3}\\ \frac{\partial\boldsymbol{a}}{\partial\boldsymbol{r}} & \frac{\partial\boldsymbol{a}}{\partial\boldsymbol{v}}\end{bmatrix} \tag{5.4}$$

下面几节将叙述式(5.1)中的摄动加速度模型和式(5.4)中的加速度偏导数计算模型。

$$\frac{\partial\boldsymbol{a}}{\partial\boldsymbol{r}}=\frac{\partial\boldsymbol{a}_{\mathrm{c}}}{\partial\boldsymbol{r}}+\frac{\partial\boldsymbol{a}_{\mathrm{E}}}{\partial\boldsymbol{r}}+\frac{\partial\boldsymbol{a}_{\mathrm{S}}}{\partial\boldsymbol{r}}+\frac{\partial\boldsymbol{a}_{\mathrm{M}}}{\partial\boldsymbol{r}}+\frac{\partial\boldsymbol{a}_{\mathrm{SRP}}}{\partial\boldsymbol{r}}+\frac{\partial\boldsymbol{a}_{\mathrm{DRAG}}}{\partial\boldsymbol{r}}+\cdots+\frac{\partial\boldsymbol{a}_{\mathrm{THRUST}}}{\partial\boldsymbol{r}}+\cdots$$

$$\frac{\partial\boldsymbol{a}}{\partial\boldsymbol{v}}=\frac{\partial\boldsymbol{a}_{\mathrm{c}}}{\partial\boldsymbol{v}}+\frac{\partial\boldsymbol{a}_{\mathrm{E}}}{\partial\boldsymbol{v}}+\frac{\partial\boldsymbol{a}_{\mathrm{S}}}{\partial\boldsymbol{v}}+\frac{\partial\boldsymbol{a}_{\mathrm{M}}}{\partial\boldsymbol{v}}+\frac{\partial\boldsymbol{a}_{\mathrm{SRP}}}{\partial\boldsymbol{v}}+\frac{\partial\boldsymbol{a}_{\mathrm{DRAG}}}{\partial\boldsymbol{v}}+\cdots+\frac{\partial\boldsymbol{a}_{\mathrm{THRUST}}}{\partial\boldsymbol{v}}+\cdots$$

5.1 中心天体引力

卫星环绕中心天体运动,中心天体对卫星的引力是“牵引”卫星绕椭圆轨道运行的力量源泉,设中心天体质量为 M ,卫星质量为 m ,引力常数为 G ,中心天体为质量均匀分布的对称球体,在天球质心坐标系中位置为 $\boldsymbol{r}$ 处,卫星受到中心天体的引力加速度和偏导数矩阵为

$$\boldsymbol{a}_c = -\frac{G(M+m)}{r^3}\boldsymbol{r} \tag{5.5}$$

$$\frac{\partial \boldsymbol{a}_c}{\partial \boldsymbol{r}} = -G(M+m)\frac{\partial}{\partial \boldsymbol{r}}\left(\boldsymbol{r}\cdot\frac{1}{r^3}\right) = -G(M+m)\left(\frac{1}{r^3}\boldsymbol{I}_{3\times3} - \frac{3}{r^5}\boldsymbol{r}\,\boldsymbol{r}^{\mathrm{T}}\right) =$$

$$\frac{G(M+m)}{r^5}\begin{bmatrix} 3x^2-r^2 & 3xy & 3xz \\ 3yx & 3y^2-r^2 & 3yz \\ 3zx & 3zy & 3z^2-r^2 \end{bmatrix} \tag{5.6}$$

$$\frac{\partial \boldsymbol{a}_c}{\partial \boldsymbol{v}} = -G(M+m)\frac{\partial}{\partial \boldsymbol{v}}\left(\boldsymbol{r}\cdot\frac{1}{r^3}\right) = \boldsymbol{O}_{3\times3} \tag{5.7}$$

中心引力加速度与卫星质量有关,但卫星质量相比天体质量微乎其微,因此,中心引力加速度计算中只考虑天体质量, $G(M+m) = GM$ 。

5.2 摄动运动动力学模型

5.2.1 地球非球形摄动

除中心天体引力加速度外,天体质量分布的非对称性和不均匀性对卫星的额外引力称为非球形摄动加速度,一般通过球谐函数展开,以地球非球形摄动计算为例,地球引力场模型可以表示为通常的计算模型:

$$U = \frac{\mu_{\mathrm{E}}}{r}\left\{1 + \sum_{n=2}^{\infty}\sum_{m=0}^{n}\left(\frac{R_E}{r}\right)^n P_{nm}\cdot\sin\phi\cdot\left[C_{nm}\cos(m\lambda) + S_{nm}\sin(m\lambda)\right]\right\} \tag{5.8}$$

式中: $\mu_{\mathrm{E}} = GM$ 是地球引力常数; R_E 是地球赤道半径; λ、ϕ 分别为地理经度和地心纬度; C_{nm}、S_{nm} 为地球引力场系数; $P_{nm}[u]$ 为缔合勒让德多项式,满足下列微分方程:

$$P_{nm}[u] = \frac{1}{2^n n!}(1-u^2)^{\frac{m}{2}}\frac{\mathrm{d}^{n+m}}{\mathrm{d}u^{n+m}}(u^2-1)^n \tag{5.9}$$

当 $m=0$ 时,引力场系数 $C_{n0}\neq0$,$S_{n0}=0$ 称为带谐项系数,相应的缔合勒让德多项式满足下列递推公式:

$$P_{n,0}(\sin\phi) = \frac{1}{n}\{(2n-1)\sin\phi P_{n-1,0}(\sin\phi) - (n-1)P_{n-2,0}(\sin\phi)\} \tag{5.10}$$

当 $m < n$ 时,引力场系数 $C_{nm} \neq 0, S_{nm} \neq 0$ 称为田谐项系数,相应的缔合勒让德多项式满足下列递推公式:

$$P_{n,m}(\sin\phi) = \frac{1}{n-m}\{(2n-1)\sin\phi P_{n-1,m}(\sin\phi) - (n+m-1)P_{n-2,m}(\sin\phi)\} \tag{5.11}$$

当 $m = n$ 时,引力场系数 $C_{nn} \neq 0, S_{nn} \neq 0$ 称为扇谐项系数,相应的缔合勒让德多项式满足下列递推公式:

$$P_{n,n}(\sin\phi) = (2n-1)\cos\phi P_{n-1,n-1}(\sin\phi) \tag{5.12}$$

递推初值为

$$P_{0,0}(\sin\phi) = 1$$
$$P_{1,0}(\sin\phi) = \sin\phi$$
$$P_{1,1}(\sin\phi) = \cos\phi$$

定义:

$$V_{n,m} = \left(\frac{R_{\mathrm{E}}}{r}\right)^{n+1} P_{n,m}(\sin\phi) \cdot \cos(m\lambda) \tag{5.13}$$

$$W_{n,m} = \left(\frac{R_{\mathrm{E}}}{r}\right)^{n+1} P_{n,m}(\sin\phi) \cdot \sin(m\lambda) \tag{5.14}$$

则地球引力势函数可以表示为

$$U = \left(\frac{\mu_{\mathrm{E}}}{R_{\mathrm{E}}}\right) \cdot \sum_{n=0}^{\infty}\sum_{m=0}^{n}(C_{nm} \cdot V_{nm} + S_{nm} \cdot W_{nm}) \tag{5.15}$$

作用在卫星上的引力加速度在国际地球参考坐标(ECF)中为

$$\boldsymbol{a}_{\mathrm{E}}^{\mathrm{WGS}} = \begin{pmatrix} \dfrac{\mathrm{d}^2 x}{\mathrm{d}t^2} \\ \dfrac{\mathrm{d}^2 y}{\mathrm{d}t^2} \\ \dfrac{\mathrm{d}^2 z}{\mathrm{d}t^2} \end{pmatrix} = \begin{pmatrix} \dfrac{\partial U}{\partial x} \\ \dfrac{\partial U}{\partial y} \\ \dfrac{\partial U}{\partial z} \end{pmatrix} = \left(\frac{\mu_E}{R_E}\right) \begin{pmatrix} \sum\limits_{n=0}^{\infty}\sum\limits_{m=0}^{n}\left(C_{nm}\dfrac{\partial V_{nm}}{\partial x} + S_{nm}\dfrac{\partial W_{nm}}{\partial x}\right) \\ \sum\limits_{n=0}^{\infty}\sum\limits_{m=0}^{n}\left(C_{nm}\dfrac{\partial V_{nm}}{\partial y} + S_{nm}\dfrac{\partial W_{nm}}{\partial y}\right) \\ \sum\limits_{n=0}^{\infty}\sum\limits_{m=0}^{n}\left(C_{nm}\dfrac{\partial V_{nm}}{\partial z} + S_{nm}\dfrac{\partial W_{nm}}{\partial z}\right) \end{pmatrix} \tag{5.16}$$

1. 引力场模型系数归一化

设非归一化地球引力场模型系数分别为 $C_{n,m}$ 和 $S_{n,m}(n \geq m)$,则归一化地球引力场模型系数分别为

$$\bar{C}_{n,m} = \prod\nolimits_{n,m} \cdot C_{n,m}$$
$$\bar{S}_{n,m} = \prod\nolimits_{n,m} \cdot S_{n,m}$$

其中

$$\prod_{n,m}=\begin{cases}\sqrt{\dfrac{1}{2n+1}} & m=0\\ \sqrt{\dfrac{(n-m+1)\cdot\cdots\cdot(n+m)}{2(2n+1)}} & m\neq 0\end{cases}$$

表 5.1 所列为 JGM－3(3×3)归一化地球引力场模型系数。

表 5.1　JGM－3(3×3)归一化地球引力场模型系数

阶次	归一化模型		归一化系数	非归一化模型	
n,m	$\bar{C}_{n,m}$	$\bar{S}_{n,m}$	$\prod_{n,m}$	$C_{n,m}$	$S_{n,m}$
0,0	1.0	0.0	1	1.0	0.0
1,0	0.0	0.0	$\sqrt{1/3}$	0.0	0.0
1,1	0.0	0.0	$\sqrt{1/3}$	0.0	0.0
2,0	-4.84165368×10^{-4}	0.0	$\sqrt{1/5}$	$-1.082626675\times10^{-3}$	0.0
2,1	-1.87×10^{-10}	1.195×10^{-9}	$\sqrt{3/5}$	-2.4142×10^{-10}	1.5427×10^{-9}
2,2	2.43926×10^{-6}	-1.400266×10^{-6}	$\sqrt{12/5}$	1.574536×10^{-6}	-9.03867×10^{-7}
3,0	9.57171×10^{-7}	0.0	$\sqrt{1/7}$	2.532436×10^{-6}	0.0
3,1	2.030137×10^{-6}	2.48131×10^{-7}	$\sqrt{6/7}$	2.192798×10^{-6}	2.680121×10^{-7}
3,2	9.04706×10^{-7}	-6.18923×10^{-7}	$\sqrt{60/7}$	3.09016×10^{-7}	-2.114025×10^{-7}
3,3	7.21145×10^{-7}	1.414204×10^{-6}	$\sqrt{360/7}$	1.005589×10^{-7}	1.972013×10^{-7}

2. 引力场模型数据结构

为便于引力场模型的数值计算，考虑到带谐项系数中 $S_{n,0}\equiv0,(0\leqslant n\leqslant n_{\max})$，$n$ 阶 n 次引力场系数可由下面定义的 $(n+1)$ 行、$(n+1)$ 列矩阵数据结构定义：

$$\boldsymbol{CS}(n\times n)=\begin{bmatrix}C_{00} & S_{11} & S_{21} & S_{31} & \cdots & S_{n,1}\\ C_{10} & S_{11} & S_{22} & S_{32} & \cdots & S_{n,2}\\ C_{20} & S_{21} & S_{22} & S_{33} & \cdots & S_{n,3}\\ C_{30} & S_{31} & S_{32} & S_{33} & \cdots & \vdots\\ \vdots & \vdots & \vdots & \vdots & \vdots & S_{n,n}\\ C_{n,0} & S_{n,1} & S_{n,2} & S_{n,3} & \cdots & S_{n,n}\end{bmatrix}$$

式中：矩阵数据结构 $\boldsymbol{CS}(nn)$ 中行定义引力场阶数，列定义引力场次数，矩阵行列满足 $0\leqslant m\leqslant n\leqslant N_{\max}$。扇谐项系数 $C_{i,i}(i=0,1,2,\cdots,n)$ 位于矩阵对角线，

矩阵下三角阵定义非扇谐项系数 $C_{i,j}=CS(i,j)$,$(i,j=0,1,2,\cdots,n)$,矩阵上三角阵定义引力场系数 $S_{i,j}=\boldsymbol{CS}(j-1,i)(i=0,1,\cdots,n;j=1,2,\cdots,n)$。

JGM－3 地球引力场系数矩阵 $\boldsymbol{CS}(6\times6)$ 见表 5.2。

表 5.2 JGM－3 地球引力场系数矩阵 $\boldsymbol{CS}(6\times6)$

1.00000 E+00	0.00000 E+00	1.543100 E-09	2.680119 E-07	-4.494599 E-07	-8.066346 E-08	2.116466 E-08
0.00000 E+00	0.00000 E+00	-9.038681 E-07	-2.114024 E-07	1.481555 E-07	-5.232672 E-08	-4.650395 E-08
-1.082627 E-03	-2.414000 E-10	1.574536 E-06	1.972013 E-07	-1.201129 E-08	-7.100877 E-09	1.843134 E-10
2.532435 E-06	2.192799 E-06	3.090160 E-07	1.005589 E-07	6.525606 E-09	3.873005 E-10	-1.784491 E-09
1.619331 E-06	-5.087253 E-07	7.841223 E-08	5.921574 E-08	-3.982396 E-09	-1.648204 E-09	-4.329182 E-10
2.277161 E-07	-5.371651 E-08	1.055905 E-07	-1.492615 E-08	-2.297912 E-09	4.304768 E-10	-5.527712 E-11
-5.396485 E-07	-5.987798 E-08	6.012099 E-09	1.182266 E-09	-3.264139 E-10	-2.155771 E-10	2.213693 E-12

3. 加速度计算

设卫星 T 时刻在地心惯性系的位置为 $\boldsymbol{r}_{\mathrm{ECI}}$,则卫星在地心惯性坐标系非球形摄动加速计算公式为

1）计算卫星在地球参考坐标系的位置矢量

$$\boldsymbol{r}_{\mathrm{WGS}}=\boldsymbol{\Pi}(T)\cdot\boldsymbol{\Theta}(T)\cdot N(T)\cdot P(T)\cdot\boldsymbol{r}_{\mathrm{ECI}}\tag{5.17}$$

2）非球形摄动加速度计算

由 Cunningham(1970),在国际地球参考坐标中,作用在卫星的引力加速度可以直接由 V_{nm} 和 W_{nm} 递推计算:

$$\frac{\mathrm{d}x^2}{\mathrm{d}t^2}=\sum_{n=0}^{\infty}\sum_{m=0}^{n}\ddot{x}_{nm},\frac{\mathrm{d}y^2}{\mathrm{d}t^2}=\sum_{n=0}^{\infty}\sum_{m=0}^{n}\ddot{y}_{nm},\frac{\mathrm{d}z^2}{\mathrm{d}t^2}=\sum_{n=0}^{\infty}\sum_{m=0}^{n}\ddot{z}_{nm}\tag{5.18}$$

其中

$$\ddot{x}_{nm}=\begin{cases}\left(\dfrac{\mu_{\mathrm{E}}}{R_{\mathrm{E}}^2}\right)\cdot\{-C_{n0}V_{n+1,1}\},m=0\\[2ex]\left(\dfrac{\mu_{\mathrm{E}}}{R_{\mathrm{E}}^2}\right)\cdot\dfrac{1}{2}\cdot\left\{\begin{aligned}&(-C_{nm}V_{n+1,m+1}-S_{nm}W_{n+1,m+1})\\&+\frac{(n-m-2)!}{(n-m)!}(+C_{nm}V_{n+1,m-1}+S_{nm}W_{n+1,m-1})\end{aligned}\right\},m\neq0\end{cases}\tag{5.19}$$

$$\ddot{y}_{nm} = \begin{cases} \left(\dfrac{\mu_{\mathrm{E}}}{R_{\mathrm{E}}^2}\right)\cdot\{-C_{n0}W_{n+1,1}\}, m = 0 \\ \left(\dfrac{\mu_{\mathrm{E}}}{R_{\mathrm{E}}^2}\right)\cdot\dfrac{1}{2}\cdot\begin{Bmatrix} (-C_{nm}W_{n+1,m+1} + S_{nm}V_{n+1,m+1}) \\ +\dfrac{(n-m-2)!}{(n-m)!}(-C_{nm}W_{n+1,m-1} + S_{nm}V_{n+1,m-1}) \end{Bmatrix}, m \neq 0 \end{cases} \tag{5.20}$$

$$\ddot{z}_{nm} = \left(\frac{\mu_{\mathrm{E}}}{R_{\mathrm{E}}^2}\right)\cdot\{(n-m+1)\cdot(-C_{nm}V_{n+1,m} - S_{nm}W_{n+1,m})\} \tag{5.21}$$

V_{nm} 和 W_{nm} 满足下列递推公式：

$$\begin{gathered} V_{00} = \left(\frac{R_{\mathrm{E}}}{r}\right), V_{10} = \left(\frac{R_{\mathrm{E}}}{r}\right)^2\left(\frac{z}{r}\right) \\ W_{n0} = 0, \qquad n = 0,1,2,\cdots,\infty \end{gathered} \tag{5.22}$$

$$\begin{aligned} V_{nn} &= \left(\frac{R_{\mathrm{E}}}{r}\right)^{n+1} P_{n,n}(\sin\phi)\cdot\cos(n\lambda) = \\ &\left(\frac{R_{\mathrm{E}}}{r}\right)^{n+1}[(2n-1)\cos\phi P_{n-1,n-1}(\sin\phi)]\cdot\cos(n\lambda) = \\ &(2n-1)\begin{Bmatrix} +\cos\phi\cos\lambda\left(\dfrac{R_{\mathrm{E}}}{r}\right)\left(\dfrac{R_{\mathrm{E}}}{r}\right)^n P_{n-1,n-1}(\sin\phi)\cos((n-1)\lambda) \\ -\cos\phi\sin\lambda\left(\dfrac{R_{\mathrm{E}}}{r}\right)\left(\dfrac{R_{\mathrm{E}}}{r}\right)^n P_{n-1,n-1}(\sin\phi)\sin((n-1)\lambda) \end{Bmatrix} = \\ &(2n-1)\left\{\frac{xR_{\mathrm{E}}}{r^2}V_{n-1,n-1} - \frac{yR_{\mathrm{E}}}{r^2}W_{n-1,n-1}\right\} \end{aligned} \tag{5.23}$$

$$\begin{aligned} W_{nn} &= \left(\frac{R_{\mathrm{E}}}{r}\right)^{n+1} P_{n,n}(\sin\phi)\cdot\sin(n\lambda) = \\ &\left(\frac{R_{\mathrm{E}}}{r}\right)^{n+1}[(2n-1)\cos\phi P_{n-1,n-1}(\sin\phi)]\cdot\sin(n\lambda) = \\ &(2n-1)\begin{Bmatrix} +\cos\phi\cos\lambda\left(\dfrac{R_{\mathrm{E}}}{r}\right)\left(\dfrac{R_{\mathrm{E}}}{r}\right)^n P_{n-1,n-1}(\sin\phi)\sin((n-1)\lambda) \\ +\cos\phi\sin\lambda\left(\dfrac{R_{\mathrm{E}}}{r}\right)\left(\dfrac{R_{\mathrm{E}}}{r}\right)^n P_{n-1,n-1}(\sin\phi)\cos((n-1)\lambda) \end{Bmatrix} = \\ &(2n-1)\left\{\frac{xR_{\mathrm{E}}}{r^2}W_{n-1,n-1} + \frac{yR_{\mathrm{E}}}{r^2}V_{n-1,n-1}\right\} \end{aligned} \tag{5.24}$$

$$
\begin{aligned}
V_{nm} &= \left(\frac{R_E}{r}\right)^{n+1} P_{nm}(\sin\phi)\cos(m\lambda) = \\
&\left(\frac{R_E}{r}\right)^{n+1}\left\{\left(\frac{2n-1}{n-m}\right)\sin\phi P_{n-1,m}(\sin\phi)\cdot\cos(m\lambda) - \frac{n+m-1}{n-m}\cdot P_{n-2,m}(\sin\phi)\cdot\cos(m\lambda)\right\} = \\
&\left(\frac{2n-1}{n-m}\right)\left(\frac{z}{r}\right)\left(\frac{R_E}{r}\right)\left(\frac{R_E}{r}\right)^{n} P_{n-1,m}(\sin\phi)\cdot\cos(m\lambda) - \frac{n+m-1}{n-m}\left(\frac{R_E}{r}\right)^{2}\left(\frac{R_E}{r}\right)^{n-2}\cdot \\
&P_{n-2,m}(\sin\phi)\cdot\cos(m\lambda) = \left(\frac{2n-1}{n-m}\right)\left(\frac{z}{r}\right)\left(\frac{R_E}{r}\right)V_{n-1,m} - \left(\frac{n+m-1}{n-m}\right)\left(\frac{R_E}{r}\right)^{2}V_{n-2,m}
\end{aligned}
\tag{5.25}
$$

$$
\begin{aligned}
W_{nm} &= \left(\frac{R_E}{r}\right)^{n+1} P_{nm}(\sin\phi)\sin(m\lambda) = \\
&\left(\frac{R_E}{r}\right)^{n+1}\left[\left(\frac{2n-1}{n-m}\right)\sin\phi P_{n-1,m}(\sin\phi)\cdot\sin(m\lambda) - \left(\frac{n+m-1}{n-m}\right)P_{n-2,m}(\sin\phi)\cdot\sin(m\lambda)\right] = \\
&\left(\frac{2n-1}{n-m}\right)\left(\frac{z}{r}\right)\left(\frac{R_E}{r}\right)\left(\frac{R_E}{r}\right)^{n} P_{n-1,m}(\sin\phi)\cdot\sin(m\lambda) - \left(\frac{n+m-1}{n-m}\right)\cdot \\
&\left(\frac{R_E}{r}\right)^{2}\left(\frac{R_E}{r}\right)^{n-2} P_{n-2,m}(\sin\phi)\cdot\sin(m\lambda) = \\
&\left(\frac{2n-1}{n-m}\right)\left(\frac{z}{r}\right)\left(\frac{R_E}{r}\right)W_{n-1,m} - \left(\frac{n+m-1}{n-m}\right)\left(\frac{R_E}{r}\right)^{2}W_{n-2,m}
\end{aligned}
\tag{5.26}
$$

3）球谐函数递推计算

对 V_{nm} 和 $W_{nm}(0 \leqslant m \leqslant n \leqslant n_{\max})$ 递推计算过程，按下列计算过程：

（1）初始化。

$$
\begin{cases}
V_{00} = \left(\dfrac{R_E}{r}\right)\cdot P_{00}(\sin\phi) = \dfrac{R_E}{r} \\
V_{10} = \left(\dfrac{R_E}{r}\right)^{2}\cdot P_{10}(\sin\phi) = \left(\dfrac{R_E}{r}\right)^{2}\left(\dfrac{z}{r}\right)
\end{cases}
\tag{5.27}
$$

$$W_{n0} = 0,(0 \leqslant n \leqslant n_{\max})$$

（2）递推过程。递推过程如图 5.1 所示。

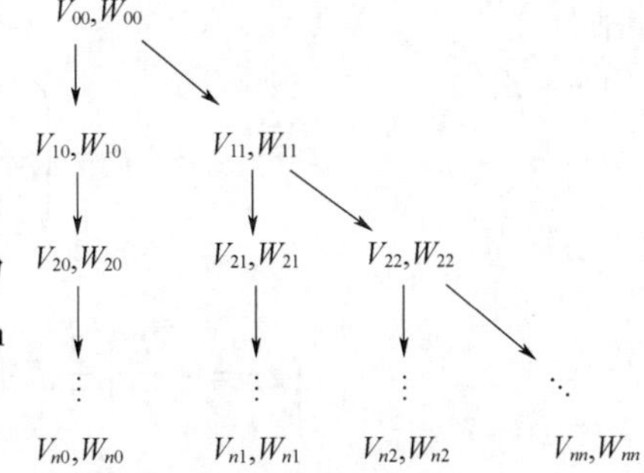

图 5.1　引力势函数递推计算过程

4）计算在地心惯性系的加速度

$$\boldsymbol{a}_E = (\boldsymbol{M}_{WGS}^{ECI}(T))^{T}\boldsymbol{a}_E^{WGS} \tag{5.28}$$

例 5.1　以 EGM－3 引力场模型为例，假设卫星在历元时刻（北京时）：Epoch Time：2005/9/3/12：00：0.00，位置为

$$\boldsymbol{r}_{ECI} = (6525.919\text{km}, 1710.416\text{km}, 2508.886\text{km})^{T}$$

中心引力加速度为

$$\boldsymbol{a}_c = \begin{bmatrix} -6.975713 \\ -1.828305 \\ -2.681809 \end{bmatrix} (\text{m/s}^2)$$

考虑(2×2)阶引力场：

$$\boldsymbol{a}_{2\times 2} = \begin{bmatrix} -6.979263 \\ -1.829207 \\ -2.690040 \end{bmatrix} (\text{m/s}^2)$$

考虑(10×10)阶引力场：

$$\boldsymbol{a}_{10\times 10} = \begin{bmatrix} -6.979276 \\ -1.829157 \\ -2.689982 \end{bmatrix} (\text{m/s}^2)$$

4. 偏导数计算

由于引力场模型定义在国际地球参考坐标系，而动力学摄动加速度模型建立在地心惯性系，设地心惯性系到国际地球参考坐标系的转移矩阵为 $\boldsymbol{M}_{\text{WGS}}^{\text{ECI}}(T)$，对式(5.28)关于地心惯性系位置矢量 $\boldsymbol{r}$ 和速度矢量 $\boldsymbol{v}$ 的偏导数矩阵为

$$\frac{\partial \boldsymbol{a}_{\text{E}}}{\partial \boldsymbol{r}} = \frac{\partial \boldsymbol{a}_{\text{E}}}{\partial \boldsymbol{r}_{\text{WGS}}} \cdot \frac{\partial \boldsymbol{r}_{\text{WGS}}}{\partial \boldsymbol{r}} = (\boldsymbol{M}_{\text{WGS}}^{\text{ECI}})^{\text{T}} \cdot \left(\frac{\partial \boldsymbol{a}_{\text{E}}^{\text{WGS}}}{\partial \boldsymbol{r}_{\text{WGS}}}\right) \cdot \boldsymbol{M}_{\text{WGS}}^{\text{ECI}} \tag{5.29}$$

$$\frac{\partial \boldsymbol{a}_{\text{E}}}{\partial \boldsymbol{v}} = \boldsymbol{O}_{3\times 3} \tag{5.30}$$

关于 $\left(\frac{\partial \boldsymbol{a}_{\text{E}}^{\text{WGS}}}{\partial \boldsymbol{r}_{\text{WGS}}}\right)$ 的详细递推计算公式见 Cunningham(1970)。本书中的算法采用忽略高阶摄动项的解析方法和考虑高阶摄动项的数值微分法。

1) 忽略高阶摄动项的解析方法

仅考虑地球扁状 J2 项，地球非球形摄动加速度在地心惯性系中可以表示为

$$\boldsymbol{a}_{\text{E}} = -\frac{\mu}{r^3}\left(\frac{3}{2}J_2\left(\frac{R_{\text{E}}}{r}\right)^2\left(1-5\left(\frac{z}{r}\right)^2\right)\right)\cdot \boldsymbol{r} + \left(-2\frac{\mu}{r^2}\frac{3}{2}J_2\left(\frac{R_{\text{E}}}{r}\right)^2\left(\frac{z}{r}\right)\right)\cdot \boldsymbol{\omega} \tag{5.31}$$

其中

$$\boldsymbol{r} = \begin{pmatrix} x \\ y \\ z \end{pmatrix}, \boldsymbol{\omega} = \begin{pmatrix} 0 \\ 0 \\ 1 \end{pmatrix}$$

令

$$\begin{cases} g_r = -\dfrac{\mu}{r^3}\left[\dfrac{3}{2}J_2\left(\dfrac{R_{\text{E}}}{r}\right)^2\left(1-5\left(\dfrac{z}{r}\right)^2\right)\right] \\ g_w = -2\dfrac{\mu}{r^2}\dfrac{3}{2}J_2\left(\dfrac{R_{\text{E}}}{r}\right)^2\left(\dfrac{z}{r}\right) \end{cases} \tag{5.32}$$

则

$$\frac{\partial \boldsymbol{a}_{\mathrm{E}}}{\partial \boldsymbol{r}} = \frac{\partial}{\partial \boldsymbol{r}}(g_r \cdot \boldsymbol{r} + g_\omega \cdot \boldsymbol{\omega}) = \boldsymbol{r}\frac{\partial g_r}{\partial \boldsymbol{r}} + g_r \cdot \boldsymbol{I}_{3\times 3} + \boldsymbol{\omega} \cdot \frac{\partial g_\omega}{\partial \boldsymbol{r}} \tag{5.33}$$

式中：$\frac{\partial g_r}{\partial \boldsymbol{r}} = \left(\frac{\partial g_r}{\partial x}, \frac{\partial g_r}{\partial y}, \frac{\partial g_r}{\partial z}\right)$，其中

$$\begin{cases} \dfrac{\partial g_r}{\partial x} = \dfrac{3\mu x}{r^5}\left[\dfrac{5}{2}J_2\left(\dfrac{R_{\mathrm{E}}}{r}\right)^2\left(1 - 7\left(\dfrac{z}{r}\right)^2\right)\right] \\ \dfrac{\partial g_r}{\partial y} = \dfrac{3\mu y}{r^5}\left[\dfrac{5}{2}J_2\left(\dfrac{R_{\mathrm{E}}}{r}\right)^2\left(1 - 7\left(\dfrac{z}{r}\right)^2\right)\right] \\ \dfrac{\partial g_r}{\partial z} = \dfrac{3\mu z}{r^5}\left[\dfrac{5}{2}J_2\left(\dfrac{R_{\mathrm{E}}}{r}\right)^2\left(3 - 7\left(\dfrac{z}{r}\right)^2\right)\right] \end{cases} \tag{5.34}$$

$$\frac{\partial g_w}{\partial \boldsymbol{r}} = \left(\frac{\partial g_w}{\partial x}, \frac{\partial g_w}{\partial y}, \frac{\partial g_w}{\partial z}\right)$$

其中

$$\begin{cases} \dfrac{\partial g_w}{\partial x} = 15\mu J_2\left(\dfrac{R_{\mathrm{E}}}{r}\right)^2 \dfrac{zx}{r^5} \\ \dfrac{\partial g_w}{\partial y} = 15\mu J_2\left(\dfrac{R_{\mathrm{E}}}{r}\right)^2 \dfrac{zy}{r^5} \\ \dfrac{\partial g_w}{\partial z} = 15\mu J_2\left(\dfrac{R_{\mathrm{E}}}{r}\right)^2 \dfrac{z^2}{r^5} - 3\mu J_2\left(\dfrac{R_{\mathrm{E}}}{r}\right)^2 \dfrac{1}{r^3} \end{cases} \tag{5.35}$$

2）考虑高阶摄动项的数值微分法

注意到地球非球形摄动加速度连续可导，且存在下列关系：

$$\frac{\partial \boldsymbol{a}_{\mathrm{E}}}{\partial \boldsymbol{r}} = \left(\frac{\partial \boldsymbol{a}_{\mathrm{E}}}{\partial x}, \quad \frac{\partial \boldsymbol{a}_{\mathrm{E}}}{\partial y}, \quad \frac{\partial \boldsymbol{a}_{\mathrm{E}}}{\partial z}\right) \tag{5.36}$$

则在惯性坐标系中位置 $\boldsymbol{r}$ 处，地球非球形摄动加速度对位置的偏导数矩阵由下列数值微分算法求得

$$\begin{cases} \dfrac{\partial \boldsymbol{a}_{\mathrm{E}}}{\partial x} \cong \dfrac{\delta \boldsymbol{a}_{\mathrm{E}}}{\delta x} = \dfrac{1}{\delta x}\left(\boldsymbol{a}_{\mathrm{E}}\left(r + \dfrac{\delta x}{2}\boldsymbol{e}_1\right) - \boldsymbol{a}_{\mathrm{E}}\left(r - \dfrac{\delta x}{2}\boldsymbol{e}_1\right)\right) \\ \dfrac{\partial \boldsymbol{a}_{\mathrm{E}}}{\partial y} \cong \dfrac{\delta \boldsymbol{a}_{\mathrm{E}}}{\delta y} = \dfrac{1}{\delta y}\left(\boldsymbol{a}_{\mathrm{E}}\left(r + \dfrac{\delta y}{2}\boldsymbol{e}_2\right) - \boldsymbol{a}_{\mathrm{E}}\left(r - \dfrac{\delta y}{2}\boldsymbol{e}_2\right)\right) \\ \dfrac{\partial \boldsymbol{a}_{\mathrm{E}}}{\partial z} \cong \dfrac{\delta \boldsymbol{a}_{\mathrm{E}}}{\delta z} = \dfrac{1}{\delta z}\left(\boldsymbol{a}_{\mathrm{E}}\left(r + \dfrac{\delta z}{2}\boldsymbol{e}_3\right) - \boldsymbol{a}_{\mathrm{E}}\left(r - \dfrac{\delta z}{2}\boldsymbol{e}_3\right)\right) \end{cases} \tag{5.37}$$

例 5.2 以 EGM－3 引力场模型为例，假设卫星在历元时刻（北京时）：Epoch Time：2005/9/3/12：00：0.00（UTC），位置为

$$\boldsymbol{r}_{\mathrm{ECI}} = (6525.919\mathrm{km}, \quad 1710.416\mathrm{km}, \quad 2508.886\mathrm{km})^{\mathrm{T}}$$

（1）仅考虑地球中心引力（解析法式（5.6））。

$$\frac{\partial \boldsymbol{a}_c}{\partial \boldsymbol{r}} = 10^{-6} \cdot \begin{bmatrix} 1.56670 & 0.690575 & 0.1012954 \\ 0.690575 & -0.88755 & 0.26545 \\ 0.1012954 & 0.26545 & -0.67915 \end{bmatrix}$$

（2）考虑 J2 项摄动加速度（解析法式（5.33））。

$$\frac{\partial \boldsymbol{a}_c}{\partial \boldsymbol{r}} + \frac{\partial \boldsymbol{a}_E}{\partial \boldsymbol{r}} = 10^{-6} \cdot \begin{bmatrix} 1.56697 & 0.690778 & 0.101755 \\ 0.690778 & -0.888004 & 0.266654 \\ 0.101755 & 0.266654 & -0.678973 \end{bmatrix}$$

（3）考虑引力场 10×10 阶次摄动加速度（数值法式（5.37），取 $\delta x = \delta y = \delta z = 1$（m）。

$$\frac{\partial \boldsymbol{a}_c}{\partial \boldsymbol{r}} + \frac{\partial \boldsymbol{a}_E}{\partial \boldsymbol{r}} = 10^{-6} \cdot \begin{bmatrix} 1.56698 & 0.690782 & 0.101747 \\ 0.69078 & -0.88795 & 0.266626 \\ 0.101747 & 0.266626 & -0.679042 \end{bmatrix}$$

上面例子说明，对于绕地卫星的一般精度轨道确定和运动状态转移矩阵求解问题，地球引力场摄动加速度对位置的偏导数计算，可以采用只考虑忽略高阶摄动项的解析方法，如考虑 J2，或采用考虑高阶摄动项的数值微分法。

5.2.2 三体引力摄动

1. 加速度计算

设太阳和月球在地心惯性系的位置矢量分别记为 $\boldsymbol{r}_S$、$\boldsymbol{r}_M$，仅考虑中心引力，则卫星在位置 $\boldsymbol{r}$ 处，太阳引力摄动加速度 $\boldsymbol{a}_S$ 和月球引力摄动加速度 $\boldsymbol{a}_M$ 可以表示为

$$\boldsymbol{a}_S = -\mu_S\left(\frac{\boldsymbol{r}-\boldsymbol{r}_S}{\|\boldsymbol{r}-\boldsymbol{r}_S\|^3} - \frac{\boldsymbol{r}_S}{\|\boldsymbol{r}_S\|^3}\right) \tag{5.38}$$

$$\boldsymbol{a}_M = -\mu_M\left(\frac{\boldsymbol{r}-\boldsymbol{r}_M}{\|\boldsymbol{r}-\boldsymbol{r}_M\|^3} - \frac{\boldsymbol{r}_M}{\|\boldsymbol{r}_M\|^3}\right) \tag{5.39}$$

式中：μ_S、μ_M 分别为太阳和月球引力常数。

2. 偏导数计算

偏导数矩阵为

$$\frac{\partial \boldsymbol{a}_S}{\partial \boldsymbol{r}} = \frac{\partial}{\partial \boldsymbol{r}}\left[-\mu_S\left(\frac{\boldsymbol{r}-\boldsymbol{r}_S}{\|\boldsymbol{r}-\boldsymbol{r}_S\|^3} - \frac{\boldsymbol{r}_S}{\|\boldsymbol{r}_S\|^3}\right)\right] =$$

$$\frac{\mu_S}{\|\boldsymbol{r}-\boldsymbol{r}_S\|^5}(3(\boldsymbol{r}-\boldsymbol{r}_S)\cdot(\boldsymbol{r}-\boldsymbol{r}_S)^{\mathrm{T}} + \|\boldsymbol{r}-\boldsymbol{r}_S\|^2 \cdot \boldsymbol{I}_{3\times3}) \tag{5.40}$$

$$\frac{\partial \boldsymbol{a}_{\mathrm{M}}}{\partial \boldsymbol{r}}=\frac{\partial}{\partial \boldsymbol{r}}\left[-\mu_{\mathrm{M}}\left(\frac{\boldsymbol{r}-\boldsymbol{r}_{\mathrm{M}}}{\|\boldsymbol{r}-\boldsymbol{r}_{\mathrm{M}}\|^{3}}-\frac{\boldsymbol{r}_{\mathrm{M}}}{\|\boldsymbol{r}_{\mathrm{M}}\|^{3}}\right)\right]=$$

$$\frac{\mu_{\mathrm{M}}}{\|\boldsymbol{r}-\boldsymbol{r}_{\mathrm{M}}\|^{5}}(3(\boldsymbol{r}-\boldsymbol{r}_{\mathrm{M}})\cdot(\boldsymbol{r}-\boldsymbol{r}_{\mathrm{M}})^{\mathrm{T}}+\|\boldsymbol{r}-\boldsymbol{r}_{\mathrm{M}}\|^{2}\cdot\boldsymbol{I}_{3\times3}) \tag{5.41}$$

$$\frac{\partial \boldsymbol{a}_{\mathrm{S}}}{\partial \boldsymbol{v}}=\frac{\partial}{\partial \boldsymbol{v}}\left[-\mu_{\mathrm{S}}\left(\frac{\boldsymbol{r}-\boldsymbol{r}_{\mathrm{S}}}{\|\boldsymbol{r}-\boldsymbol{r}_{\mathrm{S}}\|^{3}}-\frac{\boldsymbol{r}_{\mathrm{S}}}{\|\boldsymbol{r}_{\mathrm{S}}\|^{3}}\right)\right]=\boldsymbol{O}_{3\times3} \tag{5.42}$$

$$\frac{\partial \boldsymbol{a}_{\mathrm{M}}}{\partial \boldsymbol{v}}=\frac{\partial}{\partial \boldsymbol{v}}\left[-\mu_{\mathrm{M}}\left(\frac{\boldsymbol{r}-\boldsymbol{r}_{\mathrm{M}}}{\|\boldsymbol{r}-\boldsymbol{r}_{\mathrm{M}}\|^{3}}-\frac{\boldsymbol{r}_{\mathrm{M}}}{\|\boldsymbol{r}_{\mathrm{M}}\|^{3}}\right)\right]=\boldsymbol{O}_{3\times3} \tag{5.43}$$

5.2.3 太阳光压摄动

太阳光辐射压对任意轨道卫星表现为一种惯性定向的压力，对轨道偏心率产生摄动运动，一般情况下，卫星太阳能帆板正对太阳视线方向，因此，对中低精度轨道问题，可以采用相对简化的模型计算太阳光压加速度和偏导数。

1. 加速度计算

设卫星和太阳在地心惯性系的位置分别为 $\boldsymbol{r}$ 和 $\boldsymbol{r}_{\mathrm{S}}$，太阳光压摄动加速度 $\boldsymbol{a}_{\mathrm{SRP}}$ 的简化计算公式为

$$\boldsymbol{a}_{\mathrm{SRP}}=C_{\mathrm{R}}\left(\frac{S}{M}\right)P_{\Theta}AU^{2}\frac{\boldsymbol{r}-\boldsymbol{r}_{\mathrm{S}}}{\|\boldsymbol{r}-\boldsymbol{r}_{\mathrm{S}}\|^{3}} \tag{5.44}$$

式中：C_{R} 为光压系数，无量纲参数与材料有关；$\frac{S}{M}$ 为照射面积与卫星质量比（m^2/kg）；$P_{\Theta}=4.56\times10^{-6}\mathrm{N/m^2}$，太阳辐射常数（参见 IERS96）；$AU=1.4959787\times10^{11}\mathrm{m}$，日地平均距离（来自 IAU1976）。

2. 偏导数计算

$$\frac{\partial \boldsymbol{a}_{\mathrm{SRP}}}{\partial \boldsymbol{r}}=C_{\mathrm{R}}\left(\frac{S}{M}\right)P_{\Theta}\frac{AU^{2}}{\|r-r_{\mathrm{M}}\|^{5}}(3(\boldsymbol{r}-\boldsymbol{r}_{\mathrm{S}})\cdot(\boldsymbol{r}-\boldsymbol{r}_{\mathrm{S}})^{\mathrm{T}}+\|\boldsymbol{r}-\boldsymbol{r}_{\mathrm{S}}\|^{2}\cdot\boldsymbol{I}_{3\times3}) \tag{5.45}$$

$$\frac{\partial \boldsymbol{a}_{\mathrm{SRP}}}{\partial \boldsymbol{v}}=\boldsymbol{O}_{3\times3} \tag{5.46}$$

$$\frac{\partial \boldsymbol{a}_{\mathrm{SRP}}}{\partial C_{\mathrm{R}}}=\left(\frac{S}{M}\right)P_{\Theta}AU^{2}\frac{\boldsymbol{r}-\boldsymbol{r}_{\mathrm{S}}}{\|\boldsymbol{r}-\boldsymbol{r}_{\mathrm{S}}\|^{3}} \tag{5.47}$$

5.2.4 气动阻力摄动

气动力包括气动阻力、气动升力和法向力，影响低轨道卫星的主要是与运动速度方向相反的气动阻力，其他两项在卫星轨道运动中可以忽略。气动阻力是造成低轨道卫星轨道确定和预报误差的主要因素，其主要受以下三个因素的影

响:一是高空大气环境不确定因素较多,大气密度精度仍然不能够精确测量;二是卫星表面与高空大气中离子相互作用机理仍然不够清晰;三是卫星姿态运动变化导致与空间离子的作用界面也不能够精确建模。因此,对大气阻力摄动,尽管有模型,但度量大气阻力通常会带来较大误差。

1. 加速度计算

设卫星在地心惯性系的位置和速度分别为 $\boldsymbol{r}$ 和 $\boldsymbol{v}$,则大气阻力摄动加速度 $\boldsymbol{a}_{\mathrm{DRAG}}$ 的简化计算公式为

$$\boldsymbol{a}_{\mathrm{DRAG}} = -\frac{1}{2}\left(\frac{S}{m}\right)\cdot C_{\mathrm{D}}\rho v_{\mathrm{e}}\cdot \boldsymbol{v}_{\mathrm{e}} \tag{5.48}$$

卫星相对地球大气的速度为

$$\begin{cases} \boldsymbol{v}_{\mathrm{e}} = \boldsymbol{v} - \boldsymbol{\omega}\times\boldsymbol{r} \\ v_{\mathrm{e}} = \|\boldsymbol{v}_{\mathrm{e}}\| \\ \boldsymbol{\omega} = (0,0,\omega_{\mathrm{e}})^{\mathrm{T}} \end{cases} \tag{5.49}$$

式中:ρ 为大气密度,是距离地表的垂线高度的函数;C_{D} 为大气阻力系数,与卫星迎风面材料有关;$\frac{S}{m}$ 为卫星迎风面积与卫星质量比;ω_{e} 为地球自转角速度。为方便偏导数计算,卫星相对地球大气的速度矢量可以表示为

$$\begin{cases} \boldsymbol{v}_{\mathrm{e}} = \boldsymbol{v} - \boldsymbol{\omega}\times\boldsymbol{r} = \boldsymbol{v} - \boldsymbol{W}\cdot\boldsymbol{r} \\ \boldsymbol{W} = \begin{bmatrix} 0 & -\omega_{\mathrm{e}} & 0 \\ \omega_{\mathrm{e}} & 0 & 0 \\ 0 & 0 & 0 \end{bmatrix} \end{cases} \tag{5.50}$$

2. 偏导数计算

$$\frac{\partial \boldsymbol{a}_{\mathrm{DRAG}}}{\partial \boldsymbol{r}} = \frac{\partial \boldsymbol{a}_{\mathrm{DRAG}}}{\partial \boldsymbol{v}_{\mathrm{e}}}\cdot\frac{\partial \boldsymbol{v}_{\mathrm{e}}}{\partial \boldsymbol{r}} = -\frac{1}{2}\left(\frac{S}{m}\right)\cdot C_{\mathrm{D}}\rho\cdot\left(\frac{\boldsymbol{v}_{\mathrm{e}}\cdot\boldsymbol{v}_{\mathrm{e}}^{\mathrm{T}}}{v_{\mathrm{e}}} + v_{\mathrm{e}}\cdot\boldsymbol{I}_{3\times 3}\right)\cdot\frac{\partial \boldsymbol{v}_{\mathrm{e}}}{\partial \boldsymbol{r}} \tag{5.51}$$

$$\frac{\partial \boldsymbol{a}_{\mathrm{DRAG}}}{\partial \boldsymbol{v}} = \frac{\partial \boldsymbol{a}_{\mathrm{DRAG}}}{\partial \boldsymbol{v}_{\mathrm{e}}}\cdot\frac{\partial \boldsymbol{v}_{\mathrm{e}}}{\partial \boldsymbol{v}} = -\frac{1}{2}\left(\frac{S}{m}\right)\cdot C_{\mathrm{D}}\rho\cdot\left(\frac{\boldsymbol{v}_{\mathrm{e}}\cdot\boldsymbol{v}_{\mathrm{e}}^{\mathrm{T}}}{v_{\mathrm{e}}} + v_{\mathrm{e}}\cdot\boldsymbol{I}_{3\times 3}\right)\cdot\frac{\partial \boldsymbol{v}_{\mathrm{e}}}{\partial \boldsymbol{v}} \tag{5.52}$$

$$\frac{\partial \boldsymbol{a}_{\mathrm{DRAG}}}{\partial C_{\mathrm{D}}} = -\frac{1}{2}\left(\frac{S}{m}\right)\rho\cdot v_{\mathrm{e}}\boldsymbol{v}_{\mathrm{e}} \tag{5.53}$$

由式(5.50),得到

$$\begin{cases} \dfrac{\partial \boldsymbol{v}_{\mathrm{e}}}{\partial \boldsymbol{r}} = \dfrac{\partial}{\partial \boldsymbol{r}}(\boldsymbol{v} - \boldsymbol{W}\cdot\boldsymbol{r}) = \boldsymbol{W} \\ \dfrac{\partial \boldsymbol{v}_{\mathrm{e}}}{\partial \boldsymbol{v}} = \dfrac{\partial}{\partial \boldsymbol{v}}(\boldsymbol{v} - \boldsymbol{W}\cdot\boldsymbol{r}) = I \end{cases} \tag{5.54}$$

5.3 轨道机动控制动力学模型

5.3.1 高斯马尔科夫随机过程加速度模型

为考虑轨道和姿态控制引起加速度不确定性，引入一阶高斯马尔科夫过程矢量，表示不可预期的轨道和姿态控制加速度。一阶高斯马尔科夫随机过程服从高斯分布规律，且表现出马尔科夫随机过程性质，即随机过程在任意时刻概率密度函数仅与前一时刻分布函数相关，与历史过程无关。连续的一阶高斯马尔科夫随机过程满足下列郎之万微分方程(Langevin Equation)：

$$\frac{\mathrm{d}\boldsymbol{\eta}}{\mathrm{d}t} = -\beta\boldsymbol{\eta}(t) + \boldsymbol{u}(t) \tag{5.55}$$

方程中 $\boldsymbol{u}(t)$ 是高斯噪声，满足：

$$E[\boldsymbol{u}(t)] = \boldsymbol{O}, E[\boldsymbol{u}(t_i) \cdot \boldsymbol{u}^{\mathrm{T}}(t_i)] = \sigma^2 \cdot \delta(t_i - t_j)$$

一阶高斯马尔科夫过程矢量 $\boldsymbol{\eta}$ 作为不可预期的轨道和姿态控制加速度，其噪声等同于高斯噪声，过程传播满足马尔科夫性质，因此，只要在长期实践中总结出不可预期的轨道和姿态控制加速度的噪声特点，选择合适的马尔科夫性质特征量 β 和高斯噪声(方差 σ)，利用过程观测估计高斯马尔科夫过程矢量 $\boldsymbol{\eta}$ ，并补偿到系统动力学模型式(5.1)中。令：$\boldsymbol{X} = \begin{pmatrix} \boldsymbol{r} \\ \boldsymbol{v} \\ \boldsymbol{\eta} \end{pmatrix}$，则动力学补偿系统动力学模型为

$$\frac{\mathrm{d}\boldsymbol{X}}{\mathrm{d}t} = \begin{bmatrix} \dfrac{\mathrm{d}\boldsymbol{r}}{\mathrm{d}t} \\ \dfrac{\mathrm{d}\boldsymbol{v}}{\mathrm{d}t} \\ \dfrac{\mathrm{d}\boldsymbol{\eta}}{\mathrm{d}t} \end{bmatrix} = \begin{bmatrix} \boldsymbol{v} \\ \underbrace{\boldsymbol{a}_{\mathrm{c}}}_{\text{中心天球引力}} + \underbrace{\boldsymbol{a}_{\mathrm{E}} + \boldsymbol{a}_{\mathrm{S}} + \boldsymbol{a}_{\mathrm{M}} + \boldsymbol{a}_{\mathrm{SRP}} + \boldsymbol{a}_{\mathrm{DRAG}} + \cdots}_{\text{摄动力模型}} + \underbrace{\boldsymbol{\eta}(t)}_{\text{机动力模型}} + \cdots \\ -\beta \cdot \boldsymbol{\eta}(t) + \boldsymbol{u}(t) \end{bmatrix} \tag{5.56}$$

5.3.2 轨道机动推力加速度模型

尽管轨道控制会采用不同的推进发动机，但短时间内用常值推力模型描述机动推力加速度是可行的一种模型。因此，设推进发动机工作质量消耗量为 $\dot{m}$ ，发动机比冲 I_{sp} ，推力方向在推力定义坐标系的投影为 $\boldsymbol{p} = (p_x, p_y, p_z)^{\mathrm{T}}$ ，卫星本体坐标系到地心惯性系的姿态矩阵为 $\boldsymbol{E} = [\boldsymbol{E}_x, \boldsymbol{E}_y, \boldsymbol{E}_z]$ ，则机动推力加速度模型为

$$\boldsymbol{a}_{\mathrm{THRUST}} = \frac{I_{\mathrm{sp}} \cdot g_0 \cdot \dot{m}}{m(t)} \cdot \boldsymbol{E} \cdot \boldsymbol{p} = \frac{I_{\mathrm{sp}} \cdot g_0 \cdot \dot{m}}{m(t)} \cdot (p_x \cdot \boldsymbol{E}_x + p_y \cdot \boldsymbol{E}_y + p_z \cdot \boldsymbol{E}_z) \tag{5.57}$$

一般情况下，推力定义在卫星质心坐标系，如定义在卫星轨道径—切—法坐标系中，沿卫星运动切向推力方向 $\boldsymbol{p} = (0,1,0)^{\mathrm{T}}$，同样径向和法向推力方向分别是 $\boldsymbol{p} = (1,0,0)^{\mathrm{T}}$ 和 $\boldsymbol{p} = (0,0,1)^{\mathrm{T}}$。如定义在卫星当地东南坐标系中，沿卫星当地正东方向推力是 $\boldsymbol{p} = (1,0,0)^{\mathrm{T}}$，同样其他推力方向可以方便表达。关于卫星质心坐标系到地心惯性坐标系的转移矩阵参见 2.3 节。

加速度大小满足下列微分方程：

$$\frac{\mathrm{d}a}{\mathrm{d}t} = \frac{\mathrm{d}}{\mathrm{d}t}\left(\frac{I_{\mathrm{sp}} g_0 \dot{m}}{m(t)}\right) = \left(\frac{I_{\mathrm{sp}} g_0 \dot{m}}{m(t)}\right)^2 \cdot \frac{1}{I_{\mathrm{sp}} g_0} = \frac{a^2}{I_{\mathrm{sp}} g_0} \tag{5.58}$$

式中：I_{sp} 是发动机比冲，g_0 是地面重力加速度。

1. 推力方向已知情况

令动力学状态扩展为 $\boldsymbol{X} = \begin{pmatrix} \boldsymbol{r} \\ \boldsymbol{v} \\ a \end{pmatrix}$，则动力学补偿系统动力学模型为

$$\frac{\mathrm{d}\boldsymbol{X}}{\mathrm{d}t} = \begin{bmatrix} \dfrac{\mathrm{d}\boldsymbol{r}}{\mathrm{d}t} \\ \dfrac{\mathrm{d}\boldsymbol{v}}{\mathrm{d}t} \\ \dfrac{\mathrm{d}a}{\mathrm{d}t} \end{bmatrix} = \begin{bmatrix} \boldsymbol{v} \\ \underbrace{\boldsymbol{a}_{\mathrm{c}}}_{\text{中心天球引力}} + \underbrace{\boldsymbol{a}_{\mathrm{E}} + \boldsymbol{a}_{\mathrm{S}} + \boldsymbol{a}_{\mathrm{M}} + \boldsymbol{a}_{\mathrm{SRP}} + \boldsymbol{a}_{\mathrm{DRAG}} + \cdots}_{\text{摄动力模型}} + \underbrace{\boldsymbol{a}_{\mathrm{THRUST}}}_{\text{机动力模型}} + \cdots \\ \dfrac{a^2}{I_{\mathrm{sp}} g_0} \end{bmatrix} \tag{5.59}$$

$$\begin{aligned} \frac{\partial \boldsymbol{a}_{\mathrm{THRUST}}}{\partial \boldsymbol{r}} &= \frac{\partial}{\partial \boldsymbol{r}}(a \cdot (p_x \cdot \boldsymbol{E}_x + p_y \cdot \boldsymbol{E}_y + p_z \cdot \boldsymbol{E}_z)) = \\ & a \cdot \left(p_x \cdot \frac{\partial \boldsymbol{E}_x}{\partial \boldsymbol{r}} + p_y \cdot \frac{\partial \boldsymbol{E}_y}{\partial \boldsymbol{r}} + p_z \cdot \frac{\partial \boldsymbol{E}_z}{\partial \boldsymbol{r}}\right) \end{aligned} \tag{5.60}$$

$$\begin{aligned} \frac{\partial \boldsymbol{a}_{\mathrm{THRUST}}}{\partial \boldsymbol{v}} &= \frac{\partial}{\partial \boldsymbol{v}}(a \cdot (p_x \cdot \boldsymbol{E}_x + p_y \cdot \boldsymbol{E}_y + p_z \cdot \boldsymbol{E}_z)) = \\ & a \cdot \left(p_x \cdot \frac{\partial \boldsymbol{E}_x}{\partial \boldsymbol{v}} + p_y \cdot \frac{\partial \boldsymbol{E}_y}{\partial \boldsymbol{v}} + p_z \cdot \frac{\partial \boldsymbol{E}_z}{\partial \boldsymbol{v}}\right) \end{aligned} \tag{5.61}$$

$$\begin{aligned} \frac{\partial \boldsymbol{a}_{\mathrm{THRUST}}}{\partial a} &= \frac{\partial}{\partial a}(a \cdot (p_x \cdot \boldsymbol{E}_x + p_y \cdot \boldsymbol{E}_y + p_z \cdot \boldsymbol{E}_z)) = \\ & p_x \cdot \boldsymbol{E}_x + p_y \cdot \boldsymbol{E}_y + p_z \cdot \boldsymbol{E}_z \end{aligned} \tag{5.62}$$

2. 推力方向未知情况

令动力学状态扩展为 $\boldsymbol{X} = \begin{pmatrix} \boldsymbol{r} \\ \boldsymbol{v} \\ a \end{pmatrix}$，则动力学补偿系统动力学模型同式(5.59)，增加对推力方向的偏导数，偏导数计算如下：

$$\frac{\partial \boldsymbol{a}_{\mathrm{THRUST}}}{\partial \boldsymbol{p}} = \frac{\partial}{\partial \boldsymbol{p}}(a \cdot (p_x \cdot \boldsymbol{E}_x + p_y \cdot \boldsymbol{E}_y + p_z \cdot \boldsymbol{E}_z)) = a \cdot [\boldsymbol{E}_x, \boldsymbol{E}_y, \boldsymbol{E}_z] = a \cdot \boldsymbol{E} \tag{5.63}$$

关于卫星本体坐标系到地心惯性系转移矩阵对运动状态的偏导数计算，与卫星姿态的度量坐标系有关，本书仅给出姿态度量坐标系分别是卫星当地东南坐标系和卫星轨道坐标系中度量的姿态转移矩阵及对运动状态的偏导数矩阵。

5.3.3 轨道机动速度增量模型

5.3.2 节采用轨道机动发动机推力加速度大小和方向补偿卫星机动运动动力学模型，在卫星机动轨道确定中，估计机动发动机推力加速度大小和方向。本节讨论机动推力速度增量模型，以便估计卫星获得的速度增量，同时补偿系统动力学模型。

由式(5.57)，得

$$\begin{aligned}\Delta \boldsymbol{v} &= \int_{t_0}^{t_0+\Delta t} \boldsymbol{a}_{\mathrm{THRUST}} \mathrm{d}t = \int_{t_0}^{t_0+\Delta t} \frac{I_{\mathrm{sp}} \cdot g_0 \cdot \dot{m}}{m(t)} \cdot (p_x \cdot \boldsymbol{E}_x + p_y \cdot \boldsymbol{E}_y + p_z \cdot \boldsymbol{E}_z)\mathrm{d}t = \\ & I_{\mathrm{sp}} \cdot g_0 \int_{m(t_0)}^{m(t_0+\Delta t)} \frac{1}{m(t)} \cdot (p_x \cdot \boldsymbol{E}_x + p_y \cdot \boldsymbol{E}_y + p_z \cdot \boldsymbol{E}_z)\mathrm{d}m = \\ & -\frac{m(t)}{\dot{m}} \cdot \ln\left(1 - \frac{\dot{m}}{m_0}\Delta t\right) \cdot \boldsymbol{a}_{\mathrm{THRUST}}\end{aligned} \tag{5.64}$$

因此，机动推力加速度模型由速度增量表示为

$$\boldsymbol{a}_{\mathrm{THRUST}} = -\frac{\dot{m}}{m_0 - \dot{m} \cdot \Delta t} \cdot \frac{1}{\ln\left(1 - \frac{\dot{m}}{m_0}\Delta t\right)} \cdot \boldsymbol{E} \cdot \Delta \boldsymbol{v} \tag{5.65}$$

设在度量坐标系中，$\Delta \boldsymbol{v} = [\Delta v_x, \Delta v_y, \Delta v_z]^{\mathrm{T}}$，如定义在卫星轨道径—切—法坐标系中，沿卫星运动切向速度增量 $\Delta \boldsymbol{v} = (0, \Delta v_y, 0)^{\mathrm{T}}$，同样径向和法向速度增量分别是 $\Delta \boldsymbol{v} = (\Delta v_x, 0, 0)^{\mathrm{T}}$ 和 $\Delta \boldsymbol{v} = (0, 0, \Delta v_z)^{\mathrm{T}}$。如定义在卫星当地东南坐标系中，沿卫星当地正东速度增量是 $\Delta \boldsymbol{v} = (\Delta v_x, 0, 0)^{\mathrm{T}}$，同样其他方向速度增量可以方便表达，关于卫星质心坐标系到地心惯性坐标系的转移矩阵参见 2.3 节。

令动力学状态扩展为 $\boldsymbol{X} = \begin{pmatrix} \boldsymbol{r} \\ \boldsymbol{v} \\ \Delta \boldsymbol{v} \end{pmatrix}$，则动力学补偿系统动力学模型同式(5.59)，偏导数方程计算如下：

$$\begin{aligned}\frac{\partial \boldsymbol{a}_{\mathrm{THRUST}}}{\partial \boldsymbol{r}} &= \frac{\partial}{\partial \boldsymbol{r}}\left(-\frac{\dot{m}}{m_0 - \dot{m} \cdot \Delta t} \cdot \frac{1}{\ln\left(1 - \frac{\dot{m}}{m_0}\Delta t\right)} \cdot \boldsymbol{E} \cdot \Delta \boldsymbol{v}\right) = \\ & -\frac{\dot{m}}{m_0 - \dot{m} \cdot \Delta t} \cdot \frac{1}{\ln\left(1 - \frac{\dot{m}}{m_0}\Delta t\right)} \cdot \\ & \left(\Delta v_x \frac{\partial \boldsymbol{E}_x}{\partial \boldsymbol{r}} + \Delta v_y \frac{\partial \boldsymbol{E}_y}{\partial \boldsymbol{r}} + \Delta v_z \frac{\partial \boldsymbol{E}_z}{\partial \boldsymbol{r}}\right)\end{aligned} \tag{5.66}$$

$$\frac{\partial \boldsymbol{a}_{\mathrm{THRUST}}}{\partial \boldsymbol{v}}=\frac{\partial}{\partial \boldsymbol{v}}\left(-\frac{\dot{m}}{m_0-\dot{m}\cdot\Delta t}\cdot\frac{1}{\ln\left(1-\frac{\dot{m}}{m_0}\Delta t\right)}\cdot\boldsymbol{E}\cdot\Delta\boldsymbol{v}\right)=$$

$$-\frac{\dot{m}}{m_0-\dot{m}\cdot\Delta t}\cdot\frac{1}{\ln\left(1-\frac{\dot{m}}{m_0}\Delta t\right)}\cdot$$

$$\left(\Delta v_x\frac{\partial \boldsymbol{E}_x}{\partial \boldsymbol{v}}+\Delta v_y\frac{\partial \boldsymbol{E}_y}{\partial \boldsymbol{v}}+\Delta v_z\frac{\partial \boldsymbol{E}_z}{\partial \boldsymbol{v}}\right) \tag{5.67}$$

$$\frac{\partial \boldsymbol{a}_{\mathrm{THRUST}}}{\partial \Delta\boldsymbol{v}}=\frac{\partial}{\partial \Delta\boldsymbol{v}}\left(-\frac{\dot{m}}{m_0-\dot{m}\cdot\Delta t}\cdot\frac{1}{\ln\left(1-\frac{\dot{m}}{m_0}\Delta t\right)}\cdot\boldsymbol{E}\cdot\Delta\boldsymbol{v}\right)=$$

$$-\frac{\dot{m}}{m_0-\dot{m}\cdot\Delta t}\cdot\frac{1}{\ln\left(1-\frac{\dot{m}}{m_0}\Delta t\right)}\cdot\boldsymbol{E} \tag{5.68}$$

速度增量模型的优点是在卫星机动轨道确定过程中，可以直接估计卫星在轨道机动过程中获得的速度增量，方便进行轨道控制量精确校准和控制过程评估，但前提是必须知道轨道机动控制的起始时刻，以及卫星在轨道机动初始时刻的质量和推力发动机每秒质量消耗量。关于卫星本体坐标系到地心惯性系转移矩阵对运动状态的偏导数计算，与卫星姿态的度量坐标系有关，本书给出姿态度量坐标系分别是卫星当地东南坐标系和卫星轨道坐标系中度量的姿态转移矩阵及对运动状态的偏导数矩阵。

5.3.4 轨道机动连续推力 α－β 模型

机动推力加速度和速度增量模型中，卫星机动控制加速度模型不仅与发动机推进剂质量秒耗量 $\dot{m}$ 和比冲 I_{sp} 有关，而且与卫星质量和发动机工作时间有关。对于主动控制的在轨运行卫星，可能会有上述参数的近似参考值，但对于非合作卫星，不可能有上述参数的参考值。本节通过对推力加速度建立恰当的微分模型，通过引入辅助变量 $\beta(t)$，避免卫星质量和比冲的不确定性引起推力加速度的估计误差，定义如下：

$$\beta_{\mathrm{THRUST}}=\frac{\dot{m}}{m(t)}=\frac{\dot{m}}{m_0-\dot{m}(t-t_0)} \tag{5.69}$$

式(5.57)和式(5.69)对时间 t 求导，得到

$$\frac{\mathrm{d}\,\boldsymbol{a}_{\mathrm{THRUST}}}{\mathrm{d}t}=\frac{\mathrm{d}}{\mathrm{d}t}\left(\frac{I_{\mathrm{sp}}\cdot g_0\cdot\dot{m}}{m(t)}\cdot\boldsymbol{E}\cdot\boldsymbol{p}\right)=\beta_{\mathrm{THRUST}}(t)\,\boldsymbol{a}_{\mathrm{THRUST}}(t) \tag{5.70}$$

$$\frac{\mathrm{d}\beta_{\mathrm{THRUST}}}{\mathrm{d}t}=\frac{\mathrm{d}}{\mathrm{d}t}\left(\frac{\dot{m}}{m(t)}\right)=\beta^2_{\mathrm{THRUST}}(t) \tag{5.71}$$

式(5.70)、式(5.71)建立了常推力加速度满足的微分方程，该方程仅依赖

初始时刻加速度和辅助变量的取值,与卫星当前质量、发动机比冲、发动机质量秒耗量无关,这正是动力学系统参数估计中对系统模型的要求。

定义卫星机动动力学控制系统变量 $\boldsymbol{X}=\begin{pmatrix}\boldsymbol{r}\\ \boldsymbol{v}\\ \boldsymbol{a}_{\text{THRUST}}\\ \beta_{\text{THRUST}}\end{pmatrix}$,则增广系统动力学模型为

$$\frac{\mathrm{d}\boldsymbol{X}}{\mathrm{d}t}=\begin{bmatrix}\dfrac{\mathrm{d}\boldsymbol{r}}{\mathrm{d}t}\\ \dfrac{\mathrm{d}\boldsymbol{v}}{\mathrm{d}t}\\ \dfrac{\mathrm{d}\,\boldsymbol{a}_{\text{THRUST}}}{\mathrm{d}t}\\ \dfrac{\mathrm{d}\beta_{\text{THRUST}}}{\mathrm{d}t}\end{bmatrix}=\begin{bmatrix}\boldsymbol{f}_r(t,\boldsymbol{r},\boldsymbol{v},\boldsymbol{\alpha}_{\text{THRUST}},\boldsymbol{\beta}_{\text{THRUST}})\\ \boldsymbol{f}_v(t,\boldsymbol{r},\boldsymbol{v},\boldsymbol{\alpha}_{\text{THRUST}},\boldsymbol{\beta}_{\text{THRUST}})\\ \boldsymbol{f}_\alpha(t,\boldsymbol{r},\boldsymbol{v},\boldsymbol{\alpha}_{\text{THRUST}},\boldsymbol{\beta}_{\text{THRUST}})\\ \boldsymbol{f}_\beta(t,\boldsymbol{r},\boldsymbol{v},\boldsymbol{\alpha}_{\text{THRUST}},\boldsymbol{\beta}_{\text{THRUST}})\end{bmatrix}=$$

$$\begin{bmatrix}\boldsymbol{v}\\ \underbrace{\boldsymbol{a}_{\text{c}}}_{\text{中心天球引力}}+\underbrace{\boldsymbol{a}_{\text{E}}+\boldsymbol{a}_{\text{S}}+\boldsymbol{a}_{\text{M}}+\boldsymbol{a}_{\text{SRP}}+\boldsymbol{a}_{\text{DRAG}}+\cdots}_{\text{摄动力模型}}+\underbrace{\boldsymbol{a}_{\text{THRUST}}}_{\text{机动力模型}}+\cdots\\ \beta_{\text{THRUST}}(t)\,\boldsymbol{a}_{\text{THRUST}}(t)\\ \beta^2_{\text{THRUST}}(t)\end{bmatrix}\tag{5.72}$$

系统变分方程系数矩阵:

$$\frac{\partial}{\partial\boldsymbol{X}}\left(\frac{\mathrm{d}\boldsymbol{X}}{\mathrm{d}t}\right)=\begin{bmatrix}\dfrac{\partial\boldsymbol{f}_r}{\partial\boldsymbol{r}} & \dfrac{\partial\boldsymbol{f}_r}{\partial\boldsymbol{v}} & \dfrac{\partial\boldsymbol{f}_r}{\partial\,\boldsymbol{\alpha}_{\text{THRUST}}} & \dfrac{\partial\boldsymbol{f}_r}{\partial\,\boldsymbol{\beta}_{\text{THRUST}}}\\ \dfrac{\partial\boldsymbol{f}_v}{\partial\boldsymbol{r}} & \dfrac{\partial\boldsymbol{f}_v}{\partial\boldsymbol{v}} & \dfrac{\partial\boldsymbol{f}_v}{\partial\,\boldsymbol{\alpha}_{\text{THRUST}}} & \dfrac{\partial\boldsymbol{f}_r}{\partial\,\boldsymbol{\beta}_{\text{THRUST}}}\\ \dfrac{\partial\boldsymbol{f}_\alpha}{\partial\boldsymbol{r}} & \dfrac{\partial\boldsymbol{f}_\alpha}{\partial\boldsymbol{v}} & \dfrac{\partial\boldsymbol{f}_\alpha}{\partial\,\boldsymbol{\alpha}_{\text{THRUST}}} & \dfrac{\partial\boldsymbol{f}_\alpha}{\partial\,\boldsymbol{\beta}_{\text{THRUST}}}\\ \dfrac{\partial\boldsymbol{f}_\beta}{\partial\boldsymbol{r}} & \dfrac{\partial\boldsymbol{f}_\beta}{\partial\boldsymbol{v}} & \dfrac{\partial\boldsymbol{f}_\beta}{\partial\,\boldsymbol{\alpha}_{\text{THRUST}}} & \dfrac{\partial\boldsymbol{f}_\beta}{\partial\,\boldsymbol{\beta}_{\text{THRUST}}}\end{bmatrix}=\begin{bmatrix}\boldsymbol{O} & \boldsymbol{I} & \boldsymbol{O} & \boldsymbol{O}\\ \dfrac{\partial\boldsymbol{f}_v}{\partial\boldsymbol{r}} & \dfrac{\partial\boldsymbol{f}_v}{\partial\boldsymbol{v}} & \boldsymbol{I} & \boldsymbol{O}\\ \boldsymbol{O} & \boldsymbol{O} & \dfrac{\partial\boldsymbol{f}_\alpha}{\partial\,\boldsymbol{\alpha}_{\text{THRUST}}} & \dfrac{\partial\boldsymbol{f}_\alpha}{\partial\,\boldsymbol{\beta}_{\text{THRUST}}}\\ \boldsymbol{O} & \boldsymbol{O} & \boldsymbol{O} & \dfrac{\partial\boldsymbol{f}_\beta}{\partial\,\boldsymbol{\beta}_{\text{THRUST}}}\end{bmatrix}\tag{5.73}$$

由于系统变量元素是独立变量,虽然推力加速度项出现在状态方程第二列中,但是仍然存在

$$\frac{\partial\,\boldsymbol{\alpha}_{\text{THRUST}}}{\partial\boldsymbol{r}}=\boldsymbol{O}_{3\times3},\ \frac{\partial\,\boldsymbol{\alpha}_{\text{THRUST}}}{\partial\boldsymbol{v}}=\boldsymbol{O}_{3\times3}$$

$$\frac{\partial\boldsymbol{f}_\alpha}{\partial\,\boldsymbol{\alpha}_{\text{THRUST}}}=\frac{\partial}{\partial\,\boldsymbol{\alpha}_{\text{THRUST}}}(\beta_{\text{THRUST}}(t)\,\boldsymbol{a}_{\text{THRUST}}(t))=\beta_{\text{THRUST}}(t)\cdot\boldsymbol{I}_{3\times3}$$

$$\frac{\partial \boldsymbol{f}_{\alpha}}{\partial \beta_{\mathrm{THRUST}}}=\frac{\partial}{\partial \beta_{\mathrm{THRUST}}}(\beta_{\mathrm{THRUST}}(t)\,\boldsymbol{a}_{\mathrm{THRUST}}(t))=\boldsymbol{a}_{\mathrm{THRUST}}(t)$$

$$\frac{\partial \boldsymbol{f}_{\beta}}{\partial \beta_{\mathrm{THRUST}}}=\frac{\partial}{\partial \beta_{\mathrm{THRUST}}}(\beta_{\mathrm{THRUST}}^{2}(t))=2\,\beta_{\mathrm{THRUST}}(t)$$

5.3.5 轨道机动推力加速度方向

通常,三轴稳定卫星本体三轴指向在东南固连坐标系或瞬时轨道坐标系中度量,如图5.2所示。三轴稳定卫星本体坐标系绕定点转动,与度量坐标系三轴形成的欧拉角,分别称为俯仰、偏航和滚动角。相应地,度量坐标系 x 轴、y 轴和 z 轴,分别称为滚动、俯仰和偏航角。度量坐标系到卫星本体坐标系的转移矩阵,称为姿态矩阵,形式上同姿态角的定义和坐标轴的旋转顺序有关,但内容上是唯一的,是三轴稳定卫星姿态确定的基础。

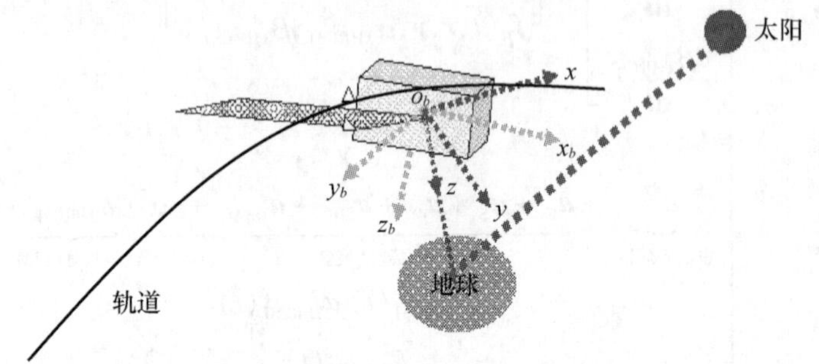

图5.2　在度量坐标系中定义卫星本体三轴

定义卫星本体系坐标原点 O_b 为卫星质心,O_bx_b 为卫星纵对称轴,指向卫星头部为正;O_bz_b 位于卫星纵对称面内,与 O_bx_b 垂直,指地为正;O_by_b 为卫星纵对称面法向,与 O_bx_b、O_bz_b 轴成右手坐标系。对地定向的三轴稳定航天器,常用姿态度量坐标系为东南地坐标系或瞬时轨道坐标系。常用的欧拉角定义次序为偏航—滚动—俯仰和俯仰—滚动—偏航。

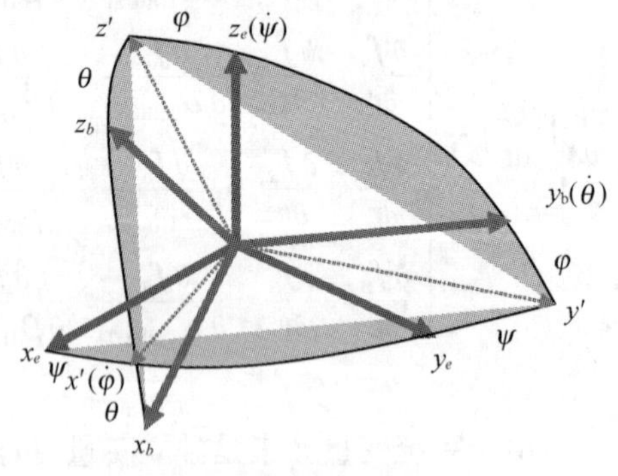

图5.3　偏航—滚动—俯仰转序

(1) 旋转顺序为偏航—滚动—俯仰(滚动角为90°时,欧拉角姿态运动方程出现奇异),如图5.3所示。姿态角定义如下:

偏航角 ψ:本体坐标系主轴 x_b 在度量坐标系基本平面 x_ey_e 的投影 x' 与度量坐标系主轴 x_e 的夹角。

滚动角 φ:本体坐标系俯仰轴 y_b 轴与其在基本平面 x_ey_e 投影之间的夹角。

俯仰角 θ:本体坐标系主轴 x_b 与度量坐标系基本平面 $x_e y_e$ 的夹角。

卫星纵对称轴发动机推力,在度量坐标系分解为

$$\boldsymbol{p} = \begin{bmatrix} p_x \\ p_y \\ p_z \end{bmatrix} = \boldsymbol{M}_{3-1-2}^{\mathrm{T}} \cdot \begin{bmatrix} 1 \\ 0 \\ 0 \end{bmatrix} \tag{5.74}$$

卫星纵对称面法向发动机推力,在度量坐标系分解为

$$\boldsymbol{p} = \begin{bmatrix} p_x \\ p_y \\ p_z \end{bmatrix} = \boldsymbol{M}_{3-1-2}^{\mathrm{T}} \cdot \begin{bmatrix} 0 \\ 1 \\ 0 \end{bmatrix} \tag{5.75}$$

卫星纵对称面内对地轴发动机推力,在度量坐标系中分解为

$$\boldsymbol{p} = \begin{bmatrix} p_x \\ p_y \\ p_z \end{bmatrix} = \boldsymbol{M}_{3-1-2}^{\mathrm{T}} \cdot \begin{bmatrix} 0 \\ 0 \\ 1 \end{bmatrix} \tag{5.76}$$

其中

$$\boldsymbol{M}_{3\_1\_2} = M_y[\theta] \cdot \boldsymbol{M}_x[\varphi] \cdot \boldsymbol{M}_z[\psi] = \begin{bmatrix} \cos\theta\cos\psi - \sin\theta\sin\varphi\sin\psi & \cos\theta\sin\psi + \sin\theta\sin\varphi\cos\psi & -\sin\theta\cos\varphi \\ -\cos\varphi\sin\psi & \cos\varphi\cos\psi & \sin\varphi \\ \sin\theta\cos\psi + \cos\theta\sin\varphi\sin\psi & \sin\theta\sin\psi - \cos\theta\sin\varphi\cos\psi & \cos\theta\cos\varphi \end{bmatrix} \tag{5.77}$$

(2) 旋转顺序为俯仰—滚动—偏航(滚动角为90°时,欧拉角姿态运动方程出现奇异),如图5.4所示。姿态角定义如下:

偏航角 ψ:本体坐标系主轴 x_b 在度量坐标系基本平面 $x_e y_e$ 的投影 x' 与度量坐标系主轴 x_e 的夹角。

滚动角 φ:本体坐标系俯仰轴 y_b 轴与其在基本平面 $x_e y_e$ 投影之间的夹角。

俯仰角 θ:本体坐标系主轴 x_b 与度量坐标系基本平面 $x_e y_e$ 的夹角。

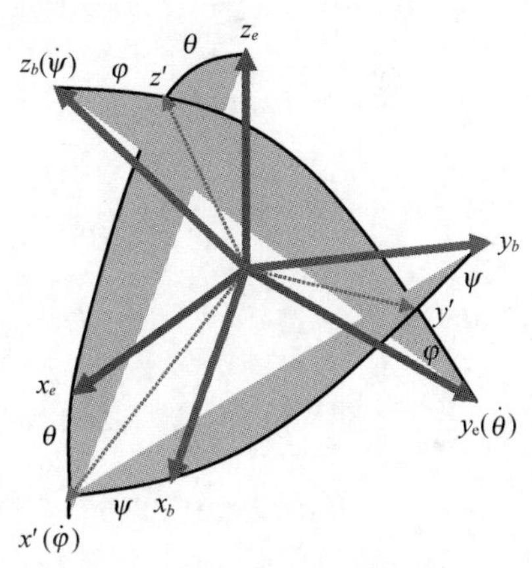

图5.4 偏航—滚动—俯仰转序

卫星纵对称轴发动机推力,在度量坐标系分解为

$$\boldsymbol{p} = \begin{bmatrix} p_x \\ P_y \\ p_z \end{bmatrix} = \boldsymbol{M}_{2-1-3}^{\mathrm{T}} \cdot \begin{bmatrix} 1 \\ 0 \\ 0 \end{bmatrix} \tag{5.78}$$

卫星纵对称面法向发动机推力，在度量坐标系分解为

$$\boldsymbol{p} = \begin{bmatrix} p_x \\ p_y \\ p_z \end{bmatrix} = \boldsymbol{M}_{2-1-3}^{\mathrm{T}} \cdot \begin{bmatrix} 0 \\ 1 \\ 0 \end{bmatrix} \tag{5.79}$$

卫星纵对称面内对地轴发动机推力，在度量坐标系中分解为

$$\boldsymbol{p} = \begin{bmatrix} p_x \\ p_y \\ p_z \end{bmatrix} = \boldsymbol{M}_{2-1-3}^{\mathrm{T}} \cdot \begin{bmatrix} 0 \\ 0 \\ 1 \end{bmatrix} \tag{5.80}$$

其中

$$\boldsymbol{M}_{2-1-3} = \boldsymbol{M}_z[\psi] \cdot \boldsymbol{M}_x[\varphi] \cdot \boldsymbol{M}_y[\theta] = \begin{bmatrix} \cos\psi\cos\theta + \sin\psi\sin\varphi\sin\theta & \sin\psi\cos\varphi & -\cos\psi\sin\theta + \sin\psi\sin\varphi\cos\theta \\ -\sin\psi\cos\theta + \cos\psi\sin\varphi\sin\theta & \cos\psi\cos\varphi & \sin\psi\sin\theta + \cos\psi\sin\varphi\cos\theta \\ \cos\varphi\sin\theta & -\sin\varphi & \cos\varphi\cos\theta \end{bmatrix} \tag{5.81}$$

在实际情况下，合作目标由姿态敏感器测量可以方便得到本体轴相对度量坐标系的转移矩阵，轨道控制发动机固连在本体轴上，进而得到轨道控制时推力加速度在度量坐标系中的投影，降低了推力大小与方向在机动目标跟踪时的强相关性，对提高定位精度起到了重要的作用。

第 6 章　初始轨道确定

初轨确定与轨道监视在航天器测控中具有重要的地位。由于测量覆盖区间的限制,在有限的观测弧段内,快速确定满足一定精度要求的被测航天器的轨道根数,并外推预报未来的可跟踪区间,引导地面设备跟踪被测航天器,是初始轨道确定的主要任务和目的。轨道监视要求实时确定被测航天器的轨道根数,监视航天器的运动状态和轨道机动效果。本章分别就基于加权最小二乘法的初轨确定和基于扩展卡尔曼滤波的轨道监视问题,阐述最优估计理论在这两个方面的应用。

6.1　卫星初轨多项式拟合算法

设采集一组测量量为 $t_k, \boldsymbol{r}_k (k = 1,2,\cdots,m; m \geqslant 3)$,其中 $\boldsymbol{r}_k$ 为卫星在地心惯性坐标系的位置矢量,单位为地球赤道半径。$t_k = t_0 + \tau_k T_e (k = 1,2,\cdots,m)$ 为人造卫星时间单位,则拟合多项式为

$$\boldsymbol{r}(\tau) = \boldsymbol{a} + \boldsymbol{b}\tau + \boldsymbol{c}\tau^2$$

$$\tau = \frac{t - t_0}{T_e}$$

则有 $\boldsymbol{r}_0 = \boldsymbol{r}(0) = \boldsymbol{a}, \dot{\boldsymbol{r}}_0 = \dot{\boldsymbol{r}}(0) = \boldsymbol{b}$,基于该组测量信息,可以得到

$$\boldsymbol{a} + \boldsymbol{b}\tau_k + \boldsymbol{c}\tau_k^2 = \boldsymbol{r}_k, k = 1,2,\cdots,m$$

利用最小二乘法,上述超定方程的解满足下面的正规方程组:

$$\begin{bmatrix} \sum_{k=1}^{m} 1 & \sum_{k=1}^{m} \tau_k & \sum_{k=1}^{m} \tau_k^2 \\ \sum_{k=1}^{m} \tau_k & \sum_{k=1}^{m} \tau_k^2 & \sum_{k=1}^{m} \tau_k^3 \\ \sum_{k=1}^{m} \tau_k^2 & \sum_{k=1}^{m} \tau_k^3 & \sum_{k=1}^{m} \tau_k^4 \end{bmatrix} \begin{bmatrix} \boldsymbol{a}^{\mathrm{T}} \\ \boldsymbol{b}^{\mathrm{T}} \\ \boldsymbol{c}^{\mathrm{T}} \end{bmatrix} = \begin{bmatrix} \sum_{k=1}^{m} \boldsymbol{r}_k^{\mathrm{T}} \\ \sum_{k=1}^{m} \tau_k \boldsymbol{r}_k^{\mathrm{T}} \\ \sum_{k=1}^{m} \tau_k^2 \boldsymbol{r}_k^{\mathrm{T}} \end{bmatrix} \tag{6.1}$$

卫星在 t_0 时刻相对地心惯性坐标系的位置和速度矢量为 $\boldsymbol{r}_0 = \boldsymbol{r}(0) = \boldsymbol{a}, \dot{\boldsymbol{r}}_0 = \dot{\boldsymbol{r}}(0) = \boldsymbol{b}$,由 $\boldsymbol{r}_0$ 和 $\dot{\boldsymbol{r}}_0$ 到轨道根数的转换关系在此不再赘述。

一般情况下,不能直接得到卫星在地心惯性坐标系的位置矢量测量量,下面

简要介绍双站及三站测角定位算法。假设在同一时刻测角仪 $A(\lambda_A,\varphi_A,h_A)$ 的输出为方位 A_A、仰角 E_A，测角仪 $B(\lambda_B,\varphi_B,h_B)$ 的输出为方位 A_B、仰角 E_B，则计算测距 ρ_A 和 ρ_B 的定位算法如下。

假设观测目标在 t 时刻的位置相对地心固连坐标系为 $\boldsymbol{r}$，观测原点位置相对地心固连坐标系为 $\boldsymbol{R}$，则测角仪 A 和测角仪 B 观测矢量 $\boldsymbol{\rho}_A$、$\boldsymbol{\rho}_B$ 与 $\boldsymbol{r}$ 和 $\boldsymbol{R}$ 存在如下关系：

$$\boldsymbol{\rho}_A = \boldsymbol{r} - \boldsymbol{R}_A \tag{6.2}$$

$$\boldsymbol{\rho}_B = \boldsymbol{r} - \boldsymbol{R}_B \tag{6.3}$$

其中

$$\boldsymbol{\rho}_A = \rho_A M_g(A)\cdot\begin{bmatrix}\cos E_A\sin A_A\\ \cos E_A\cos A_A\\ \sin E_A\end{bmatrix} = \boldsymbol{\rho}_A\boldsymbol{e}_A$$

$$\boldsymbol{\rho}_B = \rho_B M_g(B)\cdot\begin{bmatrix}\cos E_B\sin A_B\\ \cos E_B\cos A_B\\ \sin E_B\end{bmatrix} = \boldsymbol{\rho}_B\boldsymbol{e}_B$$

$$R_x = \begin{bmatrix}G_1\cos\lambda_x\\ G_1\sin\lambda_x\\ G_2\end{bmatrix}$$

其中

$$G_1 = \left(\frac{R_e}{\sqrt{1-e_E^2\sin^2\varphi_x}} + h_x\right)\cdot\cos\varphi_x$$

$$G_2 = \left(\frac{R_e(1-e_E^2)}{\sqrt{1-e_E^2\sin^2\varphi_x}} + h_x\right)\cdot\sin\varphi_x$$

$$x = A,B$$

由关系式(6.2)和式(6.3)，得到测距 ρ_A 和 ρ_B 满足：

$$\rho_A\boldsymbol{e}_A - \rho_B\boldsymbol{e}_B = \boldsymbol{R}_B - \boldsymbol{R}_A \tag{6.4}$$

矢量方程式(6.4)展开得到测距 ρ_A 和 ρ_B 满足的方程组为

$$\begin{bmatrix}1 & -\boldsymbol{e}_A^{\mathrm{T}}\boldsymbol{e}_B\\ \boldsymbol{e}_A^{\mathrm{T}}\boldsymbol{e}_B & -1\end{bmatrix}\begin{bmatrix}\rho_A\\ \rho_B\end{bmatrix} = \begin{bmatrix}\boldsymbol{e}_A^{\mathrm{T}}(\boldsymbol{R}_B - R_A)\\ \boldsymbol{e}_B^{\mathrm{T}}(\boldsymbol{R}_B - \boldsymbol{R}_A)\end{bmatrix} \tag{6.5}$$

当 $\boldsymbol{e}_A^{\mathrm{T}}\boldsymbol{e}_B = 1$ 时，式(6.5)无解，也即测角仪 A 和测角仪 B 观测矢量 $\boldsymbol{\rho}_A$、$\boldsymbol{\rho}_B$ 共线。因此，双站测角仪定位时要合理布站，既要双站测角仪同时观测目标，又要观测矢量的夹角满足

$$\arccos(\boldsymbol{e}_A^{\mathrm{T}}\boldsymbol{e}_B) \in [30°,120°]$$

同样的分析适合三站测角仪联合几何定位，可以得到形如式(6.2)、式

(6.3)的关系式：

$$\rho_1\boldsymbol{e}_1 - \rho_2\boldsymbol{e}_2 = \boldsymbol{R}_2 - \boldsymbol{R}_1 \tag{6.6}$$

$$\rho_1\boldsymbol{e}_1 - \rho_3\boldsymbol{e}_3 = \boldsymbol{R}_3 - \boldsymbol{R}_1 \tag{6.7}$$

$$\rho_2\boldsymbol{e}_2 - \rho_3\boldsymbol{e}_3 = \boldsymbol{R}_3 - \boldsymbol{R}_2 \tag{6.8}$$

展开上述关系式，得到测距 ρ_1、ρ_2、ρ_3 满足的超定方程组为

$$\begin{bmatrix} 1 & -\boldsymbol{e}_1^{\mathrm{T}}\boldsymbol{e}_2 & 0 \\ \boldsymbol{e}_1^{\mathrm{T}}\boldsymbol{e}_2 & -1 & 0 \\ 1 & 0 & -\boldsymbol{e}_1^{\mathrm{T}}\boldsymbol{e}_3 \\ \boldsymbol{e}_1^{\mathrm{T}}\boldsymbol{e}_3 & 0 & -1 \\ 0 & 1 & -\boldsymbol{e}_2^{\mathrm{T}}\boldsymbol{e}_3 \\ 0 & \boldsymbol{e}_2^{\mathrm{T}}\boldsymbol{e}_3 & -1 \end{bmatrix} \begin{bmatrix} \rho_1 \\ \rho_2 \\ \rho_3 \end{bmatrix} = \begin{bmatrix} \boldsymbol{e}_1^{\mathrm{T}}(\boldsymbol{R}_2 - \boldsymbol{R}_1) \\ \boldsymbol{e}_2^{\mathrm{T}}(\boldsymbol{R}_2 - \boldsymbol{R}_1) \\ \boldsymbol{e}_1^{\mathrm{T}}(\boldsymbol{R}_3 - \boldsymbol{R}_1) \\ \boldsymbol{e}_3^{\mathrm{T}}(\boldsymbol{R}_3 - \boldsymbol{R}_1) \\ \boldsymbol{e}_2^{\mathrm{T}}(\boldsymbol{R}_3 - \boldsymbol{R}_2) \\ \boldsymbol{e}_3^{\mathrm{T}}(\boldsymbol{R}_3 - \boldsymbol{R}_2) \end{bmatrix} \tag{6.9}$$

对式(6.9)的最小二乘解，即为测距的最优解。可以验证，观测具有随机差时，三站联合定位精度高于双站几何定位精度(图6.1)。在某些工程背景下，不但要求测角仪观测定位，而且要求基于测角仪观测对观测目标定速，有关测角仪滤波估计算法，可参见下面的章节。

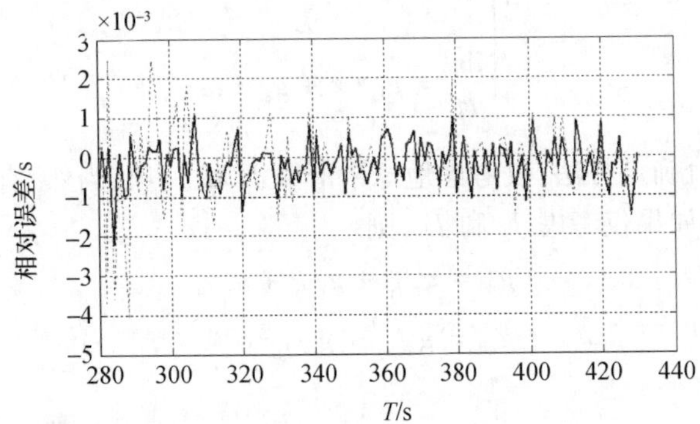

图6.1　多测角定位精度分析

(虚线为双站定位误差，实线为三站定位误差)

6.2　初始轨道确定最小二乘法

初始轨道确定问题可以描述为：已知卫星运动状态运动方程，依据从 $t_0 \sim t_k$ 观测序列，估计 t_0 时刻卫星的运动状态，使得估计值满足准则。基于加权最小二乘原理的初轨确定方法便是估计 t_0 时刻卫星的运动状态，使得在整个观测区间量测值与观测值的平方和最小。本节基于加权最小二乘原理提出适应任意观测弧段、基于任意观测系统的初轨确定方法，通过统计系统差方法和直接求解系统

差方法,可以求解测量设备的系统差。

基于前面章节分析,首先分析系统的状态参数,进而给出系统状态参数的动力学模型和量测模型,系统状态运动对初始运动状态的变分方程以及观测矩阵,残差的统计方法和方差控制方法,以及加权最小二乘初轨确定算法的实现过程。

6.2.1 系统状态模型

初轨确定要求待估计的参数为卫星在 t_0 时刻运动状态参数 $\boldsymbol{r}_0(1/R_e)$,$\dot{\boldsymbol{r}}_0(T_e/R_e)$(以人造卫星时间为单位),系统在任意时刻 t 相对地心惯性坐标系的运动状态(以人造卫星时间为单位,其中 T_e 为人造卫星时间单位),位置和速度矢量为

$$\boldsymbol{r} = [x \quad y \quad z]^{\mathrm{T}}, \dot{\boldsymbol{r}} = [\dot{x}, \quad \dot{y}, \quad \dot{z}]^{\mathrm{T}}$$

满足下面的系统动力学模型:

$$\begin{cases} \dfrac{\mathrm{d}t}{\mathrm{d}\tau} = T_e \\ \dfrac{\mathrm{d}\boldsymbol{r}}{\mathrm{d}\tau} = \dot{\boldsymbol{r}} \\ \dfrac{\mathrm{d}\dot{\boldsymbol{r}}}{d\tau} = g_r \cdot \boldsymbol{r} + g_\omega \cdot \boldsymbol{\omega} \end{cases} \tag{6.10}$$

为说明初轨确定方法,仅考虑地球带谐项 J_2 和 J_3 项,当然,有兴趣的读者可以做一些推广,如果仅考虑 J_2 和 J_3,则

$$g_r = g_{r\_J_1} + g_{r\_J_2} + g_{r\_J_3} \tag{6.11}$$

$$g_\omega = g_{\omega\_J_2} + g_{\omega\_J_3} \tag{6.12}$$

其中

$$\begin{cases} g_{r\_J_1} = -\dfrac{1}{r^3} \\ g_{r\_J_2} = -\dfrac{1}{r^3}\left[1.5J_2\left(\dfrac{1}{r}\right)^2\left(1-5\left(\dfrac{z}{r}\right)^2\right)\right] \\ g_{r\_J_3} = -\dfrac{1}{r^3}\left[2.5J_3\left(\dfrac{1}{r}\right)^3\left(3\left(\dfrac{z}{r}\right)-7\left(\dfrac{z}{r}\right)^3\right)\right] \end{cases} \tag{6.13}$$

$$\begin{cases} g_{\omega\_J_2} = -3J_2\left(\dfrac{1}{r}\right)^4\left(\dfrac{z}{r}\right) \\ g_{\omega\_J_3} = -\dfrac{z}{r^3}\left[2.5J_3\left(\dfrac{1}{r}\right)^3\left(3\left(\dfrac{z}{r}\right)-\dfrac{3}{5}\left(\dfrac{r}{z}\right)\right)\right] \\ \boldsymbol{\omega} = [0,0,1]^{\mathrm{T}} \end{cases} \tag{6.14}$$

测量设备的常值系统差也显著影响观测量,为此,将待估计的参数(卫星在

t_0 时刻运动状态参数)加以扩充,增加测量设备的系统差,定义系统差参数向量为 $\boldsymbol{q}$,则常值系统差 $\boldsymbol{q}$ 满足的动力学方程为 $\dot{\boldsymbol{q}}=0$,因此,增广系统状态 $\boldsymbol{X}=[\boldsymbol{r},\dot{\boldsymbol{r}},\boldsymbol{q}]^{\mathrm{T}}$,满足的动力学模型为

$$\begin{cases}\dfrac{\mathrm{d}t}{\mathrm{d}\tau}=T_e\\ \dfrac{\mathrm{d}\boldsymbol{r}}{\mathrm{d}\tau}=\dot{\boldsymbol{r}}\\ \dfrac{\mathrm{d}\dot{\boldsymbol{r}}}{\mathrm{d}\tau}=g_r\cdot\boldsymbol{r}+g_\omega\cdot\boldsymbol{\omega}\\ \dfrac{\mathrm{d}\boldsymbol{q}}{\mathrm{d}t}=0\\ t\mid\tau_0=t_0,\boldsymbol{r}\mid\tau_0=\boldsymbol{r}_0,\dot{\boldsymbol{r}}\mid\tau_0=\dot{\boldsymbol{r}}_0,\boldsymbol{q}\mid\tau_0=\boldsymbol{q}_0\end{cases}\tag{6.15}$$

初始化初值可以考虑采用经验值,或采用多项式拟合的卫星粗初轨。

6.2.2 系统观测模型

观测模型依赖系统的测量输出,如多普勒测量输出观测目标相对观测点的相对距离变化率 $\dot{\rho}$;雷达测量输出观测目标相对观测站地平坐标系的球面坐标(ρ,A,E);某些先进体制的测量系统,测距系统输出观测目标相对观测站的距离 ρ 和距离变化率 $\dot{\rho}$;测角系统输出观测目标相对观测站地平坐标系的方位 A 和俯仰 E。不对具体测量设备进行特殊的考虑,一般,关于初轨确定的测量模型可以描述如下:

$$\boldsymbol{z}_i=\begin{bmatrix}\rho_i\\ \dot{\rho}_i\\ A_i\\ E_i\end{bmatrix}=\begin{bmatrix}h_\rho(\boldsymbol{X}(t_i))\\ h_{\dot{\rho}}(\boldsymbol{X}(t_i))\\ h_A(\boldsymbol{X}(t_i))\\ h_E(\boldsymbol{X}(t_i))\end{bmatrix}=\begin{bmatrix}\sqrt{(\boldsymbol{r}-\boldsymbol{R},\boldsymbol{r}-\boldsymbol{R})}\\ \dfrac{1}{\rho}(\boldsymbol{r}-\boldsymbol{R},\dot{\boldsymbol{r}}-\dot{\boldsymbol{R}})\\ \arctan\left(\dfrac{x_m}{y_m}\right)\\ \arctan\left(\dfrac{z_m}{\sqrt{x_m^2+y_m^2}}\right)\end{bmatrix}+\begin{bmatrix}q_\rho\\ q_{\dot{\rho}}\\ q_A\\ q_E\end{bmatrix}$$

$$i=1,2,\cdots,m\tag{6.16}$$

式中:$\boldsymbol{R}$、$\dot{\boldsymbol{R}}$ 为当时测站坐标系原点相对地心惯性系的运动参数(位置和速度矢量);q_ρ、$q_{\dot{\rho}}$ 分别为测距和测距变化率观测系统差,q_A、q_E 分别为方位和仰角观测系统差;$\boldsymbol{\rho}_m=[x_m,y_m,z_m]^{\mathrm{T}}$ 为卫星相对测站的位置矢量在测站地平坐标系的投影,设测站地平坐标系到地心惯性系的转移矩阵为 $\boldsymbol{M}$,则 $\boldsymbol{\rho}_m=M^{\mathrm{T}}(\boldsymbol{r}-\boldsymbol{R})$。

假设系统输出为从 $t_0\sim t_k$ 观测序列:$\boldsymbol{z}_i=[\rho_i,\dot{\rho}_i,A_i,E_i]^{\mathrm{T}}(i=0,1,2,\cdots,k)$,量纲约定 $\rho(1/R_{\mathrm{e}})$,$\dot{\rho}(T_e/R_{\mathrm{e}})$,$A(\mathrm{rad})$,$E(\mathrm{rad})$,则关于 t_0 时刻卫星的运动状态和测量设备常值系统差的加权最小二乘算法为求解下列关于估计参数残差的条件方程:

$$
\begin{cases}
W \cdot \left(\dfrac{\partial \boldsymbol{h}}{\partial \boldsymbol{X}}\right)_{t_i} \cdot \left(\dfrac{\partial \boldsymbol{X}}{\partial \boldsymbol{X}_0}\right)_{t_i} \Bigg|_{\boldsymbol{X}_{0|k-1}} \cdot \Delta \boldsymbol{X}_{0|k} = \boldsymbol{W} \cdot (z_i - \boldsymbol{h}[\boldsymbol{X}(t_i)]), i = 1,2,\cdots,k \\
\boldsymbol{X}_{0|k}^{+} = \boldsymbol{X}_{0|k}^{-} + \Delta \boldsymbol{X}_{0|k}
\end{cases}
\tag{6.17}
$$

式中：$\boldsymbol{X}_{0|k}$ 为第 k 次迭代微分修正前的状态估计；$\boldsymbol{X}_{0|k}^{+}$ 为修正后的状态估计值；$\boldsymbol{W}$ 为动态权系数矩阵；$\dfrac{\partial \boldsymbol{h}}{\partial \boldsymbol{X}}$ 为观测模型关于系统状态的偏导矩阵；$\dfrac{\partial \boldsymbol{X}}{\partial \boldsymbol{X}_0}$ 为系统状态参数关于初始系统状态参数的变分运动参数。

6.2.3 观测矩阵

观测矩阵，定义为系统观测量对系统状态的雅可比矩阵，对应系统观测模型式(6.16)，观测方程对系统状态的雅可比导数方程为

$$
\frac{\partial \boldsymbol{h}}{\partial \boldsymbol{X}} = \begin{bmatrix} \dfrac{\partial \rho}{\partial \boldsymbol{X}} \\ \dfrac{\partial \dot{\rho}}{\partial \boldsymbol{X}} \\ \dfrac{\partial A}{\partial \boldsymbol{X}} \\ \dfrac{\partial A}{\partial \boldsymbol{X}} \end{bmatrix} = \begin{bmatrix} \dfrac{\partial \rho}{\partial \boldsymbol{r}} & \dfrac{\partial \rho}{\partial \dot{\boldsymbol{r}}} & \dfrac{\partial \rho}{\partial \boldsymbol{q}} \\ \dfrac{\partial \dot{\rho}}{\partial \boldsymbol{r}} & \dfrac{\partial \dot{\rho}}{\partial \dot{\boldsymbol{r}}} & \dfrac{\partial \dot{\rho}}{\partial \boldsymbol{q}} \\ \dfrac{\partial A}{\partial \boldsymbol{r}} & \dfrac{\partial A}{\partial \dot{\boldsymbol{r}}} & \dfrac{\partial A}{\partial \boldsymbol{q}} \\ \dfrac{\partial E}{\partial \boldsymbol{r}} & \dfrac{\partial E}{\partial \dot{\boldsymbol{r}}} & \dfrac{\partial E}{\partial \boldsymbol{q}} \end{bmatrix} = \begin{bmatrix} \dfrac{\partial \rho}{\partial \boldsymbol{r}}, \boldsymbol{O}_{1\times 3}, 1,0,0,0 \\ \dfrac{\partial \dot{\rho}}{\partial \boldsymbol{r}}, \dfrac{\partial \dot{\rho}}{\partial \dot{\boldsymbol{r}}}, 0,1,0,0 \\ \dfrac{\partial A}{\partial \boldsymbol{r}}, \boldsymbol{O}_{1\times 3}, 0,0,1,0 \\ \dfrac{\partial E}{\partial \boldsymbol{r}}, \boldsymbol{O}_{1\times 3}, 0,0,0,1 \end{bmatrix}
\tag{6.18}
$$

其中

$$
\frac{\partial \rho}{\partial \boldsymbol{r}} = \frac{1}{\rho}(\boldsymbol{r} - \boldsymbol{R})^{\mathrm{T}}
\tag{6.19}
$$

$$
\frac{\partial \dot{\rho}}{\partial \boldsymbol{r}} = \frac{1}{\rho}\left[(\dot{\boldsymbol{r}} - \dot{\boldsymbol{R}}) - \frac{\dot{\rho}}{\rho}(\boldsymbol{r} - \boldsymbol{R})\right]^{\mathrm{T}}
$$

$$
\frac{\partial \dot{\rho}}{\partial \boldsymbol{v}} = \frac{1}{\rho}(\boldsymbol{r} - \boldsymbol{R})^{\mathrm{T}}
\tag{6.20}
$$

$$
\frac{\partial A}{\partial \boldsymbol{r}} = \frac{\partial A}{\partial \rho_m} \cdot \frac{\partial \rho_m}{\partial \boldsymbol{r}} = \left(\frac{y_m}{x_m^2 + y_m^2}, \frac{-x_m}{x_m^2 + y_m^2}, 0\right) \cdot \boldsymbol{M}^{\mathrm{T}}
\tag{6.21}
$$

$$
\frac{\partial E}{\partial \boldsymbol{r}} = \frac{\partial E}{\partial \rho_m} \cdot \frac{\partial \rho_m}{\partial \boldsymbol{r}} = \frac{1}{\rho^2 \sqrt{x_m^2 + y_m^2}} \cdot (-x_m z_m, -y_m z_m, x_m^2 + y_m^2) \cdot \boldsymbol{M}^{\mathrm{T}}
\tag{6.22}
$$

式中：$\boldsymbol{M}$ 为测站地平坐标系到地心惯性系的转移矩阵。

6.2.4 状态传递矩阵

由于系统动力学模型的非线性性，系统状态传递矩阵不能够解析给出，但其满足的微分方程可以给出，系统状态传递矩阵满足的微分方程称为系统变分运

动,系统状态动力学模型式(6.15)对初始系统状态参数 $\boldsymbol{X}_0$ 进行微分,得到

$$\frac{\partial}{\partial \boldsymbol{X}_0}\left(\frac{\mathrm{d}\boldsymbol{X}}{\mathrm{d}\tau}\right)=\frac{\mathrm{d}}{\mathrm{d}\tau}\left(\frac{\partial \boldsymbol{X}}{\partial \boldsymbol{X}_0}\right) \tag{6.23}$$

采用分步求导法,得到

$$\frac{\partial}{\partial \boldsymbol{X}_0}\left(\frac{\mathrm{d}\boldsymbol{X}}{\mathrm{d}\tau}\right)=\frac{\partial}{\partial \boldsymbol{X}_0}\begin{pmatrix}\dfrac{\mathrm{d}\boldsymbol{r}}{\mathrm{d}\tau}\\ \dfrac{\mathrm{d}\dot{\boldsymbol{r}}}{\mathrm{d}\tau}\\ \dfrac{\mathrm{d}\boldsymbol{q}}{\mathrm{d}\tau}\end{pmatrix}=\frac{\partial}{\partial \boldsymbol{X}}\begin{pmatrix}\dot{\boldsymbol{r}}\\ g_r\cdot\boldsymbol{r}+g_\omega\cdot\boldsymbol{\omega}\\ 0\end{pmatrix}\cdot\frac{\partial \boldsymbol{X}}{\partial \boldsymbol{X}_0} \tag{6.24}$$

其中变分方程系数矩阵,由系统动力学模型右端项求导得到

$$\frac{\partial}{\partial \boldsymbol{X}}\begin{pmatrix}\dot{\boldsymbol{r}}\\ g_r\cdot\boldsymbol{r}+g_\omega\cdot\boldsymbol{\omega}\\ 0\end{pmatrix}=\begin{bmatrix}\boldsymbol{O}_{3\times3} & \boldsymbol{I}_{3\times3} & \boldsymbol{O}_{3\times4}\\ \boldsymbol{\Gamma}_{3\times3} & \boldsymbol{O}_{3\times3} & \boldsymbol{O}_{3\times4}\\ \boldsymbol{O}_{4\times3} & \boldsymbol{O}_{4\times3} & \boldsymbol{O}_{4\times4}\end{bmatrix} \tag{6.25}$$

则状态传递矩阵 $\dfrac{\partial \boldsymbol{X}}{\partial \boldsymbol{X}_0}$ 满足变分运动方程:

$$\frac{\mathrm{d}}{\mathrm{d}\tau}\left(\frac{\partial \boldsymbol{X}}{\partial \boldsymbol{X}_0}\right)=\begin{bmatrix}\boldsymbol{O}_{3\times3} & \boldsymbol{I}_{3\times3} & \boldsymbol{O}_{3\times4}\\ \boldsymbol{\Gamma}_{3\times3} & \boldsymbol{O}_{3\times3} & \boldsymbol{O}_{3\times4}\\ \boldsymbol{O}_{4\times3} & \boldsymbol{O}_{4\times3} & \boldsymbol{O}_{4\times4}\end{bmatrix}\cdot\frac{\partial \boldsymbol{X}}{\partial \boldsymbol{X}_0} \tag{6.26}$$

以及初始状态:

$$\left.\frac{\partial \boldsymbol{X}}{\partial \boldsymbol{X}_0}\right|\tau_0=\begin{bmatrix}\boldsymbol{I}_{3\times3} & \boldsymbol{O}_{3\times3} & \boldsymbol{O}_{3\times4}\\ \boldsymbol{O}_{3\times3} & \boldsymbol{I}_{3\times3} & \boldsymbol{O}_{3\times4}\\ \boldsymbol{O}_{4\times3} & \boldsymbol{O}_{4\times3} & \boldsymbol{I}_{4\times4}\end{bmatrix} \tag{6.27}$$

其中

$$\boldsymbol{\Gamma}_{3\times3}=\frac{\partial}{\partial \boldsymbol{r}}[g_r\cdot\boldsymbol{r}+g_\omega\cdot\boldsymbol{\omega}]=\boldsymbol{r}\frac{\partial g_r}{\partial \boldsymbol{r}}+g_r\cdot\boldsymbol{I}_{3\times3}+\boldsymbol{\omega}\frac{\partial g_\omega}{\partial \boldsymbol{r}} \tag{6.28}$$

$$\begin{cases}\dfrac{\partial g_r}{\partial x}=\dfrac{3x}{r^5}\left[1+\dfrac{5}{2}J_2\left(\dfrac{1}{r}\right)^2\left(1-7\left(\dfrac{z}{r}\right)^2\right)\right]\\ \dfrac{\partial g_r}{\partial y}=\dfrac{3y}{r^5}\left[1+\dfrac{5}{2}J_2\left(\dfrac{1}{r}\right)^2\left(1-7\left(\dfrac{z}{r}\right)^2\right)\right]\\ \dfrac{\partial g_r}{\partial z}=\dfrac{3z}{r^5}\left[1+\dfrac{5}{2}J_2\left(\dfrac{1}{r}\right)^2\left(3-7\left(\dfrac{z}{r}\right)^2\right)\right]\end{cases} \tag{6.29}$$

$$
\begin{cases}
\dfrac{\partial g_w}{\partial x} = 15J_2\left(\dfrac{1}{r}\right)^2 \dfrac{zx}{r^5} \\
\dfrac{\partial g_w}{\partial y} = 15J_2\left(\dfrac{1}{r}\right)^2 \dfrac{zy}{r^5} \\
\dfrac{\partial g_w}{\partial z} = 15J_2\left(\dfrac{1}{r}\right)^2 \dfrac{z^2}{r^5} - 3J_2\left(\dfrac{1}{r}\right)^2 \dfrac{1}{r^3}
\end{cases}
\tag{6.30}
$$

6.2.5 残差统计与方差控制

一个问题的最小二乘法解决方案,决不仅仅是一个正规方程的求解问题,还涉及对观测数据的统计特性进行过程跟踪,并利用统计特性进行动态数据筛选,这个过程并不是独立于最小二乘算法的数据处理过程,而是一个问题的最小二乘法解决方案的基本组成部分,这个过程通常称为残差统计与方差控制。定义观测量与预测值(O—C)之间的残差为

$$
\delta\rho_i = \rho_i - h_\rho(\boldsymbol{X}(t_i)),\delta\dot{\rho}_i = \dot{\rho}_i - h_{\dot{\rho}}(\boldsymbol{X}(t_i))
$$

$$
\delta A_i = A_i - h_A(\boldsymbol{X}(t_i)),\delta E_i = E_i - h_E(\boldsymbol{X}(t_i))
$$

假设迭代前的残差总方差为 $\boldsymbol{\sigma}^-$,定义方差控制函数:

$$
\chi[\,|\delta x_i|,3\sigma_x^-\,] = \begin{cases} 1, & |\delta x_i| \leqslant 3\sigma_x^- \\ 0, & |\delta x_i| > 3\sigma_x^- \end{cases},x = \rho,\dot{\rho},A,E
$$

定义观测量系统差统计量为残差的算术平均值,表示如下:

$$
\Delta q_\rho = \frac{\sum_{i=0}^{k} \delta\rho_i \cdot \chi[\,|\delta\rho_i|,3\sigma_\rho^-\,]}{\sum_{i=0}^{k} \chi[\,|\delta\rho_i|,3\sigma_\rho^-\,]} \tag{6.31}
$$

$$
\Delta q_{\dot{\rho}} = \frac{\sum_{i=0}^{k} \delta\dot{\rho}_i \cdot \chi[\,|\delta\dot{\rho}_i|,3\sigma_{\dot{\rho}}^-\,]}{\sum_{i=0}^{k} \chi[\,|\delta\dot{\rho}_i|,3\sigma_{\dot{\rho}}^-\,]} \tag{6.32}
$$

$$
\Delta q_A = \frac{\sum_{i=0}^{k} \delta A_i \cdot \chi[\,|\delta A_i|,3\sigma_A^-\,]}{\sum_{i=0}^{k} \chi[\,|\delta A_i|,3\sigma_A^-\,]} \tag{6.33}
$$

$$
\Delta q_E = \frac{\sum_{i=0}^{k} \delta E_i \cdot \chi[\,|\delta E_i|,3\sigma_E^-\,]}{\sum_{i=0}^{k} \chi[\,|\delta E_i|,3\sigma_E^-\,]} \tag{6.34}
$$

如果因为观测弧段短,可以不把观测系统差作为状态变量求解,以便降低系统状态向量的维数,利于算法的收敛,系统差直接利用式(6.31)~式(6.34)统计方法求解,因此统计观测系统差为

$$q_{\rho}^{+} = q_{\rho}^{-} + \Delta q_{\rho} \tag{6.35}$$

$$q_{\dot{\rho}}^{+} = q_{\dot{\rho}}^{-} + \Delta q_{\dot{\rho}} \tag{6.36}$$

$$q_{A}^{+} = q_{A}^{-} + \Delta q_{A} \tag{6.37}$$

$$q_{E}^{+} = q_{E}^{-} + \Delta q_{E} \tag{6.38}$$

式中:$q_x^-, x = \rho, \dot{\rho}, A, E$ 为迭代前的系统差;$q_x^+, x = \rho, \dot{\rho}, A, E$ 为迭代后修正的系统差。

定义观测量与量测值(O—C)残差均方差和总均方差为

$$\sigma_{\rho} = \sqrt{\frac{\sum_{i=0}^{k} \delta\rho_i^2 \cdot \chi[|\delta\rho_i|, 3\sigma_{\rho}^-]}{\sum_{i=0}^{k} \chi[|\delta\rho_i|, 3\sigma_{\rho}^-]}} \tag{6.39}$$

$$\sigma_{\dot{\rho}} = \sqrt{\frac{\sum_{i=0}^{k} \delta\dot{\rho}_i^2 \cdot \chi[|\delta\dot{\rho}_i|, 3\sigma_{\dot{\rho}}^-]}{\sum_{i=0}^{k} \chi[|\delta\dot{\rho}_i|, 3\sigma_{\dot{\rho}}^-]}} \tag{6.40}$$

$$\sigma_{A} = \sqrt{\frac{\sum_{i=0}^{k} \delta A_i^2 \cdot \chi[|\delta A_i|, 3\sigma_{A}^-]}{\sum_{i=0}^{k} \chi[|\delta A_i|, 3\sigma_{A}^-]}} \tag{6.41}$$

$$\sigma_{E} = \sqrt{\frac{\sum_{i=0}^{k} \delta E_i^2 \cdot \chi[|\delta E_i|, 3\sigma_{E}^-]}{\sum_{i=0}^{k} \chi[|\delta A_i|, 3\sigma_{E}^-]}} \tag{6.42}$$

总方差统计量为

$$\sigma^{+} = \sqrt{\frac{w_{\rho}^2\sigma_{\rho}^2 + w_{\dot{\rho}}^2\sigma_{\dot{\rho}}^2 + w_A^2\sigma_A^2 + w_E^2\sigma_E^2}{4}} \tag{6.43}$$

6.2.6 动态权系数矩阵

动态权系数应能反映数据质量对条件方程的影响,通常认为反映数据统计特征的方差的大小决定数据的质量,因此,定义动态权系数矩阵为

$$
\boldsymbol{W} = \begin{bmatrix} w_\rho & 0 & 0 & 0 \\ 0 & w_{\dot\rho} & 0 & 0 \\ 0 & 0 & w_A & 0 \\ 0 & 0 & 0 & w_E \end{bmatrix} \tag{6.44}
$$

其中

$$
w_\rho = \frac{\boldsymbol{\sigma}^+}{\boldsymbol{\sigma}_\rho}, w_{\dot\rho} = \frac{\boldsymbol{\sigma}^+}{\boldsymbol{\sigma}_{\dot\rho}}, w_A = \frac{\boldsymbol{\sigma}^+}{\boldsymbol{\sigma}_A}, w_E = \frac{\boldsymbol{\sigma}^+}{\boldsymbol{\sigma}_E} \tag{6.45}
$$

当然,动态权系数矩阵 $\boldsymbol{W}$ 可以有不同的选择方法,读者可以就不同的问题尝试用不同的权系数矩阵,但选取的原则应该是让稳定、精确的观测主导条件方程,而不是相反。同样要注意适当控制权系数的值,不至于使得条件方程失去"平衡",影响法化后正规方程组的条件数,导致算法收敛缓慢。

6.2.7 算法的实现步骤和过程

1. 初值准备

(1) 初始状态估计 $\boldsymbol{X}_{0|k}^- = [\boldsymbol{r}_0^-, \dot{\boldsymbol{r}}_0^-, q_\rho^-, q_{\dot\rho}^-, q_A^-, q_E^-]^{\mathrm{T}}$,卫星运动状态的初始估计 $\boldsymbol{r}_0^-, \dot{\boldsymbol{r}}_0^-$,观测系统差初值 $q_\rho^- = 0, q_{\dot\rho}^- = 0, q_A^- = 0, q_E^- = 0$ 。

(2) 变分运动初值为

$$
\left.\frac{\partial \boldsymbol{X}}{\partial \boldsymbol{X}_0}\right|\tau_0 = \begin{bmatrix} \boldsymbol{I}_{3\times3} & \boldsymbol{O}_{3\times3} & \boldsymbol{O}_{3\times4} \\ \boldsymbol{O}_{3\times3} & \boldsymbol{I}_{3\times3} & \boldsymbol{O}_{3\times4} \\ \boldsymbol{O}_{4\times3} & \boldsymbol{O}_{4\times3} & \boldsymbol{I}_{4\times4} \end{bmatrix}
$$

(3) 方差、权系数和总方差初值为

$$
\sigma_\rho^- = \frac{10000}{R_{\mathrm{e}}}, \sigma_{\dot\rho}^- = \frac{10}{R_{\mathrm{e}}} \cdot T_{\mathrm{e}}, \sigma_A^- = 0.1 \cdot \frac{\pi}{180}, \sigma_E^- = 0.1 \cdot \frac{\pi}{180}
$$

$$
w_\rho = 1.0, w_{\dot\rho} = 1.0, w_A = 1.0, w_E = 1.0
$$

$$
\boldsymbol{\sigma}^- = \sqrt{\frac{(\boldsymbol{\sigma}_\rho^-)^2 + (\boldsymbol{\sigma}_{\dot\rho}^-)^2 + (\boldsymbol{\sigma}_A^-)^2 + (\boldsymbol{\sigma}_E^-)^2}{4}}
$$

2. 定轨过程

(1) 循环 $i = 0,1,2,\cdots,k$,对观测量列写条件方程。

(2) 以初始状态估计 $\boldsymbol{X}_{0|k}^-$ 和变分运动初值 $\dfrac{\partial \boldsymbol{X}}{\partial \boldsymbol{X}_0}$ 作为积分初值,从 τ_0 到 τ_i ,积分系统动力学模型和变分运动方程,得到 τ_i 时刻的系统状态参数 $\boldsymbol{X}(\tau_i)$ 和变分运动参数 $\left.\dfrac{\partial \boldsymbol{X}}{\partial \boldsymbol{X}_0}\right|\tau_i$ 。

(3) 计算量测模型 $\boldsymbol{h}(\boldsymbol{X}(\tau_i))$ 和观测矩阵 $\left.\dfrac{\partial \boldsymbol{h}}{\partial \boldsymbol{X}}\right|\tau_i$ 。

(4) 计算观测量与量测值($O-C$)的残差,列写方差控制条件方程,条件方程上对角法化。

（5）统计残差的算术平均值和和几何平均值。

（6）法化矩阵对角传送，求解关于估计状态修正量的正规方程组。

（7）估计状态更新（若状态方程不包括观测系统差，则由统计量修正观测系统差），方差和动态权系数更新。

3. 收敛控制

上述迭代过程使得估计状态修正量的模 $\|\Delta \boldsymbol{X}_{0|k}\| \leqslant 10^{-5}$ 则认为算法收敛，当然也可以有其他的收敛控制方法。

6.3 初始轨道确定扩展卡尔曼滤波

最小二乘法及其改进算法在卫星轨道确定中已经得到成功应用，而卡尔曼滤波却一直未能很好地在该领域应用，原因之一是卡尔曼滤波呈现的不稳定性，这种不稳定性不仅包括对初始估计的依赖性，而且包括对初始方差的敏感性。本节介绍卡尔曼滤波应用于卫星实时轨道确定和轨道监视。

6.3.1 系统状态方程

为达到实时确定卫星轨道参数并估计测量设备的系统差，为此，定义系统状态变量：

$$\boldsymbol{X} = \begin{bmatrix} \boldsymbol{r} \\ \boldsymbol{v} \\ \boldsymbol{q} \end{bmatrix}$$

式中：$\boldsymbol{r}$、$\boldsymbol{v}$ 为卫星相对地心惯性系的位置和速度矢量，与卫星的瞬时轨道根数是等价的；$\boldsymbol{q}$ 为常值测量系统差。

增广的系统动力学模型为

$$\dot{\boldsymbol{X}} = \begin{bmatrix} \mathrm{d}\boldsymbol{r}/\mathrm{d}t \\ \mathrm{d}\boldsymbol{v}/\mathrm{d}t \\ \mathrm{d}\boldsymbol{q}/\mathrm{d}t \end{bmatrix} = \begin{bmatrix} \dot{\boldsymbol{r}} \\ g_r \cdot \boldsymbol{r} + g_\omega \cdot \boldsymbol{\omega} \\ 0 \end{bmatrix} + \begin{bmatrix} \boldsymbol{w}_r \\ \boldsymbol{w}_v \\ \boldsymbol{w}_q \end{bmatrix} = \boldsymbol{f}(t, \boldsymbol{X}) + \boldsymbol{w} \tag{6.46}$$

仅考虑 J_2、J_3、J_4 项摄动：

$$g_r = g_{r\_J_1} + g_{r\_J_2} + g_{r\_J_3} + g_{r\_J_4} \tag{6.47}$$

$$g_\omega = g_{\omega\_J_1} + g_{\omega\_J_2} + g_{\omega\_J_3} + g_{\omega\_J_4} \tag{6.48}$$

其中

$$g_{r\_J_1} = -\frac{\mu}{r^3}, g_{\omega\_J_1} = 0 \tag{6.49}$$

$$g_{r\_J_2} = -\frac{\mu}{r^3}\left[\frac{3}{2}J_2\left(\frac{R_\mathrm{e}}{r}\right)^2\left(1 - 5\left(\frac{z}{r}\right)^2\right)\right], g_{w\_J_2} = -2\frac{\mu}{r^2}\frac{3}{2}J_2\left(\frac{R_\mathrm{e}}{r}\right)^2\left(\frac{z}{r}\right) \tag{6.50}$$

$$
\begin{cases}
g_{r\_J_3} = -\dfrac{\mu}{r^3}\left[\dfrac{5}{2}J_3\left(\dfrac{R_e}{r}\right)^3\left(3\left(\dfrac{z}{r}\right)-7\left(\dfrac{z}{r}\right)^3\right)\right] \\
g_{\omega\_J_3} = -\dfrac{\mu z}{r^3}\left[\dfrac{5}{2}J_3\left(\dfrac{R_e}{r}\right)^3\left(3\left(\dfrac{z}{r}\right)-\dfrac{3}{5}\left(\dfrac{r}{z}\right)\right)\right]
\end{cases} \tag{6.51}
$$

$$
\begin{cases}
g_{r\_J_4} = -\dfrac{\mu}{r^3}\left[-\dfrac{5}{8}J_4\left(\dfrac{R_e}{r}\right)^4\left(3-42\left(\dfrac{z}{r}\right)^2+63\left(\dfrac{z}{r}\right)^4\right)\right] \\
g_{\omega\_J_4} = -\dfrac{\mu z}{r^3}\left[-\dfrac{5}{8}J_4\left(\dfrac{R_e}{r}\right)^4\left(12-28\left(\dfrac{z}{r}\right)^2\right)\right]
\end{cases} \tag{6.52}
$$

式中：μ、R_e、J_2、J_3、J_4 分别为地球引力常数、地球赤道半径和地球带谐项系数；$\boldsymbol{\omega}=[0,0,1]^{\mathrm{T}}$ 为地球自旋轴指向单位矢量；$\boldsymbol{w}_r$、$\boldsymbol{w}_v$、$\boldsymbol{w}_q$ 为系统模型噪声，一般情况下是互不相关的高斯白噪声，满足：

$$
\boldsymbol{Q} = E\left\{\begin{bmatrix}\boldsymbol{w}_r\\ \boldsymbol{w}_v\\ \boldsymbol{w}_q\end{bmatrix}[\boldsymbol{w}_r^{\mathrm{T}},\boldsymbol{w}_v,\boldsymbol{w}_q^{\mathrm{T}}]\right\} =
$$

$$
\begin{bmatrix} E(\boldsymbol{w}_r\boldsymbol{w}_r^{\mathrm{T}}) & 0 & 0 \\ 0 & E(\boldsymbol{w}_v\boldsymbol{w}_v) & 0 \\ 0 & 0 & E(\boldsymbol{w}_q\boldsymbol{w}_q^{\mathrm{T}}) \end{bmatrix} = \begin{bmatrix} \boldsymbol{O}_{3\times3} & 0 & 0 \\ 0 & \sigma_v\cdot\boldsymbol{I}_{3\times3} & 0 \\ 0 & 0 & \sigma_q\cdot\boldsymbol{I} \end{bmatrix} \tag{6.53}
$$

6.3.2 系统观测方程

某些先进体制的测量系统，测距系统输出观测目标相对观测站的距离 ρ 和距离变化率 $\dot{\rho}$，测角系统输出观测目标相对观测站地平坐标系的方位 A 和俯仰 E。假设测量序列为

$$
\begin{aligned}
&t_i,\rho_i,\dot{\rho}_i, \quad i=1,2,\cdots,m \\
&t_j,A_j,E_j, \quad j=1,2,\cdots,n
\end{aligned}
$$

通常测距和测角观测行为不在同一时刻发生，分别为测距和测角系统建立观测方程。

1\. 测距系统观测方程

$$
\begin{bmatrix}\rho_i\\ \dot{\rho}_i\end{bmatrix} = \begin{bmatrix}\sqrt{(\boldsymbol{r}-\boldsymbol{R},\boldsymbol{r}-\boldsymbol{R})}\\ \dfrac{1}{\rho}(\boldsymbol{r}-\boldsymbol{R},\dot{\boldsymbol{r}}-\dot{\boldsymbol{R}})\end{bmatrix} + \begin{bmatrix}q_\rho\\ q_{\dot{\rho}}\end{bmatrix} + \begin{bmatrix}v_\rho\\ v_{\dot{\rho}}\end{bmatrix} \quad i=1,2,\cdots,m \tag{6.54}
$$

式中：$\boldsymbol{R}$、$\dot{\boldsymbol{R}}$ 为当时测站坐标系原点相对地心惯性系的运动参数；q_ρ、$q_{\dot{\rho}}$ 分别为测距和测距变化率观测系统差；v_ρ、$v_{\dot{\rho}}$ 分别为测距和测距变化率观测噪声，满足高斯白噪声性质：

$$\boldsymbol{R}_\rho = E\left[\begin{pmatrix} v_\rho \\ v_{\dot{\rho}} \end{pmatrix}(v_\rho, v_{\dot{\rho}})\right] = \begin{bmatrix} E[v_\rho v_\rho^{\mathrm{T}}] & 0 \\ 0 & E[v_{\dot{\rho}} v_{\dot{\rho}}^{\mathrm{T}}] \end{bmatrix} = \begin{bmatrix} \sigma_\rho^2 & 0 \\ 0 & \sigma_{\dot{\rho}}^2 \end{bmatrix} \tag{6.55}$$

2. 测角系统观测方程

$$\begin{bmatrix} A_j \\ E_j \end{bmatrix} = \begin{bmatrix} \arctan\left(\dfrac{x_m}{y_m}\right) \\ \arctan\left(\dfrac{z_m}{\sqrt{x_m^2 + y_m^2}}\right) \end{bmatrix} + \begin{bmatrix} q_A \\ q_E \end{bmatrix} + \begin{bmatrix} \boldsymbol{v}_A \\ \boldsymbol{v}_E \end{bmatrix} \quad j = 1,2,\cdots,n \tag{6.56}$$

式中：$\boldsymbol{\rho}_m = [x_m, y_m, z_m]^{\mathrm{T}}$ 为测站观测矢量在测站地平坐标系的投影，设测站地平坐标系到地心惯性系的转移矩阵为 $\boldsymbol{M}$，则 $\boldsymbol{\rho}_m = \boldsymbol{M}^{\mathrm{T}}(\boldsymbol{r} - \boldsymbol{R})$；$q_A$、$q_E$ 分别为方位和仰角观测系统差；$\boldsymbol{v}_A$、$\boldsymbol{v}_E$ 分别为方位和仰角观测白噪声且互不相关，满足：

$$\boldsymbol{R}_A = E\left[\begin{pmatrix} \boldsymbol{v}_A \\ \boldsymbol{v}_E \end{pmatrix}(\boldsymbol{v}_A^{\mathrm{T}}, \boldsymbol{v}_E^{\mathrm{T}})\right] = \begin{bmatrix} E[\boldsymbol{v}_A \boldsymbol{v}_A^{\mathrm{T}}] & 0 \\ 0 & E[\boldsymbol{v}_E \boldsymbol{v}_E^{\mathrm{T}}] \end{bmatrix} = \begin{bmatrix} \sigma_A^2 & 0 \\ 0 & \sigma_E^2 \end{bmatrix} \tag{6.57}$$

在地心惯性坐标系建立了卫星动力学系统模型式(6.46)，在测站地平坐标系建立了系统观测模型式(6.54)和式(6.57)。分别就系统观测模型式(6.54)和式(6.56)，建立扩展卡尔曼滤波实时轨道确定算法，以及状态方程和观测方程的线性化过程和有关扩展卡尔曼滤波算法的完整描述参见4.3节。本章给出两种测量体制下的融合滤波算法。

6.3.3 两种测量体制下的融合滤波算法

设在测距体制下，系统状态模型式(6.46)和观测模型式(6.54)，第 k 次观测后系统状态协方差矩阵和状态估计值分别为 $\boldsymbol{P}_k(\rho,\dot{\rho})$ 和 $\widehat{\boldsymbol{X}}_k(\rho,\dot{\rho})$，在测角体制下，系统状态模型式(6.46) 和观测模型式(6.56)，第 k 次观测后系统状态协方差矩阵和状态估计值分别为 $\boldsymbol{P}_k(A,E)$ 和 $\widehat{\boldsymbol{X}}_k(A,E)$，则两种测量体制下的融合滤波问题可以表示成下列二次型函数的极值问题，定义二次型函数：

$$\begin{aligned} J(\boldsymbol{X}) = &\frac{1}{2}(\boldsymbol{X} - \widehat{\boldsymbol{X}}(\rho,\dot{\rho}))^{\mathrm{T}}(\boldsymbol{P}_k(\rho,\dot{\rho}))^{-1}(\boldsymbol{X} - \widehat{\boldsymbol{X}}(\rho,\dot{\rho})) + \\ &\frac{1}{2}(\boldsymbol{X} - \widehat{\boldsymbol{X}}(A,E))^{\mathrm{T}}(\boldsymbol{P}_k(A,E))^{-1}(\boldsymbol{X} - \widehat{\boldsymbol{X}}(A,E)) \end{aligned} \tag{6.58}$$

由于 $\boldsymbol{P}_k(\rho,\dot{\rho})$ 和 $\boldsymbol{P}_k(A,E)$ 为对称正定矩阵，按照附录C(Cholesky分解)，存在平方根矩阵 $\boldsymbol{S}(\rho,\dot{\rho})$ 和 $\boldsymbol{S}(A,E)$，满足：

$$(\boldsymbol{P}_k(\rho,\dot{\rho}))^{-1} = \boldsymbol{S}^{\mathrm{T}}(\rho,\dot{\rho}) \cdot \boldsymbol{S}(\rho,\dot{\rho}),\ (\boldsymbol{P}_k(A,E))^{-1} = \boldsymbol{S}^{\mathrm{T}}(A,E) \cdot \boldsymbol{S}(A,E)$$

二次型函数式(6.58)可以表示为

$$J(\boldsymbol{X}) = \frac{1}{2}\left(\begin{pmatrix} \boldsymbol{S}(\rho,\dot{\rho})(\boldsymbol{X} - \widehat{\boldsymbol{X}}(\rho,\dot{\rho})) \\ \boldsymbol{S}(A,E)(\boldsymbol{X} - \widehat{\boldsymbol{X}}(A,E)) \end{pmatrix}^{\mathrm{T}} \begin{pmatrix} \boldsymbol{S}(\rho,\dot{\rho})(\boldsymbol{X} - \widehat{\boldsymbol{X}}(\rho,\dot{\rho})) \\ \boldsymbol{S}(A,E)(\boldsymbol{X} - \widehat{\boldsymbol{X}}(A,E)) \end{pmatrix}\right) \tag{6.59}$$

对二次型式(6.59)求偏导数,由附录 A 内积偏导数定义,二次型极值 $\boldsymbol{X}_k^*$ 满足:

$$\left.\frac{\partial J(\boldsymbol{X})}{\partial \boldsymbol{X}}\right|_{X=X_k^*} = \begin{pmatrix} \boldsymbol{S}(\rho,\dot{\rho}) \\ \boldsymbol{S}(A,E \end{pmatrix}^{\mathrm{T}} \begin{pmatrix} \boldsymbol{S}(\rho,\dot{\rho})(\boldsymbol{X} - \widehat{\boldsymbol{X}}(\rho,\dot{\rho})) \\ \boldsymbol{S}(A,E)(\boldsymbol{X} - \widehat{\boldsymbol{X}}(A,E)) \end{pmatrix} = 0$$

经过简单运算,两种测量体制下的融合滤波估计值为

$$\boldsymbol{X}_k^* = \frac{(\boldsymbol{P}_k(\rho,\dot{\rho}))^{-1}}{((\boldsymbol{P}_k(\rho,\dot{\rho}))^{-1} + (\boldsymbol{P}_k(A,E))^{-1})^{-1}}\widehat{\boldsymbol{X}}(\rho,\dot{\rho}) + \frac{(\boldsymbol{P}_k(A,E))^{-1}}{((\boldsymbol{P}_k(\rho,\dot{\rho}))^{-1} + (\boldsymbol{P}_k(A,E))^{-1})^{-1}}\widehat{\boldsymbol{X}}(A,E) \tag{6.60}$$

$$\boldsymbol{P}_k^* = \frac{2}{((\boldsymbol{P}_k(\rho,\dot{\rho}))^{-1} + (\boldsymbol{P}_k(A,E))^{-1})^{-1}} \tag{6.61}$$

初始估计协方差矩阵 $\boldsymbol{P}$、模型噪声矩阵 $\boldsymbol{Q}$ 和观测噪声矩阵 $\boldsymbol{R}_\rho$、$\boldsymbol{R}_A$ 的取值对滤波计算有较大影响。初始估计协方差矩阵 $\boldsymbol{P}$ 主要由初始先验估计的精度决定。如果有精确的先验估计,则初始估计协方差矩阵 $\boldsymbol{P}$ 的对角元素可以取小,相反则应取大;但如果太小,会造成滤波算法的发散。模型噪声矩阵 $\boldsymbol{Q}$ 取决于描述系统的动力学模型的精确性,对于系统模型式(6.46) 由于考虑了 J_2 项摄动,一般取 $\sigma_r = 0, \sigma_v = 1 \times 10^{-7}, \sigma_q = 0$,如果 $\boldsymbol{Q}$ 矩阵对角元素太小,会造成滤波估计值震荡,相反,滤波估计"新息" 会排斥新观测值对估计状态的贡献。观测噪声矩阵 $\boldsymbol{R}_\rho$、$\boldsymbol{R}_A$ 取决于观测设备的随机噪声,通常令:

$$\boldsymbol{R}_\rho = \begin{bmatrix} 100^2 & 0 \\ 0 & 1 \end{bmatrix}, \boldsymbol{R}_A = \begin{bmatrix} \left(0.1 \times \frac{\pi}{180}\right)^2 & 0 \\ 0 & \left(0.1 \times \frac{\pi}{180}\right)^2 \end{bmatrix}$$

6.4 初始轨道确定 Laplace 方法

如果卫星运动动力学模型中仅考虑地球中心球形引力,由开普勒定理,定义在惯性系卫星状态向量满足:

$$\boldsymbol{r} \cdot (\boldsymbol{r}_0 \times \dot{\boldsymbol{r}}_0) = 0, \dot{\boldsymbol{r}} \cdot (\boldsymbol{r}_0 \times \dot{\boldsymbol{r}}_0) = 0$$

即任意时刻状态向量位于 $\boldsymbol{r}_0$、$\dot{\boldsymbol{r}}_0$ 张成的平面内,系统状态传播方程可以简化为经典 Laplace 公式:

$$\boldsymbol{r} = f_r \cdot \boldsymbol{r}_0 + f_v \cdot \dot{\boldsymbol{r}}_0 \tag{6.62}$$

$$\dot{\boldsymbol{r}} = \dot{f}_r \cdot \boldsymbol{r}_0 + \dot{f}_v \cdot \dot{\boldsymbol{r}}_0 \tag{6.63}$$

对于基于简化动力学模型 Laplace 公式的状态估计方法已在许多文献[78-80]中讨论过，但考虑有摄动条件下，卫星状态除地球球形中心引力外，地球扁率、三体引力等摄动将使卫星产生轨道平面外的法向运动，使任意时刻状态向量不再位于 $\boldsymbol{r}_0$、$\dot{\boldsymbol{r}}_0$ 张成的平面内。

本节给出基于推广 Laplace 公式的最小二乘法初始轨道确定方法。在建立系统观测模型之前，分析系统状态在初始时刻 t_0 运动状态 $\boldsymbol{r}_0$、$\dot{\boldsymbol{r}}_0$，$(\boldsymbol{r}_0 \times \dot{\boldsymbol{r}}_0)$ 张成的三维空间内传播方程，对于任意时刻卫星状态向量 $(\boldsymbol{r}, \dot{\boldsymbol{r}})$ 总可以表示为

$$\boldsymbol{r} = f_r \cdot \boldsymbol{r}_0 + f_v \cdot \dot{\boldsymbol{r}}_0 + f_n \cdot (\boldsymbol{r}_0 \times \dot{\boldsymbol{r}}_0) \tag{6.64}$$

$$\dot{\boldsymbol{r}} = \dot{f}_r \cdot \boldsymbol{r}_0 + \dot{f}_v \cdot \dot{\boldsymbol{r}}_0 + \dot{f}_n \cdot (\boldsymbol{r}_0 \times \dot{\boldsymbol{r}}_0) \tag{6.65}$$

其中

$$\begin{bmatrix} f_r \\ f_v \end{bmatrix} = \begin{bmatrix} \boldsymbol{r}_0 \cdot \boldsymbol{r}_0 & \boldsymbol{r}_0 \cdot \dot{\boldsymbol{r}}_0 \\ \boldsymbol{r}_0 \cdot \dot{\boldsymbol{r}}_0 & \dot{\boldsymbol{r}}_0 \cdot \dot{\boldsymbol{r}}_0 \end{bmatrix}^{-1} \begin{bmatrix} \boldsymbol{r} \cdot \boldsymbol{r}_0 \\ \boldsymbol{r} \cdot \dot{\boldsymbol{r}}_0 \end{bmatrix} \tag{6.66}$$

$$\begin{bmatrix} \dot{f}_r \\ \dot{f}_v \end{bmatrix} = \begin{bmatrix} \boldsymbol{r}_0 \cdot \boldsymbol{r}_0 & \boldsymbol{r}_0 \cdot \dot{\boldsymbol{r}}_0 \\ \boldsymbol{r}_0 \cdot \dot{\boldsymbol{r}}_0 & \dot{\boldsymbol{r}}_0 \cdot \dot{\boldsymbol{r}}_0 \end{bmatrix}^{-1} \begin{bmatrix} \dot{\boldsymbol{r}} \cdot \boldsymbol{r}_0 \\ \dot{\boldsymbol{r}} \cdot \dot{\boldsymbol{r}}_0 \end{bmatrix} \tag{6.67}$$

$$\begin{bmatrix} f_n \\ \dot{f}_n \end{bmatrix} = \begin{bmatrix} (\boldsymbol{r}_0 \times \dot{\boldsymbol{r}}_0) \cdot (\boldsymbol{r}_0 \times \dot{\boldsymbol{r}}_0) & 0 \\ 0 & (\boldsymbol{r}_0 \times \dot{\boldsymbol{r}}_0) \cdot (\boldsymbol{r}_0 \times \dot{\boldsymbol{r}}_0) \end{bmatrix}^{-1} \begin{bmatrix} \boldsymbol{r} \cdot (\boldsymbol{r}_0 \times \dot{\boldsymbol{r}}_0) \\ \dot{\boldsymbol{r}} \cdot (\boldsymbol{r}_0 \times \dot{\boldsymbol{r}}_0) \end{bmatrix} \tag{6.68}$$

为降低观测量之间随机差的耦合影响，系统测量方程应该尽量建立在测量信息的定义坐标系统中。为此，地面测量观测方程建立在随测量天线随动的测站跟踪坐标系中，GPS 测量方程建立在 WGS84（地心固连坐标系）中。

6.4.1 地面测量方程

在地心惯性坐标系中卫星、地心和观测原点的几何关系，满足下列关系：

$$\boldsymbol{r} = \boldsymbol{M} \cdot \boldsymbol{\rho} + \boldsymbol{R} \tag{6.69}$$

式中：$\boldsymbol{\rho} = [\rho, 0, 0]^{\mathrm{T}}$，为观测矢量在测站跟踪坐标系的投影；$\boldsymbol{M}$ 为从天线跟踪坐标系到地心惯性坐标系的转移矩阵；$\boldsymbol{R}$ 为测站原点在地心惯性坐标系的位置矢量。

假设观测站天线原点大地经度为 λ，地理纬度为 φ，大地高程为 h，且该时刻卫星在测站地平坐标系的观测输出为斜距 ρ，方位角 A 和仰角 E，则

$$\boldsymbol{M} = [\boldsymbol{e}_l, \boldsymbol{e}_\varphi, \boldsymbol{e}_r] \cdot [\boldsymbol{e}_\rho, \boldsymbol{e}_A, \boldsymbol{e}_E] \tag{6.70}$$

其中

$$\boldsymbol{e}_l = \begin{bmatrix} -\sin l \\ \cos l \\ 0 \end{bmatrix}, \boldsymbol{e}_\varphi = \begin{bmatrix} -\sin\varphi\cos l \\ -\sin\varphi\sin l \\ \cos\varphi \end{bmatrix}, \boldsymbol{e}_r = \begin{bmatrix} \cos\varphi\cos l \\ \cos\varphi\sin l \\ \sin\varphi \end{bmatrix} \tag{6.71}$$

$$\boldsymbol{e}_\rho = \begin{bmatrix} \cos E\sin A \\ \cos E\cos A \\ \sin E \end{bmatrix}, \boldsymbol{e}_A = \begin{bmatrix} \cos A \\ -\sin A \\ 0 \end{bmatrix}, \boldsymbol{e}_E = \begin{bmatrix} -\sin E\sin A \\ -\sin E\cos A \\ \cos E \end{bmatrix} \tag{6.72}$$

式中：$l=\lambda + s_0 + \dot{s}\cdot t$；$s_0$ 为当日零时恒星时角；$\dot{s}$ 为恒星时变率。

由观测几何关系式(6.69)代入卫星摄动运动状态 Laplace 方程得到

$$\boldsymbol{M}\cdot\boldsymbol{\rho} + \boldsymbol{R} = f_r\cdot\boldsymbol{r}_0 + f_v\cdot\dot{\boldsymbol{r}} + f_n\cdot(\boldsymbol{r}_0\times\dot{\boldsymbol{r}}_0) \tag{6.73}$$

得到在测站跟踪坐标系中观测向量$\boldsymbol{\rho} = [\rho,0,0]^{\mathrm{T}}$ 满足的观测方程为

$$\boldsymbol{\rho} = \boldsymbol{M}^{\mathrm{T}}\cdot(f_r\cdot\boldsymbol{r}_0 + f_v\cdot\dot{\boldsymbol{r}}_0 + f_n\cdot(\boldsymbol{r}_0\times\dot{\boldsymbol{r}}_0) - \boldsymbol{R}) \tag{6.74}$$

令

$$\boldsymbol{M}^{\mathrm{T}} = \begin{bmatrix} \boldsymbol{e}_\rho^{\mathrm{T}} \\ \boldsymbol{e}_A^{\mathrm{T}} \\ \boldsymbol{e}_E^{\mathrm{T}} \end{bmatrix}\cdot\begin{bmatrix} \boldsymbol{e}_l^{\mathrm{T}} \\ \boldsymbol{e}_\varphi^{\mathrm{T}} \\ \boldsymbol{e}_r^{\mathrm{T}} \end{bmatrix} = \begin{bmatrix} \boldsymbol{L}_\rho^{\mathrm{T}} \\ \boldsymbol{L}_A^{\mathrm{T}} \\ \boldsymbol{L}_E^{\mathrm{T}} \end{bmatrix} \tag{6.75}$$

则式(6.74)变形为地面测量观测方程：

$$\begin{bmatrix} \rho \\ 0 \\ 0 \end{bmatrix} = \begin{bmatrix} f_r\boldsymbol{L}_\rho^{\mathrm{T}}\cdot\boldsymbol{r}_0 + f_v\boldsymbol{L}_\rho^{\mathrm{T}}\cdot\dot{\boldsymbol{r}}_0 + \boldsymbol{L}_\rho^{\mathrm{T}}\cdot(f_n(\boldsymbol{r}_0\times\dot{\boldsymbol{r}}_0) - \boldsymbol{R}) \\ f_r\boldsymbol{L}_A^{\mathrm{T}}\cdot\boldsymbol{r}_0 + f_v\boldsymbol{L}_A^{\mathrm{T}}\cdot\dot{\boldsymbol{r}}_0 + \boldsymbol{L}_A^{\mathrm{T}}\cdot(f_n(\boldsymbol{r}_0\times\dot{\boldsymbol{r}}_0) - \boldsymbol{R}) \\ f_r\boldsymbol{L}_E^{\mathrm{T}}\cdot\boldsymbol{r}_0 + f_v\boldsymbol{L}_E^{\mathrm{T}}\cdot\dot{\boldsymbol{r}}_0 + \boldsymbol{L}_E^{\mathrm{T}}\cdot(f_n(\boldsymbol{r}_0\times\dot{\boldsymbol{r}}_0) - \boldsymbol{R}) \end{bmatrix} \tag{6.76}$$

同样，考虑测距变化率 $\dot{\rho}$ 的观测方程，由

$$\dot{\rho} = \frac{1}{\rho}(\boldsymbol{r}-\boldsymbol{R},\dot{\boldsymbol{r}}-\dot{\boldsymbol{R}}) = \frac{1}{\rho}(\boldsymbol{M}\cdot\boldsymbol{\rho},\dot{\boldsymbol{r}}-\dot{\boldsymbol{R}}) \tag{6.77}$$

令$\boldsymbol{M} = [\boldsymbol{L}_\rho,\boldsymbol{L}_{\dot{A}},\boldsymbol{L}_{\dot{E}}]$，则式(6.77)为

$$\dot{\rho} = \frac{1}{\rho}(\rho\boldsymbol{L}_{\dot{\rho}},\dot{\boldsymbol{r}}-\dot{\boldsymbol{R}}) = \boldsymbol{L}_{\dot{\rho}}^{\mathrm{T}}(\dot{\boldsymbol{r}}-\dot{\boldsymbol{R}}) =$$

$$\dot{f}_r\boldsymbol{L}_{\dot{\rho}}^{\mathrm{T}}\cdot\boldsymbol{r}_0 + \dot{f}_v\boldsymbol{L}_{\dot{\rho}}^{\mathrm{T}}\cdot\dot{\boldsymbol{r}}_0 + \boldsymbol{L}_{\dot{\rho}}^{\mathrm{T}}\cdot(\dot{f}_n(\boldsymbol{r}_0\times\dot{\boldsymbol{r}}_0) - \dot{\boldsymbol{R}}) \tag{6.78}$$

依据以上分析，可得到在测站跟踪坐标系建立的雷达地面观测方程，对地面观测 $t_i,\rho_i,\dot{\rho}_i,A_i,E_i(i=1,2,\cdots,n)$，测量量与估计状态 $\boldsymbol{r}_0$、$\dot{\boldsymbol{r}}_0$ 满足的条件方程分别列写如下：

$$w_\rho f_r\boldsymbol{L}_\rho^{\mathrm{T}}\cdot\boldsymbol{r}_0 + w_\rho f_v\boldsymbol{L}_\rho^{\mathrm{T}}\cdot\dot{\boldsymbol{r}}_0 = w_\rho\rho - w_\rho\boldsymbol{L}_\rho^{\mathrm{T}}\cdot(f_n(\boldsymbol{r}_0\times\dot{\boldsymbol{r}}_0) - \boldsymbol{R}) \tag{6.79}$$

$$w_A f_r\boldsymbol{L}_A^{\mathrm{T}}\cdot\boldsymbol{r}_0 + w_A f_v\boldsymbol{L}_A^{\mathrm{T}}\cdot\dot{\boldsymbol{r}}_0 = w_A\boldsymbol{L}_A^{\mathrm{T}}\cdot(\boldsymbol{R} - f_n(\boldsymbol{r}_0\times\dot{\boldsymbol{r}}_0)) \tag{6.80}$$

$$w_E f_r\boldsymbol{L}_E^{\mathrm{T}}\cdot\boldsymbol{r}_0 + w_E f_v\boldsymbol{L}_E^{\mathrm{T}}\cdot\dot{r}_0 = w_E\boldsymbol{L}_E^{\mathrm{T}}\cdot(\boldsymbol{R} - f_n(\boldsymbol{r}_0\times\dot{\boldsymbol{r}}_0)) \tag{6.81}$$

$$w_{\dot{\rho}}\dot{f}_r\boldsymbol{L}_{\dot{\rho}}^{\mathrm{T}}\cdot\boldsymbol{r}_0 + w_{\dot{\rho}}\dot{f}_v\boldsymbol{L}_{\dot{\rho}}^{\mathrm{T}}\cdot\dot{\boldsymbol{r}}_0 = w_{\dot{\rho}}\dot{\rho} - w_{\dot{\rho}}\boldsymbol{L}_{\dot{\rho}}^{\mathrm{T}}\cdot(\dot{f}_n(\boldsymbol{r}_0\times\dot{\boldsymbol{r}}_0) - \dot{\boldsymbol{R}}) \tag{6.82}$$

上述方程是关于估计状态 $\boldsymbol{r}_0$、$\dot{\boldsymbol{r}}_0$ 和观测量的线性超定方程,注意到:

(1) 不仅方程系数矩阵,而且方程右端项均与估计状态耦合,因此,考虑引入迭代过程使方程消去耦合,这也是数据分析中通常采用的算法设计思想;

(2) 测距和测角条件方程是独立的,对于不同的测量体制,测距和测角分别列写条件方程是适应多设备测量数据融合的基本条件;

(3) 方程系数和右端项不仅与估计状态有关,而且与该时刻系统状态有关,系统状态动力学积分是建立估计状态与当前系统状态的必要途径。

定义观测残差矢量为 $\boldsymbol{\Delta\rho} = (\delta\rho,\delta A,\delta E,\delta\dot{\rho})^{\mathrm{T}}$,残差计算分别为

$$\delta\rho = w_\rho \mid \boldsymbol{L}_\rho^{\mathrm{T}}(\boldsymbol{r}-\boldsymbol{R}) - \rho \mid \tag{6.83}$$

$$\delta A = w_A \mid \boldsymbol{L}_A^{\mathrm{T}}(\boldsymbol{r}-\boldsymbol{R}) \mid \tag{6.84}$$

$$\delta E = w_E \mid \boldsymbol{L}_E^{\mathrm{T}}(\boldsymbol{r}-\boldsymbol{R}) \mid \tag{6.85}$$

$$\delta\dot{\rho} = w_{\dot{\rho}} \mid \boldsymbol{L}_{\dot{\rho}}^{\mathrm{T}}(\dot{\boldsymbol{r}}-\dot{\boldsymbol{R}}) - \dot{\rho} \mid \tag{6.86}$$

定义方差控制函数为

$$\chi(\delta x,3\sigma_x) = \begin{cases} 1,\delta x < 3\sigma_x \\ 0,\delta x > 3\sigma_x \end{cases},x = \rho,A,E,\dot{\rho} \tag{6.87}$$

方差控制的含义是:当$\chi(\delta x,3\sigma_x) = 1$时,对测量元素 x 对应列写条件方程式(6.79)~式(6.82)时,同时进行方差统计;反之,该测量在当次拟合过程作为“坏”观测被“抛弃”,引号表示“坏”与“抛弃”是相对的,当次拟合过程中被认为是“坏”观测数据,在下次可能是“好”观测数据,这个动态过程便是由方差控制函数来控制。为此,定义下列的方差统计函数:

$$\sigma_\rho = \sqrt{\frac{\sum_{i=1}^{n}\delta\rho_i^2\cdot\chi(\delta\rho_i,3\sigma_\rho)}{\sum_{i=1}^{n}\chi(\delta\rho_i,3\sigma_\rho)}},\sigma_A = \sqrt{\frac{\sum_{i=1}^{n}\delta A_i^2\cdot\chi(\delta A_i,3\sigma_A)}{\sum_{i=1}^{n}\chi(\delta A_i,3\sigma_A)}} \tag{6.88}$$

$$\sigma_E = \sqrt{\frac{\sum_{i=1}^{n}\delta E_i^2\cdot\chi(\delta E_i,3\sigma_E)}{\sum_{i=1}^{n}\chi(\delta E_i,3\sigma_E)}},\sigma_{\dot{\rho}} = \sqrt{\frac{\sum_{i=1}^{n}\delta\dot{\rho}_i^2\cdot\chi(\delta\dot{\rho}_i,3\sigma_{\dot{\rho}})}{\sum_{i=1}^{n}\chi(\delta\dot{\rho}_i,3\sigma_{\dot{\rho}})}} \tag{6.89}$$

$$\sigma = \sqrt{\frac{\sigma_\rho^2+\sigma_A^2+\sigma_E^2+\sigma_{\dot{\rho}}^2}{4}} \tag{6.90}$$

动态权系数是控制某种测量量对条件方程“贡献”大小的手段,依据统计方差,定义下列形式的权系数:

$$w_p = \frac{\sigma}{\sigma_p},w_A = \frac{\sigma}{\sigma_A},w_E = \frac{\sigma}{\sigma_E},w_{\dot{\rho}} = \frac{\sigma}{\sigma_{\dot{p}}} \tag{6.91}$$

对于具体的问题和应用背景,还可以定义其他形式的权系数。同样,对权系

数的大小进行必要的控制和平衡,也是非常值得研究的问题,有时甚至是算法精度的决定因素。

6.4.2 GPS 测量观测方程

定义在 WGS84 准地心固连坐标系中的 GPS 测量数据位置 $\boldsymbol{r}_G = (x_G, y_G, z_G)^T$、速度 $\dot{\boldsymbol{r}}_G = (\dot{x}_G, \dot{y}_G, \dot{z}_G)^T$,在地心惯性坐标系中与卫星位置和速度的关系:

$$\begin{cases} \boldsymbol{r} = \boldsymbol{B} \cdot \boldsymbol{r}_G \\ \dot{\boldsymbol{r}} = \boldsymbol{B} \cdot (\dot{\boldsymbol{r}}_G + \boldsymbol{\omega} \times \boldsymbol{r}_G) \end{cases} \tag{6.92}$$

式中:$\boldsymbol{\omega} = (0, 0, \dot{s})^T$;$\boldsymbol{B}$ 为从准地心固连坐标系到地心惯性坐标系的转移矩阵(参见 2.3 节)。则 WGS84 准地心固连坐标系下 GPS 测量量满足的观测方程为

$$\begin{aligned} \boldsymbol{r}_G &= \boldsymbol{B}^T \boldsymbol{r} \\ \dot{\boldsymbol{r}}_G &= \boldsymbol{B}^T \dot{\boldsymbol{r}} - \boldsymbol{B}^T \boldsymbol{W} \cdot \boldsymbol{r} \end{aligned} \tag{6.93}$$

其中

$$\boldsymbol{W} = \begin{bmatrix} 0 & -\dot{s} & 0 \\ \dot{s} & 0 & 0 \\ 0 & 0 & 0 \end{bmatrix}$$

令

$$\boldsymbol{B}^T = \begin{bmatrix} \boldsymbol{B}_x^T \\ \boldsymbol{B}_y^T \\ \boldsymbol{B}_z^T \end{bmatrix} = \begin{bmatrix} L_x \\ L_y \\ L_z \end{bmatrix}, \boldsymbol{B}^T \boldsymbol{W} = \begin{bmatrix} \boldsymbol{B}_{\dot{x}}^T \\ \boldsymbol{B}_{\dot{y}}^T \\ \boldsymbol{B}_{\dot{z}}^T \end{bmatrix} = \begin{bmatrix} L_{\dot{x}} \\ L_{\dot{y}} \\ L_{\dot{z}} \end{bmatrix} \tag{6.94}$$

代入式(6.92),可以得到 GPS 测量中位置 $\boldsymbol{r}_G = (x_G, y_G, z_G)^T$、速度 $\dot{\boldsymbol{r}}_G = (\dot{x}_G, \dot{y}_G, \dot{z}_G)^T$ 测量值观测方程

$$\begin{bmatrix} x_G \\ y_G \\ z_G \end{bmatrix} = \begin{bmatrix} L_x \cdot \boldsymbol{r} \\ L_y \cdot \boldsymbol{r} \\ L_z \cdot \boldsymbol{r} \end{bmatrix} = \begin{bmatrix} f_r L_x \cdot \boldsymbol{r}_0 + f_v L_x \cdot \dot{\boldsymbol{r}}_0 + f_n L_x \cdot (\boldsymbol{r}_0 \times \dot{\boldsymbol{r}}_0) \\ f_r L_y \cdot \boldsymbol{r}_0 + f_v L_y \cdot \dot{\boldsymbol{r}}_0 + f_n L_y \cdot (\boldsymbol{r}_0 \times \dot{\boldsymbol{r}}_0) \\ f_r L_n \cdot \boldsymbol{r}_0 + f_v L_n \cdot \dot{\boldsymbol{r}}_0 + f_n L_n \cdot (\boldsymbol{r}_0 \times \dot{\boldsymbol{r}}_0) \end{bmatrix} \tag{6.95}$$

$$\begin{bmatrix} \dot{x}_G \\ \dot{y}_G \\ \dot{z}_G \end{bmatrix} = \begin{bmatrix} L_x \cdot \dot{\boldsymbol{r}} \\ L_y \cdot \dot{\boldsymbol{r}} \\ L_z \cdot \dot{\boldsymbol{r}} \end{bmatrix} - \begin{bmatrix} L_{\dot{x}} \cdot \boldsymbol{r} \\ L_{\dot{y}} \cdot \boldsymbol{r} \\ L_{\dot{z}} \cdot \boldsymbol{r} \end{bmatrix} =$$

$$\begin{bmatrix} (\dot{f}_r L_x - f_r L_{\dot{x}}) \cdot \boldsymbol{r}_0 + (\dot{f}_v L_x - f_v L_{\dot{x}}) \cdot \dot{\boldsymbol{r}}_0 + (\dot{f}_n L_x - f_n L_{\dot{x}}) \cdot (\boldsymbol{r}_0 \times \dot{\boldsymbol{r}}_0) \\ (\dot{f}_r L_y - f_r L_{\dot{y}}) \cdot \boldsymbol{r}_0 + (\dot{f}_v L_y - f_v L_{\dot{y}}) \cdot \dot{\boldsymbol{r}}_0 + (\dot{f}_n L_y - f_n L_{\dot{y}}) \cdot (\boldsymbol{r}_0 \times \dot{\boldsymbol{r}}_0) \\ (\dot{f}_r L_z - f_r L_{\dot{z}}) \cdot \boldsymbol{r}_0 + (\dot{f}_v L_z - f_v L_{\dot{z}}) \cdot \dot{\boldsymbol{r}}_0 + (\dot{f}_n L_z - f_n L_{\dot{z}}) \cdot (\boldsymbol{r}_0 \times \dot{\boldsymbol{r}}_0) \end{bmatrix} \tag{6.96}$$

因此,GPS 观测 $t_j, x_G^j, y_G^j, z_G^j, \dot{x}_G^j, \dot{y}_G^j, \dot{z}_G^j (j = 1,2,\cdots,m)$ 测量量与估计状态 $\boldsymbol{r}_0, \dot{\boldsymbol{r}}$ 满足的加权最小二乘条件方程分别为

$$w_x f_r L_x \cdot \boldsymbol{r}_0 + w_x f_v L_x \cdot \dot{\boldsymbol{r}}_0 = w_x (x_G - f_n L_x \cdot (\boldsymbol{r}_0 \times \dot{\boldsymbol{r}}_0)) \tag{6.97}$$

$$w_y f_r L_y \cdot \boldsymbol{r}_0 + w_y f_v L_y \cdot \dot{\boldsymbol{r}}_0 = w_y (x_G - f_n L_y \cdot (\boldsymbol{r}_0 \times \dot{\boldsymbol{r}}_0)) \tag{6.98}$$

$$w_z f_r L_z \cdot \boldsymbol{r}_0 + w_z f_v L_z \cdot \dot{\boldsymbol{r}}_0 = w_z (x_G - f_n L_z \cdot (\boldsymbol{r}_0 \times \dot{\boldsymbol{r}}_0)) \tag{6.99}$$

$$w_{\dot{x}}(\dot{f}_r L_x - f_r L_{\dot{x}}) \cdot \boldsymbol{r}_0 + w_{\dot{x}}(\dot{f}_v L_x - f_v L_{\dot{x}}) \cdot \dot{\boldsymbol{r}}_0 = w_{\dot{x}}(\dot{x}_G - (\dot{f}_n L_x - f_n L_{\dot{x}}) \cdot (\boldsymbol{r}_0 \times \dot{\boldsymbol{r}}_0)) \tag{6.100}$$

$$w_{\dot{y}}(\dot{f}_r L_y - f_r L_{\dot{y}}) \cdot \boldsymbol{r}_0 + w_{\dot{y}}(\dot{f}_v L_y - f_v L_{\dot{y}}) \cdot \dot{\boldsymbol{r}}_0 = w_{\dot{y}}(\dot{y}_G - (\dot{f}_n L_y - f_n L_{\dot{y}}) \cdot (\boldsymbol{r}_0 \times \dot{\boldsymbol{r}}_0)) \tag{6.101}$$

$$w_{\dot{z}}(\dot{f}_r L_z - f_r L_{\dot{z}}) \cdot \boldsymbol{r}_0 + w_{\dot{z}}(\dot{f}_v L_z - f_v L_{\dot{z}}) \cdot \dot{\boldsymbol{r}}_0 = w_{\dot{z}}(\dot{x}_G - (\dot{f}_n L_z - f_n L_{\dot{z}}) \cdot (\boldsymbol{r}_0 \times \dot{\boldsymbol{r}}_0)) \tag{6.102}$$

定义残差向量及满足的残差方程:

$$\begin{cases} \Delta\boldsymbol{r}_G = (\delta x_G, \delta y_G, \delta z_G)^{\mathrm{T}} = \boldsymbol{r}_G - B^{\mathrm{T}}\boldsymbol{r} \\ \Delta\dot{\boldsymbol{r}}_G = (\delta\dot{x}_G, \delta\dot{y}_G, \delta\dot{z}_G)^{\mathrm{T}} = \dot{\boldsymbol{r}}_G - (\boldsymbol{B}^{\mathrm{T}}\dot{\boldsymbol{r}} - \boldsymbol{B}^{\mathrm{T}}\boldsymbol{W} \cdot \boldsymbol{r}) \end{cases} \tag{6.103}$$

$$\begin{cases} \delta x_G = \left| w_x (x_G - L_x \boldsymbol{r}) \right|, \delta\dot{x}_G = \left| w_{\dot{x}} [\dot{x}_G - (L_x \dot{\boldsymbol{r}} - L_{\dot{x}} \boldsymbol{r})] \right| \\ \delta y_G = \left| w_y (y_G - L_y \boldsymbol{r}) \right|, \delta\dot{y}_G = \left| w_{\dot{y}} [\dot{y}_G - (L_y \dot{\boldsymbol{r}} - L_{\dot{y}} \boldsymbol{r})] \right| \\ \delta z_G = \left| w_z (z_G - L_z \boldsymbol{r}) \right|, \delta\dot{z}_G = \left| w_{\dot{z}} [\dot{z}_G - (L_z \dot{\boldsymbol{r}} - L_{\dot{z}} \boldsymbol{r})] \right| \end{cases} \tag{6.104}$$

定义下列的方差统计函数:

$$\sigma_x = \sqrt{\frac{\sum_{i=1}^{n} \delta x_G^2(i) \cdot \chi(\delta x_G(i), 3\sigma_{x_G})}{\sum_{i=1}^{n} \chi(\delta x_G(i), 3\sigma_{x_G}) + 1}}, \sigma_y = \sqrt{\frac{\sum_{i=1}^{n} \delta y_G^2(i) \cdot \chi(\delta y_G(i), 3\sigma_{y_G})}{\sum_{i=1}^{n} \chi(\delta y_G(i), 3\sigma_{y_G}) + 1}}$$

$$\sigma_z = \sqrt{\frac{\sum_{i=1}^{n} \delta z_G^2(i) \cdot \chi(\delta z_G(i), 3\sigma_{z_G})}{\sum_{i=1}^{n} \chi(\delta z_G(i), 3\sigma_{z_G}) + 1}}, \sigma_{\dot{x}} = \sqrt{\frac{\sum_{i=1}^{n} \delta \dot{x}_G^2(i) \cdot \chi(\delta \dot{x}_G(i), 3\sigma_{\dot{x}_G})}{\sum_{i=1}^{n} \chi(\delta \dot{x}_G(i), 3\sigma_{\dot{x}_G}) + 1}}$$

$$\sigma_{\dot{y}} = \sqrt{\frac{\sum_{i=1}^{n} \delta \dot{y}_G^2(i) \cdot \chi(\delta \dot{y}_G(i), 3\sigma_{\dot{y}_G})}{\sum_{i=1}^{n} \chi(\delta \dot{y}_G(i), 3\sigma_{\dot{y}_G}) + 1}}, \sigma_{\dot{z}} = \sqrt{\frac{\sum_{i=1}^{n} \delta \dot{z}_G^2(i) \cdot \chi(\delta \dot{z}_G(i), 3\sigma_{\dot{z}_G})}{\sum_{i=1}^{n} \chi(\delta \dot{z}_G(i), 3\sigma_{\dot{z}_G}) + 1}}$$

$$\sigma = \sqrt{\frac{\sigma_x^2 + \sigma_y^2 + \sigma_z^2 + \sigma_{\dot{x}}^2 + \sigma_{\dot{y}}^2 + \sigma_{\dot{z}}^2}{6}}$$

依据统计方差，定义下列形式的权系数：

$$w_x = \frac{\sigma}{\sigma_x}, w_y = \frac{\sigma}{\sigma_y}, w_z = \frac{\sigma}{\sigma_z}, w_{\dot{x}} = \frac{\sigma}{\sigma_{\dot{x}}}, w_{\dot{y}} = \frac{\sigma}{\sigma_{\dot{y}}}, w_{\dot{z}} = \frac{\sigma}{\sigma_{\dot{z}}}$$

6.4.3 条件方程最小二乘算法

如式(6.76)~式(6.77)和式(6.97)~式(6.102)，建立了被估计的未知参数和观测数据之间形如下列的条件方程组：

$$a_{i,1}x_1 + a_{i,2}x_2 + a_{i,3}x_3 + a_{i,4}x_4 + a_{i,5}x_5 + a_{i,6}x_6 = b_i, i = 1,2,\cdots,n(n \gg 6) \tag{6.105}$$

定义：

$$\boldsymbol{A} = \begin{bmatrix} a_{1,1} & a_{1,2} & a_{1,3} & a_{1,4} & a_{1,5} & a_{1,6} \\ a_{2,1} & a_{2,2} & a_{2,3} & a_{2,4} & a_{2,5} & a_{2,6} \\ \vdots & \vdots & \vdots & \vdots & \vdots & \vdots \\ a_{n,1} & a_{n,2} & a_{n,3} & a_{n,4} & a_{n,5} & a_{n,6} \end{bmatrix}$$

$$\boldsymbol{X} = [x_1 \quad x_2 \quad x_3 \quad x_4 \quad x_5 \quad x_6]^{\mathrm{T}}$$

$$\boldsymbol{b} = [b_1 \quad b_2 \quad \cdots \quad b_n]$$

则条件方程组 $\boldsymbol{AX} = \boldsymbol{b}$ 的最小二乘解，是下列二次型的最小值，即

$$J(\boldsymbol{X}^*) = \min_{X \in R^6}(\boldsymbol{b} - \boldsymbol{AX})^{\mathrm{T}}(\boldsymbol{b} - \boldsymbol{AX}) \tag{6.106}$$

满足：

$$\frac{\partial}{\partial X}((\boldsymbol{b} - \boldsymbol{AX})^{\mathrm{T}}(\boldsymbol{b} - \boldsymbol{AX})) = 2(\boldsymbol{b} - \boldsymbol{AX})^{\mathrm{T}}(-\boldsymbol{A}) = -2(-\boldsymbol{b}^{\mathrm{T}}\boldsymbol{A} + \boldsymbol{X}^{\mathrm{T}}\boldsymbol{A}^{\mathrm{T}}\boldsymbol{A}) = 0$$

等价于下列正规方程：

$$\boldsymbol{A}^{\mathrm{T}}\boldsymbol{AX} = \boldsymbol{A}^{\mathrm{T}}\boldsymbol{b} \tag{6.107}$$

正规方程式(6.107)的法化过程与条件方程式(6.105)相类似，具体如下：

$$\sum_{i=1}^{n} \boldsymbol{a}_i^{\mathrm{T}}\boldsymbol{a}_i\boldsymbol{X} = \sum_{i=1}^{n} \boldsymbol{b}_i\boldsymbol{a}_i^{\mathrm{T}} \tag{6.108}$$

可以看出：条件方程的法化过程是顺序的，正规矩阵的形成是关于观测序列的累加过程，而没有必要对正规矩阵的形成进行批处理；条件方程的列写不需要等间距测量，对测量分量独立列写方程，对不同的地面站测量可以产生融合条件方程组，将提高再入航天器运动跟踪与状态预测的精度。由于正规矩阵是对称的，在法化过程仅计算上对角元素，这样处理不仅降低计算量，更重要是为了保

证正规矩阵的对称性。

算法流程如下:

(1) 获取系统状态的 $\boldsymbol{r}_0$、$\dot{\boldsymbol{r}}_0$ 的初始估计值,可以基于三次多项式的最小二乘法计算,该算法对初始估计值的精度不做要求。

(2) 初值问题计算,对于动力学模型式(6.15)积分到观测采样时刻 t_i,得到系统在 t_i 的系统状态 $\boldsymbol{r}(t_i)$、$\dot{\boldsymbol{r}}(t_i)$。

(3) 由式(6.66)~式(6.68)计算条件方程系数,依据观测类型,分别选择计算系数,条件方程对地面观测每一分量,对 GPS 观测每一分量独立。

(4) 引入方差检验列条件方程式(6.79)~式(6.82),顺序法化条件方程,并进行相应观测值的残差和方差统计。

(5) 正规方程求解,更新系统状态,收敛性判断,收敛则输出系统状态的 $\boldsymbol{r}_0$、$\dot{\boldsymbol{r}}_0$ 的估计值,等待处理新观测信息,否则仅更新系统状态,上述流程(2)~(5)循环处理。

第7章 卫星机动轨道跟踪与机动检测

7.1 轨道机动推力参数辨识

假设轨道机动初始时刻卫星运动状态精确已知,考虑轨道控制过程中机动目标的变质量动力学模型,定义机动目标在地心惯性坐标系的位置和速度分别为$\boldsymbol{r}$和$\dot{\boldsymbol{r}}$,为叙述方便,仅考虑地球非球形引力摄动和推力加速度,则在地心惯性坐标系中机动目标的变质量动力学模型可以描述为

$$\frac{\mathrm{d}\boldsymbol{r}}{\mathrm{d}t} = \dot{\boldsymbol{r}}$$

$$\frac{\mathrm{d}\dot{\boldsymbol{r}}}{\mathrm{d}t} = g_r \cdot \boldsymbol{r} + g_w \cdot \boldsymbol{w} + a \cdot \boldsymbol{p} \tag{7.1}$$

式中:$\boldsymbol{p}$为地心惯性系的推力方向矢量,$\boldsymbol{r} = [x,y,z]^{\mathrm{T}}$,$\dot{\boldsymbol{r}} = [\dot{x},\dot{y},\dot{z}]^{\mathrm{T}}$,$\boldsymbol{\omega} = [0,0,1]^{\mathrm{T}}$。

仅考虑J_2和J_3项,则引力加速度可表示为

$$g_r = g_{r\_J_1} + g_{r\_J_2} + g_{r\_J_3} \tag{7.2}$$

$$g_\omega = g_{\omega\_J_2} + g_{\omega\_J_3} \tag{7.3}$$

$$\begin{cases} g_{r\_J_1} = -\dfrac{1}{r^3} \\ g_{r\_J_2} = -\dfrac{1}{r^3}\left[1.5J_2\left(\dfrac{1}{r}\right)^2\left(1-5\left(\dfrac{z}{r}\right)^2\right)\right] \\ g_{r\_J_3} = -\dfrac{1}{r^3}\left[2.5J_3\left(\dfrac{1}{r}\right)^3\left(3\left(\dfrac{z}{r}\right)-7\left(\dfrac{z}{r}\right)^3\right)\right] \end{cases} \tag{7.4}$$

其中

$$\begin{cases} g_{\omega\_J_2} = -3J_2\left(\dfrac{1}{r}\right)^4\left(\dfrac{z}{r}\right) \\ g_{\omega\_J_3} = -\dfrac{z}{r^3}\left[2.5J_3\left(\dfrac{1}{r}\right)^3\left(3\left(\dfrac{z}{r}\right)-\dfrac{3}{5}\left(\dfrac{r}{z}\right)\right)\right] \end{cases} \tag{7.5}$$

式中:$J_2 = 1.08263 \times 10^{-3}$为二阶带谐项系数;$J_3 = -2.5356 \times 10^{-6}$为三阶带谐项系数。

若轨道机动开始时刻机动目标的质量为 m_0 ,推进剂质量秒耗量为 $\dot{m}$,发动机排气速度为 u ,则推力加速度为

$$a = \frac{u \cdot \dot{m}}{m_0 - \dot{m} \cdot (t - t_0)} \tag{7.6}$$

式中: t 为当前时刻; t_0 为轨道机动开始时刻。

假设方程式(7.1)的初始值已知,即轨道机动开始时刻目标运动参数 $\boldsymbol{r}_0$、$\dot{\boldsymbol{r}}_0$ 已知,则轨道机动过程中任意时刻的位置和速度可以表示为

$$\boldsymbol{r}\Big|_t = \boldsymbol{r}(t_0, t, \dot{m}, u), \dot{\boldsymbol{r}}\Big|_t = \dot{\boldsymbol{r}}(t_0, t, \dot{m}, u) \tag{7.7}$$

由式(7.6),如果推力发动机工作,则 $u \cdot \dot{m} > 0$,否则,发动机熄火则 $u \cdot \dot{m} = 0$。一般地,我们有推进剂质量秒耗量 $\dot{m}$ 和发动机排气速度 u 的先验信息或理论值。但实际轨道机动过程中,这些量会偏离理论设计值或先验值,造成方程式(7.1) 描述机动目标运动的不确定性。本节的目的是,利用雷达离散观测量实时估计推进剂质量秒耗量 $\dot{m}$ 和发动机排气速度 u ,进而实现对机动目标的定位和跟踪。

7.1.1 轨道机动推力模型辨识

如上分析,推进剂质量秒耗量 $\dot{m}$ 和发动机排气速度 u 是决定系统动力学模型式(7.1) 状态传递的主要因素,因此,定义 $\boldsymbol{q} = (\dot{m}, u)^{\mathrm{T}}$ 为动力学系统式(7.1) 的系统状态向量, $\boldsymbol{\rho}_k (k = 1, 2, \cdots, n)$ 为雷达观测序列,作为估计参数,建立关于系统状态向量 $\boldsymbol{q}$ 的离散观测动力学系统,即

$$\begin{cases} \boldsymbol{q}(k+1) = \boldsymbol{q}(k) + \boldsymbol{w}_k \\ \boldsymbol{\rho}_k = \boldsymbol{\rho}(\boldsymbol{r}(t_0, t, \boldsymbol{q})) + \boldsymbol{v}_k \end{cases} \tag{7.8}$$

式中: $\boldsymbol{w}_k$ 为模型白噪声; $\boldsymbol{v}_k$ 为观测白噪声。满足:

$$\begin{cases} E[\boldsymbol{w}_k] = 0, \quad E[\boldsymbol{w}_k \boldsymbol{w}_l^{\mathrm{T}}] = \boldsymbol{Q}\delta(k-l) \\ E[\boldsymbol{v}_k] = 0, \quad E[\boldsymbol{v}_k \boldsymbol{v}_l^{\mathrm{T}}] = \boldsymbol{R}\delta(k-l) \end{cases} \tag{7.9}$$

定义动力学系统的状态估计和协方差矩阵分别为

$$\begin{cases} \widehat{\boldsymbol{q}} = E[\boldsymbol{q}] \\ \boldsymbol{P} = E[(\widehat{\boldsymbol{q}} - \boldsymbol{q})(\widehat{\boldsymbol{q}} - \boldsymbol{q})^{\mathrm{T}}] \end{cases} \tag{7.10}$$

在介绍上述动力学系统的扩展卡尔曼滤波算法之前,定义符号 $(\,)_k^-$ 为第 k 次滤波前的预测值, $(\,)_k^+$ 为第 k 次滤波后的更新值,则对上述动力学系统的扩展卡尔曼滤波算法可叙述如下:

(1) 状态向量和协方差矩阵外推。由于状态向量为包含零均值高斯噪声的常变量，故状态外推和协方差递推 Riccati 方程为 $\dot{\boldsymbol{q}} = 0, \dot{\boldsymbol{P}} = \boldsymbol{Q}$，若已知第 $k-1$ 次状态估值和协方差矩阵为 $\widehat{\boldsymbol{q}}_{k-1}^{+}$ 和 $\boldsymbol{P}_{k-1}^{+}$，则一步预测：

$$\begin{cases} \widehat{\boldsymbol{q}}_k^{-} = \widehat{\boldsymbol{q}}_{k-1}^{+} \\ \boldsymbol{P}_k^{-} = \boldsymbol{P}_{k-1}^{+} + \boldsymbol{Q} \end{cases} \tag{7.11}$$

(2) 滤波增益。

$$\boldsymbol{K} = \boldsymbol{P}_k^{-} \cdot [\boldsymbol{H}_k^{-}]^{\mathrm{T}} \{\boldsymbol{H}_k^{-} \cdot \boldsymbol{P}_k^{-} \cdot [\boldsymbol{H}_k^{-}]^{\mathrm{T}} + \boldsymbol{R}\}^{-1} \tag{7.12}$$

其中

$$\boldsymbol{H}_k^{-} = \frac{\partial \boldsymbol{\rho}}{\partial \boldsymbol{q}} \bigg| (\boldsymbol{q} = \widehat{\boldsymbol{q}}_k^{-})$$

(3) 状态和协方差更新。

$$\begin{cases} \widehat{\boldsymbol{q}}_k^{+} = \widehat{\boldsymbol{q}}_k^{-} + \boldsymbol{K} \cdot [\boldsymbol{\rho}_k - \boldsymbol{\rho}(\boldsymbol{r}(t_0, t_k, \widehat{\boldsymbol{q}}_k^{-}))] \\ \boldsymbol{P}_k^{+} = [\boldsymbol{I} - \boldsymbol{K} \cdot \boldsymbol{H}_k^{-}] \cdot \boldsymbol{P}_k^{-} \end{cases} \tag{7.13}$$

非线性动力学系统的线性化是应用卡尔曼滤波的基础，考虑滤波增益 $\boldsymbol{K}$ 的计算，观测量对系统状态的雅可比矩阵 $\boldsymbol{H}$ 利用分步求导可以表示为

$$\boldsymbol{H} = \frac{\partial \boldsymbol{\rho}}{\partial \boldsymbol{q}} = \frac{\partial \boldsymbol{\rho}}{\partial \boldsymbol{r}} \cdot \frac{\partial \boldsymbol{r}}{\partial \boldsymbol{q}} \tag{7.14}$$

式中：$\boldsymbol{\rho}(\boldsymbol{r}(t_0, t, \boldsymbol{q}))$ 为量测模型；$\frac{\partial \boldsymbol{\rho}}{\partial \boldsymbol{r}}$ 为观测量对观测目标位置的雅可比矩阵；$\frac{\partial \boldsymbol{r}}{\partial \boldsymbol{q}}$ 为观测目标位置对系统状态的雅可比矩阵。

为叙述简洁，在机动目标运动方程式(7.1)中忽略 J_2 和 J_3 项，方程两边对系统状态求导得到机动目标运动对系统状态 $\boldsymbol{q}$ 的变分运动方程：

$$\begin{aligned} \frac{\mathrm{d}}{\mathrm{d}t}\left(\frac{\partial \dot{\boldsymbol{r}}}{\partial \boldsymbol{q}}\right) &= \frac{\partial}{\partial \boldsymbol{q}}\left(\frac{\mathrm{d}\dot{\boldsymbol{r}}}{\mathrm{d}\boldsymbol{t}}\right) = \\ &\frac{3\mu}{r^4} \cdot \boldsymbol{r} \cdot \frac{\partial r}{\partial \boldsymbol{q}} - \frac{\mu}{r^3} \cdot \frac{\partial \boldsymbol{r}}{\partial \boldsymbol{q}} + \boldsymbol{p} \cdot \frac{\partial a}{\partial \boldsymbol{q}} + a \cdot \frac{\partial \boldsymbol{p}}{\partial \boldsymbol{q}} \end{aligned} \tag{7.15}$$

其中

$$\frac{\partial r}{\partial \boldsymbol{q}} = \frac{1}{r} \cdot \boldsymbol{r}^{\mathrm{T}} \cdot \frac{\partial \boldsymbol{r}}{\partial \boldsymbol{q}} \tag{7.16}$$

$$\frac{\partial a}{\partial \boldsymbol{q}} = \left(\frac{u \cdot m_0}{[m_0 - \dot{m}(t - t_0)]^2}, \frac{\dot{m}}{[m_0 - \dot{m}(t - t_0)]}\right) \tag{7.17}$$

推力方向矢量对系统状态的偏导数 $\frac{\partial \boldsymbol{p}}{\partial \boldsymbol{q}}$ 与定义推力方向的坐标系有关。变分运动方程同机动目标运动方程联合，可得到

$$
\begin{cases}
\dfrac{\mathrm{d}\boldsymbol{r}}{\mathrm{d}t} = \dot{\boldsymbol{r}} \\
\dfrac{\mathrm{d}\dot{\boldsymbol{r}}}{\mathrm{d}t} = g_r\boldsymbol{r} + g_w\boldsymbol{w} + a\boldsymbol{p} \\
\dfrac{\mathrm{d}}{\mathrm{d}t}\left(\dfrac{\partial \boldsymbol{r}}{\partial \boldsymbol{q}}\right) = \dfrac{\partial \dot{\boldsymbol{r}}}{\partial \boldsymbol{q}} \\
\dfrac{\mathrm{d}}{\mathrm{d}t}\left(\dfrac{\partial \dot{\boldsymbol{r}}}{\partial \boldsymbol{q}}\right) = \dfrac{3\mu}{r^4} \cdot \boldsymbol{r} \cdot \dfrac{\partial r}{\partial \boldsymbol{q}} - \dfrac{\mu}{r^3} \cdot \dfrac{\partial \boldsymbol{r}}{\partial \boldsymbol{q}} + \boldsymbol{p} \cdot \dfrac{\partial a}{\partial \boldsymbol{q}} + a \cdot \dfrac{\partial \boldsymbol{p}}{\partial \boldsymbol{q}}
\end{cases}
\tag{7.18}
$$

若已知轨道机动开始时刻目标运动参数 $\boldsymbol{r}_0$、$\dot{\boldsymbol{r}}_0$ 和第 $k-1$ 次滤波后,系统状态 $\boldsymbol{q}$ 的估值,则以初值:

$$
t = t_0, \boldsymbol{r}\Big|_{t0} = \boldsymbol{r}_0, \dot{\boldsymbol{r}}\Big|_{t0} = \dot{\boldsymbol{r}}_0, \frac{\partial \boldsymbol{r}}{\partial \boldsymbol{q}}\Big|_{t0} = \boldsymbol{O}_{3\times 2}, \frac{\partial \dot{\boldsymbol{r}}}{\partial \boldsymbol{q}} = \boldsymbol{O}_{3\times 2}, \boldsymbol{q} = \widehat{\boldsymbol{q}}_k^-
$$

对动力学和变分运动联合方程式(7.18)数值积分到 t_k 时刻,得到目标位置矢量 $\boldsymbol{r}(t_0, t_k, \widehat{\boldsymbol{q}}_k^-)$ 和状态变分矢量 $\dfrac{\partial \boldsymbol{r}}{\partial \boldsymbol{q}}\Big|(\boldsymbol{q} = \widehat{\boldsymbol{q}}_k^-)$,由式(7.14)和量测量 $\boldsymbol{\rho}(\boldsymbol{r}(t_0, t_k, \widehat{\boldsymbol{q}}_k^-))$ 和雅可比矩阵 $\boldsymbol{H}_k^- = \dfrac{\partial \boldsymbol{\rho}}{\partial \boldsymbol{q}}\Big|(\boldsymbol{q} = \widehat{\boldsymbol{q}}_k^-)$,进而由式(7.12)得到卡尔曼滤波增益 $\boldsymbol{K}$;同时,由状态和协方差更新公式(7.13)得到第 k 次滤波后的状态和协方差矩阵更新。

算法流程如图 7.1 所示。

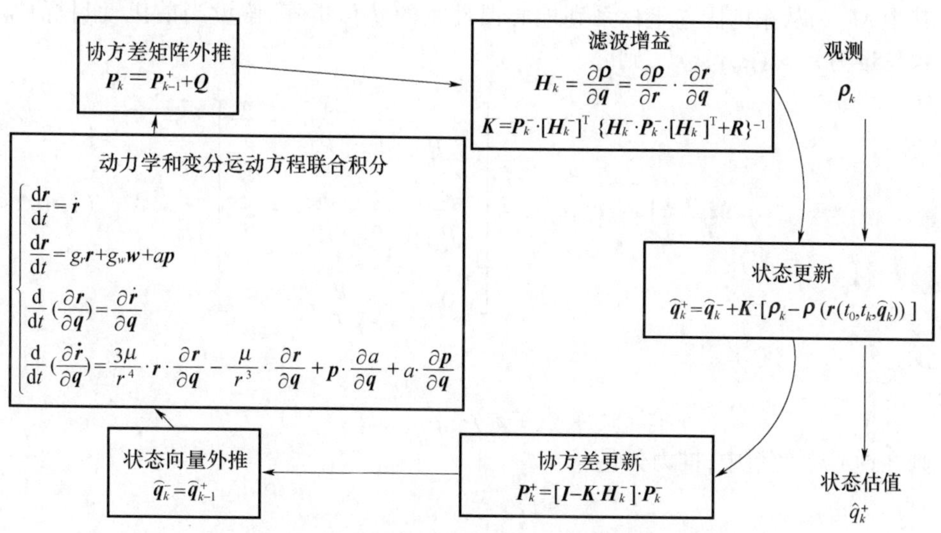

图 7.1 轨道机动过程中的推力加速度实时辨识算法

算法流程：

(1) 由轨道机动开始时刻目标开普勒轨道根数计算运动状态参数 $\boldsymbol{r}_0$、$\dot{\boldsymbol{r}}_0$、变分运动初值和推进剂质量秒耗量 $\dot{m}$ 及发动机排气速度 u 初始值，则

$$t = t_0, \boldsymbol{r}\Big|_{t0} = \boldsymbol{r}_0, \dot{\boldsymbol{r}}\Big|_{t0} = \boldsymbol{r}_0, \frac{\partial \boldsymbol{r}}{\partial \boldsymbol{q}}\Big|_{t0} = \boldsymbol{O}_{3\times 2}, \frac{\partial \dot{\boldsymbol{r}}}{\partial \boldsymbol{q}} = \boldsymbol{O}_{3\times 2}, \boldsymbol{q} = \widehat{\boldsymbol{q}}_k^-$$

(2) 初值积分，联合积分系统状态动力学模型和系统变分运动方程(12 阶微分方程)积分到观测采样时刻 t_k，得到目标位置矢量 $\boldsymbol{r}(t_0, t_k, \widehat{\boldsymbol{q}}_k^-)$ 和状态变分矩阵$\dfrac{\partial \boldsymbol{r}}{\partial \boldsymbol{q}}$。

(3) 滤波增益计算，由式(7.14)、量测量 $\boldsymbol{\rho}(\boldsymbol{r}(t_0, t_k, \widehat{\boldsymbol{q}}_k^-))$ 和雅可比矩阵 $\boldsymbol{H}_k^- = \dfrac{\partial \boldsymbol{\rho}}{\partial \boldsymbol{q}}\Big|(\boldsymbol{q} = \widehat{\boldsymbol{q}}_k^-)$，进而由式(7.12)得到卡尔曼滤波增益 K。

(4) 状态和协方差更新，由式(7.13)更新推进剂质量秒耗量 $\dot{m}$ 和发动机排气速度 u 的估计值和协方差矩阵。

(5) 等待新采样，循环处理过程(1)～(4)。

在讨论算法的仿真实现之前，先来推导推力方向矢量 $\boldsymbol{p}$ 对系统状态向量 $\boldsymbol{q}$ 的偏导矩阵$\dfrac{\partial \boldsymbol{p}}{\partial \boldsymbol{q}}$和观测量对观测目标位置的雅可比矩阵$\dfrac{\partial \boldsymbol{\rho}}{\partial \boldsymbol{r}}$。

7.1.2 推力方向矢量在东南固连坐标系的度量

假设在轨道机动段姿态稳定在东南固连坐标系($O_p x_p y_p z_p$)，推力矢量在该坐标系中为 $\boldsymbol{p}_{\text{esd}} = (p_x, p_y, p_z)^{\mathrm{T}}$，则在地心惯性坐标系中推力矢量 $\boldsymbol{p} = \boldsymbol{M}_p \cdot \boldsymbol{p}_{\text{esd}}$，其中 $\boldsymbol{M}_p$ 为从东南固连坐标系到地心惯性系的转移矩阵。假设当前机动目标位置矢量为 $\boldsymbol{r} = (x, y, z)^{\mathrm{T}}$，则

$$\boldsymbol{M}_p = [\boldsymbol{e}_x, \boldsymbol{e}_y, \boldsymbol{e}_z] = \begin{bmatrix} -\dfrac{y}{\rho} & \dfrac{z}{r} \cdot \dfrac{x}{\rho} & -\dfrac{x}{r} \\ \dfrac{x}{\rho} & \dfrac{z}{r} \cdot \dfrac{y}{\rho} & -\dfrac{y}{r} \\ 0 & -\dfrac{\rho}{r} & -\dfrac{z}{r} \end{bmatrix} \tag{7.19}$$

定义

$$r = (x^2 + y^2 + z^2)^{\frac{1}{2}}, \rho = (x^2 + y^2)^{\frac{1}{2}}$$

则在地心惯性系中，推力矢量

$$\boldsymbol{p} = (\boldsymbol{e}_x, \quad \boldsymbol{e}_y, \quad \boldsymbol{e}_z)\begin{pmatrix} p_x \\ p_y \\ p_z \end{pmatrix} = p_x \cdot \boldsymbol{e}_x + p_y \cdot \boldsymbol{e}_y + p_z \cdot \boldsymbol{e}_z$$

由附录 A 关于向量微分定义,推力加速度方向对系统状态的微分关系推导如下:

$$\frac{\partial \boldsymbol{p}}{\partial \boldsymbol{q}} = p_x \frac{\partial \boldsymbol{e}_x}{\partial \boldsymbol{q}} + p_y \frac{\partial \boldsymbol{e}_y}{\partial \boldsymbol{q}} + p_z \frac{\partial \boldsymbol{e}_z}{\partial \boldsymbol{q}} \tag{7.20}$$

其中

$$\begin{cases} \dfrac{\partial \boldsymbol{e}_x}{\partial \boldsymbol{q}} = \left[\dfrac{\partial \boldsymbol{e}_x}{\partial \dot{m}}, \dfrac{\partial \boldsymbol{e}_x}{\partial u}\right] \\ \dfrac{\partial \boldsymbol{e}_y}{\partial \boldsymbol{q}} = \left[\dfrac{\partial \boldsymbol{e}_y}{\partial \dot{m}}, \dfrac{\partial \boldsymbol{e}_y}{\partial u}\right] \\ \dfrac{\partial \boldsymbol{e}_z}{\partial \boldsymbol{q}} = \left[\dfrac{\partial \boldsymbol{e}_z}{\partial \dot{m}}, \dfrac{\partial \boldsymbol{e}_z}{\partial u}\right] \end{cases} \tag{7.21}$$

由式(7.19),得到

$$\frac{\partial \boldsymbol{e}_x}{\partial \dot{m}} = \begin{bmatrix} -\dfrac{\partial}{\partial \dot{m}}\left(\dfrac{y}{\rho}\right) \\ \dfrac{\partial}{\partial \dot{m}}\left(\dfrac{x}{\rho}\right) \\ 0 \end{bmatrix}, \frac{\partial \boldsymbol{e}_x}{\partial u} = \begin{bmatrix} -\dfrac{\partial}{\partial u}\left(\dfrac{y}{\rho}\right) \\ \dfrac{\partial}{\partial u}\left(\dfrac{x}{\rho}\right) \\ 0 \end{bmatrix} \tag{7.22}$$

$$\frac{\partial \boldsymbol{e}_y}{\partial \dot{m}} = \begin{bmatrix} \dfrac{z}{r} \cdot \dfrac{\partial}{\partial \dot{m}}\left(\dfrac{x}{\rho}\right) + \dfrac{x}{\rho} \cdot \dfrac{\partial}{\partial \dot{m}}\left(\dfrac{z}{r}\right) \\ \dfrac{z}{r} \cdot \dfrac{\partial}{\partial \dot{m}}\left(\dfrac{y}{\rho}\right) + \dfrac{y}{\rho} \cdot \dfrac{\partial}{\partial \dot{m}}\left(\dfrac{z}{r}\right) \\ -\dfrac{\partial}{\partial \dot{m}}\left(\dfrac{\rho}{r}\right) \end{bmatrix} \tag{7.23}$$

$$\frac{\partial \boldsymbol{e}_y}{\partial u} = \begin{bmatrix} \dfrac{z}{r} \cdot \dfrac{\partial}{\partial u}\left(\dfrac{x}{\rho}\right) + \dfrac{x}{\rho} \cdot \dfrac{\partial}{\partial u}\left(\dfrac{z}{r}\right) \\ \dfrac{z}{r} \cdot \dfrac{\partial}{\partial u}\left(\dfrac{y}{\rho}\right) + \dfrac{y}{\rho} \cdot \dfrac{\partial}{\partial u}\left(\dfrac{z}{r}\right) \\ -\dfrac{\partial}{\partial u}\left(\dfrac{\rho}{r}\right) \end{bmatrix} \tag{7.24}$$

$$
\left\{
\begin{aligned}
\frac{\partial \boldsymbol{e}_z}{\partial \dot{m}} &= \begin{bmatrix} -\dfrac{\rho}{r}\cdot\dfrac{\partial}{\partial \dot{m}}\left(\dfrac{x}{\rho}\right)-\dfrac{x}{\rho}\cdot\dfrac{\partial}{\partial \dot{m}}\left(\dfrac{\rho}{r}\right) \\ -\dfrac{\rho}{r}\cdot\dfrac{\partial}{\partial \dot{m}}\left(\dfrac{y}{\rho}\right)-\dfrac{y}{\rho}\cdot\dfrac{\partial}{\partial \dot{m}}\left(\dfrac{\rho}{r}\right) \\ -\dfrac{\partial}{\partial \dot{m}}\left(\dfrac{z}{r}\right) \end{bmatrix} \\
\frac{\partial \boldsymbol{e}_z}{\partial u} &= \begin{bmatrix} -\dfrac{\rho}{r}\cdot\dfrac{\partial}{\partial u}\left(\dfrac{x}{\rho}\right)-\dfrac{x}{\rho}\cdot\dfrac{\partial}{\partial u}\left(\dfrac{\rho}{r}\right) \\ -\dfrac{\rho}{r}\cdot\dfrac{\partial}{\partial u}\left(\dfrac{y}{\rho}\right)-\dfrac{y}{\rho}\cdot\dfrac{\partial}{\partial u}\left(\dfrac{\rho}{r}\right) \\ -\dfrac{\partial}{\partial u}\left(\dfrac{z}{r}\right) \end{bmatrix}
\end{aligned}
\right.
\tag{7.25}
$$

机动目标位置参数对系统状态向量 $\boldsymbol{q}$ 的变分运动，由变分运动方程积分得到，则

$$
\frac{\partial \boldsymbol{r}}{\partial \boldsymbol{q}} = \left[\frac{\partial \boldsymbol{r}}{\partial \dot{m}}, \frac{\partial \boldsymbol{r}}{\partial u}\right] = \begin{bmatrix} \dfrac{\partial x}{\partial \dot{m}} & \dfrac{\partial x}{\partial u} \\ \dfrac{\partial y}{\partial \dot{m}} & \dfrac{\partial y}{\partial u} \\ \dfrac{\partial z}{\partial \dot{m}} & \dfrac{\partial z}{\partial u} \end{bmatrix}
\tag{7.26}
$$

$$
\left\{
\begin{aligned}
\frac{\partial}{\partial \dot{m}}\left(\frac{x}{\rho}\right) &= \frac{1}{\rho^2}\left(\rho\frac{\partial x}{\partial \dot{m}} - x\frac{\partial \rho}{\partial \dot{m}}\right) \\
\frac{\partial}{\partial \dot{m}}\left(\frac{y}{\rho}\right) &= \frac{1}{\rho^2}\left(\rho\frac{\partial y}{\partial \dot{m}} - y\frac{\partial \rho}{\partial \dot{m}}\right) \\
\frac{\partial}{\partial \dot{m}}\left(\frac{\rho}{r}\right) &= \frac{1}{r^2}\left(r\frac{\partial \rho}{\partial \dot{m}} - \rho\frac{\partial r}{\partial \dot{m}}\right) \\
\frac{\partial}{\partial \dot{m}}\left(\frac{z}{r}\right) &= \frac{1}{r^2}\left(r\frac{\partial z}{\partial \dot{m}} - z\frac{\partial r}{\partial \dot{m}}\right)
\end{aligned}
\right.
\tag{7.27}
$$

其中

$$
\left\{
\begin{aligned}
\frac{\partial \rho}{\partial \dot{m}} &= \frac{1}{\rho}\left(x\frac{\partial x}{\partial \dot{m}} + y\frac{\partial y}{\partial \dot{m}}\right) \\
\frac{\partial r}{\partial \dot{m}} &= \frac{1}{r}\left(x\frac{\partial x}{\partial \dot{m}} + y\frac{\partial y}{\partial \dot{m}} + z\frac{\partial z}{\partial \dot{m}}\right)
\end{aligned}
\right.
\tag{7.28}
$$

$$
\begin{cases}
\dfrac{\partial}{\partial u}\left(\dfrac{x}{\rho}\right)=\dfrac{1}{\rho^2}\left(\rho\dfrac{\partial x}{\partial u}-x\dfrac{\partial\rho}{\partial u}\right)\\[2ex]
\dfrac{\partial}{\partial u}\left(\dfrac{y}{\rho}\right)=\dfrac{1}{\rho^2}\left(\rho\dfrac{\partial y}{\partial u}-y\dfrac{\partial\rho}{\partial u}\right)\\[2ex]
\dfrac{\partial}{\partial u}\left(\dfrac{\rho}{r}\right)=\dfrac{1}{r^2}\left(r\dfrac{\partial\rho}{\partial u}-\rho\dfrac{\partial r}{\partial u}\right)\\[2ex]
\dfrac{\partial}{\partial u}\left(\dfrac{z}{r}\right)=\dfrac{1}{r^2}\left(r\dfrac{\partial z}{\partial u}-z\dfrac{\partial r}{\partial u}\right)
\end{cases}
\tag{7.29}
$$

且由 ρ 和 r 的定义,得到

$$
\begin{cases}
\dfrac{\partial\rho}{\partial u}=\dfrac{1}{\rho}\left(x\dfrac{\partial x}{\partial u}+y\dfrac{\partial y}{\partial u}\right)\\[2ex]
\dfrac{\partial r}{\partial u}=\dfrac{1}{r}\left(x\dfrac{\partial x}{\partial u}+y\dfrac{\partial y}{\partial u}+z\dfrac{\partial z}{\partial u}\right)
\end{cases}
\tag{7.30}
$$

7.1.3 推力方向矢量在瞬时轨道坐标系的度量

假设推力矢量稳定在瞬时轨道坐标系,沿瞬时轨道坐标系($O_p-x_Oy_Oz_O$)轨道切向轴 O_px_O 的推力称为切向推力,沿轨道径向轴 O_pz_O 的推力称为径向推力,切向和径向推力用于轨道平面内进行轨道机动控制;沿瞬时轨道坐标系法向轴 O_py_O 的推力称为法向推力,法向推力用于改变轨道平面的轨道机动控制中。通常的航天器均具备提供平面内和平面外轨道机动控制的能力。

单纯的平面内轨道控制,在航天器轨道机动控制中非常常见,近地轨道卫星,为消除轨道平面内的摄动影响(大气阻力摄动加速度与速度方向相反),需要平面内控制,抬高近地点高度,控制轨道周期以便控制遥感测量的覆盖率。同步卫星,为消除地球非球形摄动田谐项引起的东西漂移,太阳辐射光压引起的偏心率摄动,需要平面内控制,控制轨道半长轴和偏心率矢量。

单纯的法向轨道控制,在航天器轨道机动控制中也非常常见。比如,太阳同步轨道卫星,为保持升交点向东进动变化率与太阳绕黄道面的东移变化率相同,需要法向控制,调整轨道的倾角和升交点赤经,使卫星当地时一年内保持不变。同步卫星,为消除或利用日月引力引起的轨道倾角摄动,需要考虑兼顾轨道倾角和升交点赤经的法向控制。

假设在轨道机动段姿态稳定在瞬时轨道坐标系($O_p-x_Oy_Oz_O$),推力矢量在该坐标系中为 $\boldsymbol{p}_{\mathrm{TNR}}=(p_T,p_N,p_R)^{\mathrm{T}}$,则在地心惯性坐标系中推力矢量 $\boldsymbol{p}=\boldsymbol{M}_O\cdot\boldsymbol{p}_{\mathrm{TNR}}$,其中 $\boldsymbol{M}_O$ 为从瞬时轨道坐标系到地心惯性系的转移矩阵,假设当前机动目标位置和速度矢量为 $\boldsymbol{r}=(x,y,z)^{\mathrm{T}}$,$\dot{\boldsymbol{r}}=(\dot{x},\dot{y},\dot{z})^{\mathrm{T}}$,瞬时轨道坐标系($O_p-x_Oy_Oz_O$)到地心惯性坐标系的转换矩阵为

$$M_O = [x_O, y_O, z_O] = \left[\frac{\boldsymbol{r}\times(\dot{\boldsymbol{r}}\times\boldsymbol{r})}{\|\boldsymbol{r}\times(\dot{\boldsymbol{r}}\times\boldsymbol{r})\|}, \frac{\dot{\boldsymbol{r}}\times\boldsymbol{r}}{\|\dot{\boldsymbol{r}}\times\boldsymbol{r}\|}, -\frac{\boldsymbol{r}}{\|\boldsymbol{r}\|}\right] \tag{7.31}$$

则

$$\frac{\partial \boldsymbol{p}}{\partial \boldsymbol{q}} = p_T \frac{\partial \boldsymbol{x}_O}{\partial \boldsymbol{q}} + p_N \frac{\partial \boldsymbol{y}_O}{\partial \boldsymbol{q}} + p_R \frac{\partial \boldsymbol{z}_O}{\partial \boldsymbol{q}}$$

令 $\boldsymbol{X} = \boldsymbol{r}\times(\dot{\boldsymbol{r}}\times\boldsymbol{r})$，$x = \|\boldsymbol{X}\|$，利用分步求导可以得到

$$\frac{\partial \boldsymbol{x}_O}{\partial \boldsymbol{q}} = \frac{\partial}{\partial \boldsymbol{X}}\left(\frac{\boldsymbol{X}}{x}\right)\cdot\frac{\partial \boldsymbol{X}}{\partial \boldsymbol{q}} \tag{7.32}$$

$$\begin{aligned}\frac{\partial}{\partial \boldsymbol{X}}\left(\frac{\boldsymbol{X}}{x}\right) &= \boldsymbol{X}\frac{\partial}{\partial \boldsymbol{X}}(x^{-1}) + x^{-1}\frac{\partial \boldsymbol{X}}{\partial \boldsymbol{X}} = \boldsymbol{X}(-1)x^{-2}\frac{\partial x}{\partial \boldsymbol{X}} + x^{-1}\boldsymbol{I}_{3\times3} = \\ &\boldsymbol{X}(-1)x^{-2}\left(\frac{1}{x}\boldsymbol{X}^{\mathrm{T}}\right) + x^{-1}\boldsymbol{I}_{3\times3} = \frac{1}{x}\left(\boldsymbol{I}_{3\times3} - \frac{1}{x^2}\boldsymbol{X}\cdot\boldsymbol{X}^{\mathrm{T}}\right)\end{aligned} \tag{7.33}$$

$$\begin{aligned}\frac{\partial \boldsymbol{X}}{\partial \boldsymbol{q}} &= \frac{\partial}{\partial \boldsymbol{q}}(\boldsymbol{r}\times(\dot{\boldsymbol{r}}\times\boldsymbol{r})) = \frac{\partial}{\partial \boldsymbol{q}}[(\boldsymbol{r}\cdot\boldsymbol{r})\dot{\boldsymbol{r}} - (\boldsymbol{r}\cdot\dot{\boldsymbol{r}})\boldsymbol{r}] = \\ &\frac{\partial}{\partial \boldsymbol{q}}[(\boldsymbol{r}\cdot\boldsymbol{r})\dot{\boldsymbol{r}}] - \frac{\partial}{\partial \boldsymbol{q}}[(\boldsymbol{r}\cdot\dot{\boldsymbol{r}})\boldsymbol{r}] = 2\dot{\boldsymbol{r}}\cdot\boldsymbol{r}^{\mathrm{T}}\frac{\partial \boldsymbol{r}}{\partial \boldsymbol{q}} + \boldsymbol{r}^{\mathrm{T}}\boldsymbol{r}\frac{\partial \dot{\boldsymbol{r}}}{\partial \boldsymbol{q}} - \\ &\left(\boldsymbol{r}\cdot\boldsymbol{r}^{\mathrm{T}}\frac{\partial \dot{\boldsymbol{r}}}{\partial \boldsymbol{q}} + (\boldsymbol{r}\cdot\dot{\boldsymbol{r}}^{\mathrm{T}} + \boldsymbol{r}^{\mathrm{T}}\dot{\boldsymbol{r}})\frac{\partial \boldsymbol{r}}{\partial \boldsymbol{q}}\right) = (2\dot{\boldsymbol{r}}\cdot\boldsymbol{r}^{\mathrm{T}} - (\boldsymbol{r}\cdot\dot{\boldsymbol{r}}^{\mathrm{T}} + \boldsymbol{r}^{\mathrm{T}}\dot{\boldsymbol{r}}))\frac{\partial \boldsymbol{r}}{\partial \boldsymbol{q}} + \\ &(\boldsymbol{r}^{\mathrm{T}}\boldsymbol{r} - \boldsymbol{r}\cdot\boldsymbol{r}^{\mathrm{T}})\frac{\partial \dot{\boldsymbol{r}}}{\partial \boldsymbol{q}}\end{aligned} \tag{7.34}$$

令 $\boldsymbol{Y} = \dot{\boldsymbol{r}}\times\boldsymbol{r}$，$y = \|\boldsymbol{Y}\|$，利用分步求导可以得到

$$\frac{\partial \boldsymbol{y}_O}{\partial \boldsymbol{q}} = \frac{\partial}{\partial \boldsymbol{X}}\left(\frac{\boldsymbol{Y}}{y}\right)\cdot\frac{\partial \boldsymbol{Y}}{\partial \boldsymbol{q}} \tag{7.35}$$

$$\begin{aligned}\frac{\partial}{\partial \boldsymbol{Y}}\left(\frac{\boldsymbol{Y}}{y}\right) &= \boldsymbol{Y}\frac{\partial}{\partial \boldsymbol{Y}}(y^{-1}) + y^{-1}\frac{\partial \boldsymbol{Y}}{\partial \boldsymbol{Y}} = \boldsymbol{Y}(-1)y^{-2}\frac{\partial y}{\partial \boldsymbol{Y}} + y^{-1}\boldsymbol{I}_{3\times3} = \\ &\boldsymbol{Y}(-1)y^{-2}\left(\frac{1}{y}\boldsymbol{Y}^{\mathrm{T}}\right) + y^{-1}\boldsymbol{I}_{3\times3} = \frac{1}{y}\left(\boldsymbol{I}_{3\times3} - \frac{1}{y^2}\boldsymbol{Y}\cdot\boldsymbol{Y}^{\mathrm{T}}\right)\end{aligned} \tag{7.36}$$

$$\frac{\partial \boldsymbol{Y}}{\partial \boldsymbol{q}} = \frac{\partial}{\partial \boldsymbol{q}}(\dot{\boldsymbol{r}}\times\boldsymbol{r}) = \chi[\dot{\boldsymbol{r}}]\cdot\frac{\partial \boldsymbol{r}}{\partial \boldsymbol{q}} - \chi[\boldsymbol{r}]\cdot\frac{\partial \dot{\boldsymbol{r}}}{\partial \boldsymbol{q}} =$$

$$\begin{bmatrix} 0 & -\dot{z} & \dot{y} \\ \dot{z} & 0 & -\dot{x} \\ -\dot{y} & \dot{x} & 0 \end{bmatrix} \cdot \frac{\partial \boldsymbol{r}}{\partial \boldsymbol{q}} - \begin{bmatrix} 0 & -z & y \\ z & 0 & -x \\ -y & x & 0 \end{bmatrix} \cdot \frac{\partial \dot{\boldsymbol{r}}}{\partial \boldsymbol{q}} \tag{7.37}$$

同样令：$\boldsymbol{Z} = \boldsymbol{r}, z = \|\boldsymbol{Z}\|$，利用分步求导可以得到

$$\frac{\partial \boldsymbol{z}_O}{\partial \boldsymbol{q}} = \frac{\partial}{\partial \boldsymbol{Z}}\left(\frac{\boldsymbol{Z}}{z}\right) \cdot \frac{\partial \boldsymbol{Z}}{\partial \boldsymbol{q}} \tag{7.38}$$

$$\frac{\partial}{\partial \boldsymbol{Y}}\left(\frac{\boldsymbol{Z}}{z}\right) = \boldsymbol{Z} \frac{\partial}{\partial \boldsymbol{Z}}(z^{-1}) + z^{-1} \frac{\partial \boldsymbol{Z}}{\partial \boldsymbol{Z}} = \boldsymbol{Z}(-1) z^{-2} \frac{\partial z}{\partial \boldsymbol{Z}} + z^{-1} \boldsymbol{I}_{3\times3} =$$

$$\boldsymbol{Z}(-1) z^{-2}\left(\frac{1}{z}\boldsymbol{Z}^{\mathrm{T}}\right) + z^{-1}\boldsymbol{I}_{3\times3} = \frac{1}{z}\left(\boldsymbol{I}_{3\times3} - \frac{1}{z^2}\boldsymbol{Z} \cdot \boldsymbol{Z}^{\mathrm{T}}\right) = \frac{1}{r}\left(\boldsymbol{I}_{3\times3} - \frac{1}{r^2}\boldsymbol{r} \cdot \boldsymbol{r}^{\mathrm{T}}\right) \tag{7.39}$$

$$\frac{\partial \boldsymbol{Z}}{\partial \boldsymbol{q}} = \frac{\partial \boldsymbol{r}}{\partial \boldsymbol{q}} \tag{7.40}$$

7.1.4 仿真实例

假设目标航天器（质量 $m_0 = 2000.0\text{kg}$）从初始轨道（历元：$T = 2002-12-12-0.0^{\text{s}}$，$a = 6598012.0\text{m}$，$e = 0.74$，$i = 28.4°$，$\Omega = 123.0°$，$w = 100.0°$，$M = 179.0°$）在常推力（推进剂质量秒耗量 $\dot{m} = 0.18\text{kg/s}$，发动机排气速度 $u = 2942.0\text{m/s}$）作用下进行轨道机动。假设推力矢量在东南地目标航天器质心固联坐标系的投影为 $\boldsymbol{p} = [1,0,0]^{\mathrm{T}}$，正东方向，兼顾向东加速增加半长轴和减小轨道倾角，图 7.2 所示为轨道半长轴随轨道机动时间的变化曲线。假设雷达观测序列（采样周期 1s）随机测量噪声为测距随机差 500m，测角随机差 0.02°。

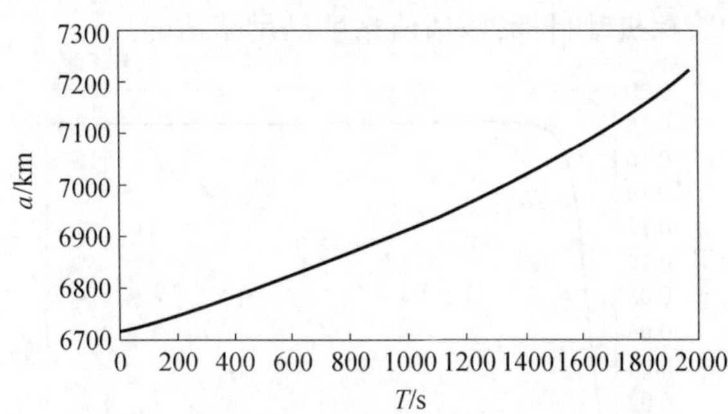

图 7.2 轨道半长轴随轨道机动时间的变化曲线

假设推力常数的先验值（一般为理论设计值）为 $\dot{m} = 0.05\text{kg/s}$ 和 $u = 2500.0\text{m/s}$，序贯处理雷达观测序列估计实际推力参数。

基于仿真背景假设,滤波初值和协方差矩阵如下。

运动状态初值为

$\boldsymbol{r}_0 = (7284518, 7055347, -5380988)^{\mathrm{T}}, \dot{\boldsymbol{r}}_0 = (-1968, 2259, 227)^{\mathrm{T}}$

变分运动初值为

$$\frac{\partial \boldsymbol{r}}{\partial \boldsymbol{q}}\bigg|_{t0} = \boldsymbol{O}_{3\times 2}, \frac{\partial \dot{\boldsymbol{r}}}{\partial \boldsymbol{q}} = \boldsymbol{O}_{3\times 2}$$

系统状态和协方差矩阵初值为

$$\hat{\boldsymbol{q}}_0^+ = (0.05, 2500.0)^{\mathrm{T}}, \boldsymbol{P}_0^+ = \begin{bmatrix} 5^2 & 0 \\ 0 & 100^2 \end{bmatrix}$$

模型噪声协方差和观测噪声协方差阵初值为

$$\boldsymbol{Q} = \begin{bmatrix} 1\times 10^{-6} & 0 \\ 0 & 1\times 10^{-6} \end{bmatrix}$$

$$\boldsymbol{R} = \begin{bmatrix} 500^2 & 0 & 0 \\ 0 & \left(0.02\times\frac{\pi}{180}\right)^2 & 0 \\ 0 & 0 & \left(0.02\times\frac{\pi}{180}\right)^2 \end{bmatrix}$$

滤波结果表明:该算法能快速、精确地在线估计推力加速度。如图 7.3 所示,滤波 200s 后,秒耗量估值已收敛到仿真理论值;同样,如图 7.4 所示,推力加速度估值 a_g 与理论值 a_t 随滤波时间的曲线表明,滤波 200s 后,加速度估值精度可达 10^{-3} 量级,滤波 600s 后,加速度估值精度可达 10^{-5} 量级,与 J_2 项同阶。在机动过程中定位和跟踪机动目标,该估值精度已足够精确。

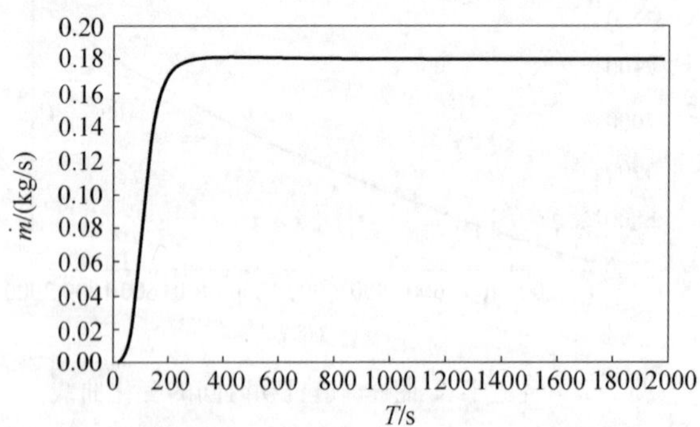

图 7.3　秒耗量估值曲线

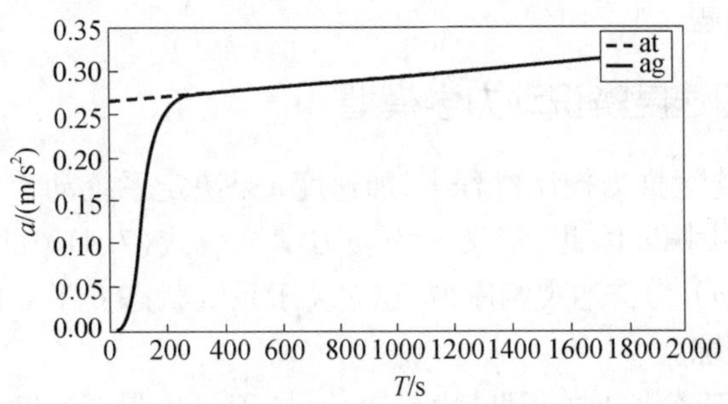

图 7.4　推力加速度估值与理论值比较

7.2　轨道机动过程加速度辨识

定义连续推力控制过程，卫星在地心惯性系（ECI）的位置和速度矢量分别为 $\boldsymbol{r}$ 和 $\dot{\boldsymbol{r}}$，如果仅考虑地球非球形引力摄动和推力加速度，则在地心惯性坐标系中轨道机动过程，卫星变质量动力学模型为

$$\begin{cases}\dfrac{\mathrm{d}}{\mathrm{d}t}(\boldsymbol{r}) = \dot{\boldsymbol{r}} \\ \dfrac{\mathrm{d}}{\mathrm{d}t}(\dot{\boldsymbol{r}}) = g_r \cdot \boldsymbol{r} + g_w \cdot \boldsymbol{w} + a \cdot \boldsymbol{p}\end{cases} \tag{7.41}$$

为方便叙述，仅考虑地球非球形主项摄动 J_2，其中

$$\begin{cases}g_r = -\dfrac{\mu}{r^3}\left[1 + \dfrac{3}{2}J_2\left(\dfrac{R_e}{r}\right)^2\left(1 - 5\left(\dfrac{z}{r}\right)^2\right)\right] \\ g_w = -2\dfrac{\mu}{r^2}\dfrac{3}{2}J_2\left(\dfrac{R_e}{r}\right)^2\left(\dfrac{z}{r}\right)\end{cases} \tag{7.42}$$

式中：$J_2 = 1.08263 \times 10^{-3}$ 为二阶带谐项系数；$\mu = 3.986005 \times 10^{14}\mathrm{m}^3/\mathrm{s}^2$ 为地球引力常数；$R_e = 6378140.0\mathrm{m}$ 为地球赤道半径；$\boldsymbol{r}$、$\dot{\boldsymbol{r}}$ 为机动目标运动状态；$\boldsymbol{w} = (0,0,1)^{\mathrm{T}}$ 为 ECI 天球北极；$\boldsymbol{p}$ 为推力方向矢量，与轨道控制过程中的姿态和度量坐标系有关；a 为连续推力过程变加速度。

分析表明：连续推力控制过程中，推力加速度是决定系统动力学模型式（7.41）状态传递的主要因素，其量级远远大于地球非球形等摄动加速度。

若已知控制起始时刻 t_0 时卫星状态 $\{\boldsymbol{r}_0, \dot{\boldsymbol{r}}_0\}$，连续推力加速度已知，方程式（7.41）为有推力的轨道预报问题，轨道机动中推力加速度的不确定或者不可知显著影响机动目标轨道预报和跟踪的精度。观测数据反映卫星实际受力情况，因此，通过统计处理离散雷达观测数据实时估计发动机推力加速度，进而确定机动目标的瞬时运动参数是定位和跟踪机动目标的主要任务。本章正是针对该问题，建立基于离散观测数据，实时估计连续推力变加速度，解决连续推力过程中轨道精确确定问题。

7.2.1 加速度辨识动力学模型

如上分析，连续推力控制过程中，加速度 a 是决定系统动力学模型式(7.41)状态传递的主要因素，因此，定义 a 为动力学系统式(7.41)的系统状态变量，$\boldsymbol{\rho}_k(k=1,2,\cdots,n)$ 为雷达观测序列。建立关于系统状态变量 a 的连续状态—离散观测动力学系统。

设控制起始时刻 t_0 时的卫星状态$\{\boldsymbol{r}_0,\dot{\boldsymbol{r}}_0\}$，卫星质量 m_0，发动机推进剂质量秒耗量 $\dot{m}$ 和比冲 I_{sp}，则常推力变加速度为

$$a=\frac{F}{m(t)}=\frac{I_{sp}\cdot\dot{m}}{m_0-\dot{m}\cdot(t-t_0)} \tag{7.43}$$

式(7.43)表明：常推力加速度与控制起始时刻卫星质量、推进剂秒耗量和发动机比冲有关，且随控制时间卫星质量逐渐减小，作用于卫星的加速度逐渐增大。对式(7.43)两边求导，得到变加速度满足的微分方程：

$$\begin{aligned}\frac{\mathrm{d}a}{\mathrm{d}t}&=\frac{\mathrm{d}}{\mathrm{d}t}\left(\frac{I_{sp}\cdot\dot{m}}{m_0-\dot{m}(t-t_0)}\right)=\\&\frac{(I_{sp}\cdot\dot{m})^2}{(m_0-\dot{m}(t-t_0))^2}\cdot\frac{1}{I_{sp}}=\frac{a^2}{I_{sp}}\end{aligned} \tag{7.44}$$

该方程描述常推力变加速度，其变化率仅与发动机比冲相关，与卫星质量与推进剂质量秒耗量无关，而且比冲越高，加速度变化率越小，如图7.5所示。因此，在机动目标轨道确定时，利用线性或二次方程描述常推力加速度，并进而估计线性或二次方程系数算法是可行的[62-66]，但问题是引入的状态变量维数越高，即使系统仍然是能观的，系统的收敛性也会降低。

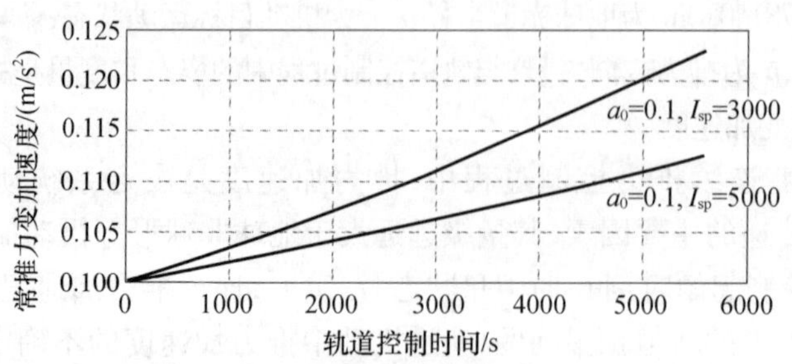

图7.5 变加速度

令推力加速度 a 为系统状态变量，基于离散观测数据 z_k，实时估计连续推力过程变加速度，连续推力过程中轨道精确确定问题可以表示为

$$
\begin{cases}
\dfrac{\mathrm{d}a}{\mathrm{d}t} = \dfrac{a^2}{I_{\mathrm{sp}}} + \boldsymbol{u}(t) \\
\boldsymbol{z}_k = \boldsymbol{z}(t_k, a(t_k)) + \boldsymbol{v}_k
\end{cases}
\tag{7.45}
$$

式中：$\boldsymbol{u}(t)$、$\boldsymbol{v}_k$ 为系统模型和观测白噪声，满足高斯白噪声性质：

$$E[\boldsymbol{u}(t)] = 0$$

$$E[\boldsymbol{u}(t_k)\boldsymbol{u}^{\mathrm{T}}(t_l)] = \begin{cases} \boldsymbol{Q} & k = l \\ 0 & k \neq l \end{cases}$$

$$E[\boldsymbol{v}_k] = 0, E[\boldsymbol{v}_k \boldsymbol{v}_l^{\mathrm{T}}] = \begin{cases} \boldsymbol{R} & k = l \\ 0 & k \neq l \end{cases}$$

7.2.2 加速度辨识滤波算法

对连续状态—离散观测动力学系统式(7.45)，定义动力学系统的状态估计和协方差矩阵分别为

$$\hat{a} = E[a], \boldsymbol{P} = E[(a - \hat{a})(a - \hat{a})^{\mathrm{T}}]$$

在叙述上述动力学系统的扩展卡尔曼滤波算法之前，定义符号 $(\,)_k^-$ 为第 k 次滤波前的预测值，$(\,)_k^+$ 为第 k 次滤波后的更新值，则对动力学系统式(7.45)的扩展卡尔曼滤波算法可叙述如下。

(1) 系统状态和协方差矩阵外推。若已知第 $k-1$ 次状态估值和协方差矩阵为 $\hat{a}_{k-1}^+$ 和 $\boldsymbol{P}_{k-1}^+$，故状态外推和协方差递推黎卡提(Riccati)方程为

$$\hat{a}_k^- = \frac{I_{\mathrm{sp}} \cdot \hat{a}_{k-1}^+}{I_{\mathrm{sp}} - \hat{a}_{k-1}^+ (t_k - t_{k-1})} \tag{7.46}$$

$$\boldsymbol{P}_k^- = \boldsymbol{\Phi}(t_k, t_{k-1}) \boldsymbol{P}_{k-1}^+ \boldsymbol{\Phi}^{\mathrm{T}}(t_k, t_{k-1}) + \boldsymbol{Q} \tag{7.47}$$

其中，系统状态传递矩阵 $\boldsymbol{\Phi}(t_k, t_{k-1})$ 近似为

$$\boldsymbol{\Phi}(t_k, t_{k-1}) \approx 1 + \frac{2a_{k-1}^+}{I_{\mathrm{sp}}}(t_k - t_{k-1}) \tag{7.48}$$

(2) 滤波增益。

$$\boldsymbol{K} = \boldsymbol{P}_k^- \cdot [\boldsymbol{H}_k^-]^{\mathrm{T}} \{\boldsymbol{H}_k^- \cdot \boldsymbol{P}_k^- \cdot [\boldsymbol{H}_k^-]^{\mathrm{T}} + \boldsymbol{R}\}^{-1} \tag{7.49}$$

其中，观测矩阵为

$$\boldsymbol{H}_k^- = \left. \frac{\partial z}{\partial a} \right|_{a = \hat{a}_k^-} \tag{7.50}$$

(3) 状态和协方差更新。

$$\begin{cases}\hat{a}_k^+ = \hat{a}_k^- + \boldsymbol{K}\cdot[z_k - z(\boldsymbol{r}(t_{k-1},t_k,\hat{a}_k^-))]\\ \boldsymbol{P}_k^+ = [\boldsymbol{I}-\boldsymbol{K}\cdot\boldsymbol{H}_k^-]\cdot\boldsymbol{P}_k^-\end{cases} \tag{7.51}$$

非线性动力学系统的线性化是应用卡尔曼滤波的基础，考虑滤波增益 K 的计算，观测量对系统状态的雅可比矩阵 $\boldsymbol{H}$ 利用分步求导可以表示为

$$\boldsymbol{H}_k^- = \frac{\partial z}{\partial a} = \left(\frac{\partial z}{\partial \boldsymbol{r}}\right)\cdot\left(\frac{\partial \boldsymbol{r}}{\partial a}\right)+\left(\frac{\partial z}{\partial \dot{\boldsymbol{r}}}\right)\left(\frac{\partial \dot{\boldsymbol{r}}}{\partial a}\right) \tag{7.52}$$

7.2.3 加速度变分运动方程

观测量对系统状态变量 a 的雅可比矩阵中，$\frac{\partial z}{\partial \boldsymbol{r}}$、$\frac{\partial z}{\partial \dot{\boldsymbol{r}}}$ 是观测量对卫星运动状态矢量的雅可比矩阵，$\frac{\partial \boldsymbol{r}}{\partial a}$、$\frac{\partial \dot{\boldsymbol{r}}}{\partial a}$ 是卫星运动状态矢量对系统状态变量 a 的雅可比矩阵，一般地，$\frac{\partial \boldsymbol{r}}{\partial a}$、$\frac{\partial \dot{\boldsymbol{r}}}{\partial a}$ 不能直接给出，仅能给出其满足的变分方程。

对机动目标变质量动力学模型式(7.41)两边对变加速度 a 求微分，得到机动目标运动状态对系统状态 a 的变分运动方程：

$$\frac{\mathrm{d}}{\mathrm{d}t}\left(\frac{\partial \boldsymbol{r}}{\partial a}\right) = \frac{\partial \dot{\boldsymbol{r}}}{\partial a} \tag{7.53}$$

$$\begin{aligned}\frac{\mathrm{d}}{\mathrm{d}t}\left(\frac{\partial \dot{\boldsymbol{r}}}{\partial a}\right) &= \frac{\partial}{\partial a}\left(\frac{\mathrm{d}\dot{\boldsymbol{r}}}{\mathrm{d}t}\right) = \frac{3\mu}{r^4}\cdot\boldsymbol{r}\cdot\frac{\partial r}{\partial a} - \frac{\mu}{r^3}\cdot\frac{\partial \boldsymbol{r}}{\partial a} + \boldsymbol{p} + a\cdot\frac{\partial \boldsymbol{p}}{\partial a} = \\ &\left(\frac{3\mu}{r^5}\cdot\boldsymbol{r}\boldsymbol{r}^{\mathrm{T}} - \frac{\mu}{r^3}\right)\cdot\frac{\partial \boldsymbol{r}}{\partial a} + \boldsymbol{p} + a\cdot\frac{\partial \boldsymbol{p}}{\partial a}\end{aligned} \tag{7.54}$$

推力方向和推力方向对系统状态 a 的偏导数与定义推力方向的坐标系有关。变分运动方程同机动目标运动方程联合，可得到机动目标运动状态和变分运动的联合常微分方程组：

$$\begin{cases}\frac{\mathrm{d}\boldsymbol{r}}{\mathrm{d}t} = \dot{\boldsymbol{r}}\\ \frac{\mathrm{d}\dot{\boldsymbol{r}}}{\mathrm{d}t} = g_r\boldsymbol{r} + g_w\boldsymbol{w}_e + a\cdot\boldsymbol{p}\\ \frac{\mathrm{d}}{\mathrm{d}t}\left(\frac{\partial \boldsymbol{r}}{\partial a}\right) = \frac{\partial \dot{\boldsymbol{r}}}{\partial a}\\ \frac{\mathrm{d}}{\mathrm{d}t}\left(\frac{\partial \dot{\boldsymbol{r}}}{\partial a}\right) = \left(\frac{3\mu}{r^5}\cdot\boldsymbol{r}\boldsymbol{r}^{\mathrm{T}} - \frac{\mu}{r^3}\right)\cdot\frac{\partial \boldsymbol{r}}{\partial a} + \boldsymbol{p} + a\cdot\frac{\partial \boldsymbol{p}}{\partial a}\end{cases} \tag{7.55}$$

若已知轨道机动过程中 t_{k-1} 时刻目标运动参数 $\boldsymbol{r}_{k-1}^{+}$、$\dot{\boldsymbol{r}}_{k-1}^{+}$，变分运动参数 $\left(\frac{\partial \boldsymbol{r}}{\partial a}\right)\Big|_{k-1}$、$\left(\frac{\partial \dot{\boldsymbol{r}}}{\partial a}\right)\Big|_{k-1}$，变加速度最优预测值 $\hat{a}_k^{-}$，则由积分方程式(7.55)得到机动目标在 t_k 时刻的运动参数 $\boldsymbol{r}_k^{-}$、$\dot{\boldsymbol{r}}_k^{-}$，状态变分运动参数$\left(\frac{\partial \boldsymbol{r}}{\partial a}\right)\Big|_{k}$，$\left(\frac{\partial \dot{\boldsymbol{r}}}{\partial a}\right)\Big|_{k}$，由观测方程和式(7.52)计算得到观测量对系统状态 a 的雅可比矩阵；进而由式(7.49)得到最优卡尔曼滤波增益 K，同时由状态和协方差更新公式(7.51)得到第 k 次滤波后的状态和协方差矩阵更新。

7.2.4 仿真实例

某卫星于2008年5月1日18时15分46.687秒，远地点发动机点火进行轨道机动，推力持续时间2910s，推力方向稳定在卫星质心东南地坐标系中，偏航角约为16.5°。表7.1为卫星点火点初始轨道根数。

表7.1 卫星点火点初始轨道根数

半长轴/m	偏心率	倾角/(°)	升交点赤经/(°)	近地点辐角/(°)	平近点角/(°)
27382802.6	0.758477	17.9593	91.5454	180.0367	166.0413

利用实际测量数据，测量设备为常规USB地面站，分别输出目标在测站坐标系的球坐标和多普勒测速，采样频率为1s。

$$z_k = (\rho_k, A_k, E_k, \dot{\rho}_k) \qquad k = 1,2,\cdots,N$$

噪声为零均值高斯白噪声，协方差矩阵为

$$\boldsymbol{R} = \begin{pmatrix} (100.0)^2 & 0 & 0 & 0 \\ 0 & \left(\frac{0.02 \cdot \pi}{180}\right)^2 & 0 & 0 \\ 0 & 0 & \left(\frac{0.02 \cdot \pi}{180}\right)^2 & 0 \\ 0 & 0 & 0 & 1 \end{pmatrix}$$

算法初值如下：

滤波初值为

$$\hat{a}_0^{+} = 0.0, P_0^{+} = (2.0^2)$$

运动状态和变分运动初值为

$$\boldsymbol{r}_0^{+} = \boldsymbol{r}_0, \dot{\boldsymbol{r}}_0^{+} = \dot{\boldsymbol{r}}_0$$

$$\left(\frac{\partial \boldsymbol{r}}{\partial a}\right)\bigg|_0 = \begin{pmatrix} 0.0 \\ 0.0 \\ 0.0 \end{pmatrix}, \left(\frac{\partial \dot{\boldsymbol{r}}}{\partial a}\right)\bigg|_0 = \begin{pmatrix} 0.0 \\ 0.0 \\ 0.0 \end{pmatrix}$$

实际飞行控制任务中应用上述算法，发动机点火期间变加速度估计曲线如图7.6所示，图7.7为1660s～2000s之间的局部放大。如图7.8所示，从估计残差可以看出，该算法在滤波500s左右收敛，对加速度的估计精度约$5\times10^{-3}\mathrm{m/s^2}$。

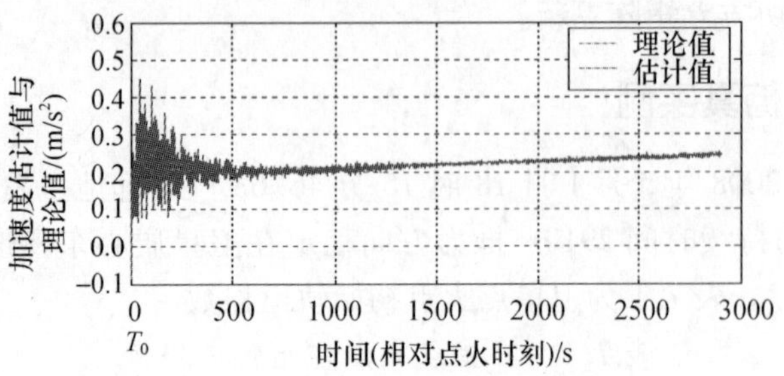

图7.6　变加速度估计值与理论值

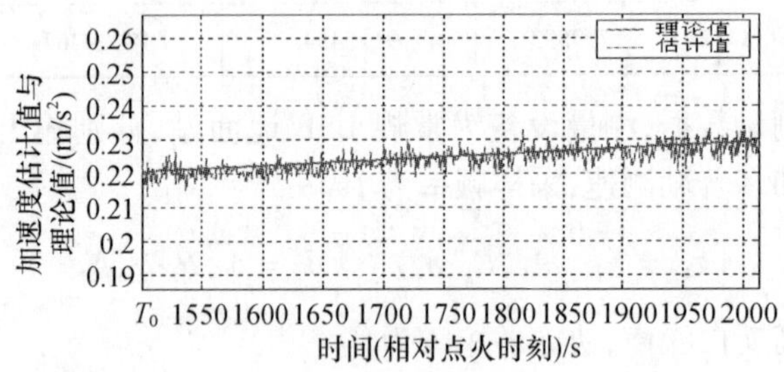

图7.7　变加速度估计值与理论值（局部放大）

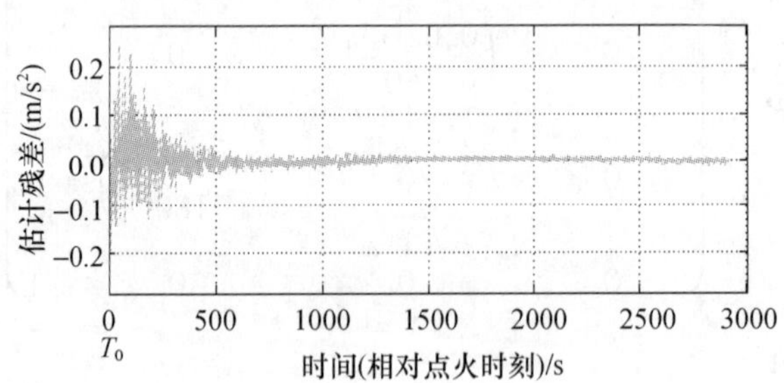

图7.8　加速度的估计精度

连续推力控制过程中，轨道确定结果如图7.9所示，该结果清晰地反映本次轨道机动控制，使卫星轨道半长轴增加，偏心率减小和倾角降低。同控制结束后精密轨道比较，轨道机动过程中半长轴确定误差在10km量级，偏心率误差在10^{-2}量级，倾角误差在10^{-1}量级。

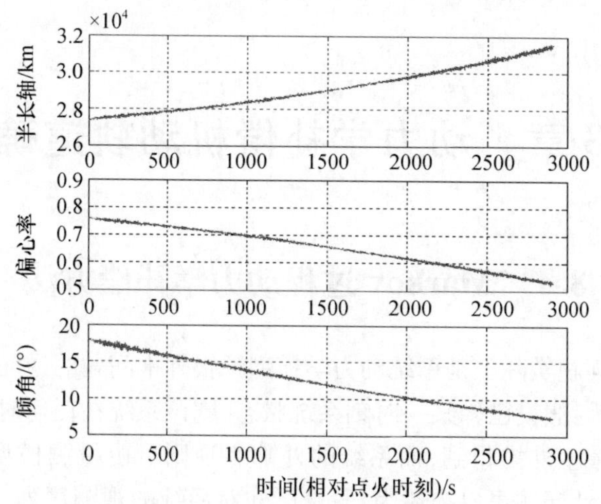

图 7.9　连续推力过程轨道确定结果

本章针对机动空间目标精确轨道确定问题,提出了基于地面雷达观测,实时估计变加速度修正动力学模型的轨道确定算法;给出了常推力变加速度满足的微分方程,从而避免了卫星质量和单位秒耗量的不确定性引起机动轨道确定误差;建立了基于变加速度估计的系统状态方程和基于扩展卡尔曼滤波的轨道确定算法;推导给出了连续推力控制过程中卫星运动状态对变加速度的变分方程,从而解决了观测方程线性化的复杂问题;最后,以实际飞行控制任务为例进行了算法验证。分析表明:通过离散观测数据,实时估计连续推力过程变加速度,能够解决连续推力过程轨道确定问题。未来研究的重点是进一步提高连续推力过程轨道确定精度。

第 8 章　动力学补偿机动轨道确定

8.1　Markov 过程动力学补偿方法

参数估计问题实际上是系统动力学模型预报外推问题的逆问题。预报外推问题可以描述为:假设已知某一时刻系统状态,则该系统在任何时刻的状态可通过系统动力学模型外推得到,而系统的外部表现则可由量测模型进一步确定。相应地,参数估计问题可以描述为:假设已知对系统的观测序列,估计系统在某一时刻的系统状态,使得系统输出与观测序列的“偏差”最小。

在航天测控过程中,机动轨道确定是指利用地面观测数据实时确定卫星瞬时轨道参数。该技术在各类轨道机动任务实施过程中应用需求日益突出,如在“嫦娥”任务中,就是利用该技术实现了“嫦娥”卫星全弧段飞行轨道变化过程的监视。本章就结合“嫦娥”任务背景分析基于动力学补偿方法的机动轨道确定原理,并介绍其算法实现过程。

弧段包括绕地段、地月转移段、月球引力捕获段和环月段,飞行轨道变化包括绕地轨道远地点加速段、绕地轨道近地点加速度段、中途修正段、近月点减速度段。

在“嫦娥”任务中,综合考虑实时定轨需求,机动定轨采用了基于 Markov 动力学过程补偿的扩展卡尔曼滤波轨道确定方案。该方案重点考虑了三个问题:①鉴于“嫦娥”卫星轨道控制阶段卫星质心动力学运动模型相对精确,针对轨道和姿态控制引起的质心运动加速度,引入一阶 Markov 过程矢量,表示不可预期的轨道和姿态控制加速度;②考虑常规的地面测量在测站地平坐标系建立观测方程;③考虑到算法的实时性要求,在扩展卡尔曼滤波算法中,状态协方差矩阵采用二阶 taylor 近似,以避免协方差矩阵的积分问题。

8.1.1　Markov 过程矢量增广系统动力学模型

在“嫦娥”卫星轨道实时轨道确定算法中,引入 Markov 过程矢量表示不可预期的轨道和姿态控制加速度,由此定义动力学系统状态向量:

$$\boldsymbol{X} = \begin{bmatrix} \boldsymbol{r}(t) \\ \dot{\boldsymbol{r}}(t) \\ \boldsymbol{\eta}(t) \end{bmatrix}$$

以 J2000.0 地心惯性系为参考坐标系,考虑地球非球形摄动项引力加速度 $\boldsymbol{g}_{\mathrm{E}}$(20×20)、太阳质心引力加速度 $\boldsymbol{g}_{\mathrm{S}}$、月球非球形摄动项引力加速度 $\boldsymbol{g}_{\mathrm{M}}$(50×50)、轨道控制推力加速度 $\boldsymbol{a}_{\mathrm{F}}$ 和一阶 Markov-Gauss 过程 $\boldsymbol{\eta}$,建立系统动力学模型:

$$\begin{cases}\dfrac{\mathrm{d}}{\mathrm{d}t}(\boldsymbol{r}) = \dot{\boldsymbol{r}}(t) \\ \dfrac{\mathrm{d}}{\mathrm{d}t}(\dot{\boldsymbol{r}}) = \boldsymbol{g}_{\mathrm{E}} + \boldsymbol{g}_{\mathrm{M}} + \boldsymbol{g}_{\mathrm{S}} + a \cdot \boldsymbol{a}_{\mathrm{F}} + \boldsymbol{\eta}(t) \\ \dfrac{\mathrm{d}}{\mathrm{d}t}(\boldsymbol{\eta}) = -\beta\boldsymbol{\eta}(t) + \boldsymbol{u}(t)\end{cases} \tag{8.1}$$

设轨道控制有限推力为 F,比冲为 I_{sp},则质量秒耗量为 $\dot{m} = \dfrac{F}{I_{\mathrm{sp}} \cdot G_0}$,进一步得到变加速度值为

$$a = \frac{F}{m_0 - \dot{m}(t - t_{\mathrm{on}})}$$

设轨道控制期间推力方向在本体系的投影为 $\boldsymbol{T}$,当推力沿 $+x$ 轴时 $\boldsymbol{T} = [1\quad 0\quad 0]^{\mathrm{T}}$;当推力沿 $+y$ 轴时 $\boldsymbol{T} = [0\quad 1\quad 0]^{\mathrm{T}}$;当推力沿 $+z$ 轴时 $\boldsymbol{T} = [0\quad 0\quad 1]^{\mathrm{T}}$。“嫦娥”轨道控制期间采用惯性定向姿态,设姿态四元素为 $\boldsymbol{q} = [q_0\quad q_1\quad q_2\quad q_3]^{\mathrm{T}}$,可得 J2000.0 地心惯性坐标系到卫星本体坐标系的姿态矩阵为

$$\boldsymbol{M} = \begin{bmatrix} q_0^2 + q_1^2 - q_2^2 - q_3^2 & 2(q_0q_3 + q_1q_2) & -2(q_0q_2 - q_1q_3) \\ -2(q_0q_3 - q_1q_2) & q_0^2 - q_1^2 + q_2^2 - q_3^2 & 2(q_0q_1 + q_2q_3) \\ 2(q_0q_2 + q_1q_3) & -2(q_0q_1 - q_2q_3) & q_0^2 - q_1^2 - q_2^2 + q_3^2 \end{bmatrix}$$

则轨道控制加速度在 J2000.0ECI 坐标系的投影可表示为

$$\boldsymbol{a}_F = \boldsymbol{M}^{\mathrm{T}} \cdot \boldsymbol{T}$$

定义系统状态向量为

$$\boldsymbol{X} = \begin{bmatrix} \boldsymbol{r} \\ \dot{\boldsymbol{r}} \\ \boldsymbol{\eta} \end{bmatrix}$$

则系统状态模型为

$$\frac{\mathrm{d}\boldsymbol{X}}{\mathrm{d}t} = \begin{pmatrix} \dot{\boldsymbol{r}} \\ \boldsymbol{g}_{\mathrm{E}} + \boldsymbol{g}_{\mathrm{M}} + \boldsymbol{g}_{\mathrm{S}} + a \cdot \boldsymbol{a}_F + \boldsymbol{\eta} \\ -\beta \cdot \boldsymbol{\eta} \end{pmatrix} + \boldsymbol{w}(t) \tag{8.2}$$

式中:$\boldsymbol{w}(t)$ 为零均值 Gauss 白噪声。噪声协方差矩阵为

$$\boldsymbol{Q} = E[\boldsymbol{w}(t) \cdot \boldsymbol{w}(t)^{\mathrm{T}}] = \begin{bmatrix} \boldsymbol{Q}_r^{3\times3} & \boldsymbol{O}_{3\times3} & \boldsymbol{O}_{3\times3} \\ \boldsymbol{O}_{3\times3} & \boldsymbol{Q}_r^{3\times3} & \boldsymbol{O}_{3\times3} \\ \boldsymbol{O}_{3\times3} & \boldsymbol{O}_{3\times3} & \boldsymbol{Q}_{\boldsymbol{\eta}}^{3\times3} \end{bmatrix}$$

以测站地平坐标系为参考坐标系，建立雷达观测观测方程如下：

$$\boldsymbol{Z} = \begin{bmatrix} \rho \\ A \\ E \\ \dot{\rho} \end{bmatrix} = \begin{bmatrix} \sqrt{\rho_x^2 + \rho_x^2 + \rho_x^2} \\ \arctan\left(\dfrac{\rho_x}{\rho_y}\right) \\ \arctan\left(\dfrac{\rho_z}{\sqrt{\rho_x^2 + \rho_y^2}}\right) \\ \dfrac{1}{\rho}(\boldsymbol{r} - \boldsymbol{R}, \dot{\boldsymbol{r}} - \dot{\boldsymbol{R}}) \end{bmatrix} + \begin{bmatrix} v_\rho(t) \\ v_A(t) \\ v_E(t) \\ v_{\dot{\rho}}(t) \end{bmatrix} \tag{8.3}$$

式中：ρ_x、ρ_y、ρ_z 为测站到卫星观测矢量在测站地平坐标系的分量。

设卫星在地心惯性系的位置矢量为 $\boldsymbol{r}$，测站原点在地心惯性系的运动状态为 $\boldsymbol{R}$、$\dot{\boldsymbol{R}}$（见 8.1.4 节），测站原点大地坐标为 (λ, φ, h)，测站地平坐标系到地心惯性系的转移矩阵为 $\boldsymbol{M}_I$，则

$$\boldsymbol{\rho} = \begin{bmatrix} \rho_x \\ \rho_y \\ \rho_z \end{bmatrix} = \boldsymbol{M}_I^{\mathrm{T}} \cdot (\boldsymbol{r} - \boldsymbol{R})$$

任意时刻 t 地面测量坐标系到地心惯性系的转换矩阵为

$$\boldsymbol{M}_I = \boldsymbol{M}_{\mathrm{ECI2ECF}} \cdot \boldsymbol{M}_{\mathrm{TTC2ECF}}$$

式中：$\boldsymbol{M}_{\mathrm{TTC2ECF}}$ 为地面测站坐标系到地心固连坐标系的转移矩阵，$\boldsymbol{M}_{\mathrm{ECI2ECF}}$ 为 J2000.0 地心惯性系到地心固连系的转移矩阵。

对“嫦娥”卫星轨道确定，应考虑进动、章动、地球自转和极移（见地球自转服务 IERS 参数文件）的影响，观测方程不可忽略进动、章动和极移矩阵。

$v_\rho(t)$、$v_{\dot{\rho}}(t)$、$v_A(t)$、$v_E(t)$ 分别为测距、测距变化率、方位和仰角观测随机噪声，为互不相关零均值高斯白噪声。定义观测噪声协方差矩阵为

$$\boldsymbol{R} = E\left\{ \begin{bmatrix} v_\rho(t) \\ v_A(t) \\ v_E(t) \\ v_{\dot{\rho}}(t) \end{bmatrix} [v_\rho^{\mathrm{T}}(t), \quad v_A^{\mathrm{T}}(t), \quad v_E^{\mathrm{T}}(t), \quad v_{\dot{\rho}}^{\mathrm{T}}(t)] \right\} = \begin{bmatrix} \sigma_\rho^2 & 0 & 0 & 0 \\ 0 & \sigma_A^2 & 0 & 0 \\ 0 & 0 & \sigma_E^2 & 0 \\ 0 & 0 & 0 & \sigma_{\dot{\rho}}^2 \end{bmatrix}$$

定义系统观测向量为 $\boldsymbol{Z}_k = [\rho_k \ A_k \ E_k \ \dot{\rho}_k]^{\mathrm{T}}$，观测噪声向量 $\boldsymbol{v} = [v_\rho \ v_A \ v_E \ v_{\dot{\rho}}]^{\mathrm{T}}$，则系统动力学观测方程为

$$\boldsymbol{Z}_k = \boldsymbol{h}[\boldsymbol{X}(t_k)] + \boldsymbol{v}(t) \tag{8.4}$$

此外，方案中量纲约定如下：距离（m），距离变化率和速度（m/s），角度

(rad)。如未作特别说明,本章后续章节同此约定。

8.1.2 卡尔曼滤波实时轨道确定算法

综合系统状态模型式(8.2)和系统观测模型式(8.4),可得如下非线性系统动力学模型:

$$\frac{\mathrm{d}\boldsymbol{X}}{\mathrm{d}t}=\boldsymbol{f}(t,\boldsymbol{X})+\boldsymbol{w}(t) \tag{8.5}$$

系统观测模型为

$$\boldsymbol{Z}_k=\boldsymbol{h}[\boldsymbol{X}(t_k)]+\boldsymbol{v}(t) \tag{8.6}$$

模型噪声为

$$\boldsymbol{Q}=\begin{bmatrix}\boldsymbol{Q}_r^{3\times3} & \boldsymbol{O}_{3\times3} & \boldsymbol{O}_{3\times3}\\ \boldsymbol{O}_{3\times3} & \boldsymbol{Q}_{\dot{r}}^{3\times3} & \boldsymbol{O}_{3\times3}\\ \boldsymbol{O}_{3\times3} & \boldsymbol{O}_{3\times3} & \boldsymbol{Q}_{\boldsymbol{\eta}}^{3\times3}\end{bmatrix}$$

观测噪声为

$$\boldsymbol{R}=\begin{bmatrix}\sigma_\rho^2 & 0 & 0 & 0\\ 0 & \sigma_A^2 & 0 & 0\\ 0 & 0 & \sigma_E^2 & 0\\ 0 & 0 & 0 & \sigma_{\dot{\rho}}^2\end{bmatrix}$$

设第 $k-1$ 步滤波结果为系统状态估计 $\widehat{\boldsymbol{X}}_{k-1}^{+}$ 和状态协方差矩阵 $\boldsymbol{P}_{k-1}^{+}$,第 k 步观测量为 $\boldsymbol{Z}_k$,则扩展卡尔曼滤波状态估计算法总结如下:

(1) 积分系统状态动力学模型($t_{k-1}\mapsto t_k$),得到 t_k 时刻状态预测量 $\widehat{\boldsymbol{X}}_k^{-}$,计算状态转移矩阵 $\boldsymbol{\Phi}(t_k,t_{k-1})$,动力学模型积分采用 DE 变步长变阶积分算法,涉及到月球和太阳等三体星历计算,采用 JPL DE405 模型;为减少实时计算中运算量,变分矩阵采用二阶 Taylor 展开,否则会有近 100 阶的微分方程积分。

$$\begin{cases}\dfrac{\mathrm{d}\boldsymbol{X}}{\mathrm{d}t}=\boldsymbol{f}(t,\boldsymbol{X}),\boldsymbol{X}(t_{k-1})=\widehat{\boldsymbol{X}}_{k-1}^{+}\\ \boldsymbol{\Phi}(t_k,t_{k-1})=\boldsymbol{I}+F(\hat{\boldsymbol{X}}_k^{-})\Delta t+F(\hat{\boldsymbol{X}}_k^{-})\cdot F(\hat{\boldsymbol{X}}_k^{-})\dfrac{\Delta t^2}{2!}\\ \Delta t=t_k-t_{k-1}\\ F(\widehat{\boldsymbol{X}}_k^{-})=\left.\dfrac{\partial \boldsymbol{f}}{\partial \boldsymbol{X}}\right|_{\boldsymbol{X}=\widehat{X}_k^{-}}\end{cases}$$

(2) 外推系统状态协方差矩阵($t_{k-1}\mapsto t_k$),预测观测量,计算观测残差 $\boldsymbol{Y}_k$。

$$\boldsymbol{P}_k^{-}=\boldsymbol{\Phi}(t_{k-1},t_k)\cdot\boldsymbol{P}_{k-1}^{+}\cdot\boldsymbol{\Phi}^{\mathrm{T}}(t_{k-1},t_k)+\boldsymbol{Q}\cdot(t_k-t_{k-1})$$

$$\boldsymbol{Y}_k=Z_k-\boldsymbol{h}(t_k,\widehat{\boldsymbol{X}}_k^{-})$$

$$\boldsymbol{H}_k = \left.\frac{\partial \boldsymbol{h}}{\partial \boldsymbol{X}}\right|_{X=\hat{X}_k^-}$$

（3）观测数据剔除和最优增益 K_k 计算。

位置预测：$\boldsymbol{r}_k^- = \boldsymbol{T}_R \cdot \hat{\boldsymbol{X}}_k^-$

$$\boldsymbol{T}_R = \begin{bmatrix} 1 & 0 & 0 & 0 & 0 & 0 & 0 & 0 & 0 \\ 0 & 1 & 0 & 0 & 0 & 0 & 0 & 0 & 0 \\ 0 & 0 & 1 & 0 & 0 & 0 & 0 & 0 & 0 \end{bmatrix}$$

位置观测：$\boldsymbol{r}_k^c$

① 若 $\| \boldsymbol{r}_k^c - \boldsymbol{r}_k^- \| > 3\sigma$，置增益矩阵为

$$\boldsymbol{K}_k = \boldsymbol{O}_{9\times 3}$$

② 若 $\| \boldsymbol{r}_k^c - r_k^- \| \leqslant 3\sigma$，计算最优增益矩阵为

$$\boldsymbol{K}_k = \boldsymbol{P}_k^- \cdot \boldsymbol{H}_k^{\mathrm{T}} [\boldsymbol{H}_k \boldsymbol{P}_k^- \boldsymbol{H}_k^{\mathrm{T}} + \boldsymbol{R}]^{-1}$$

其中

$$\sigma = \mathrm{sqrt}(\boldsymbol{P}_k^-(0,0) + \boldsymbol{P}_k^-(1,1) + \boldsymbol{P}_k^-(2,2))$$

（4）更新系统状态 $\hat{\boldsymbol{X}}_k^+$ 和协方差矩阵 $\boldsymbol{P}_k^+$。

$$\hat{\boldsymbol{X}}_k^+ = \hat{\boldsymbol{X}}_k^- + \boldsymbol{K}_k \cdot \boldsymbol{Y}_k$$

$$\boldsymbol{P}_k^+ = [\boldsymbol{I} - \boldsymbol{K}_k \boldsymbol{H}_k] \cdot \boldsymbol{P}_k^-$$

（5）系统状态向量转轨道根数，输出。

① 按地心作为中心引力场，输出在 J2000.0 地心惯性系的轨道度量参数，卫星瞬时位置在以地心为中心的天球球坐标参数。

② 按月心作为中心引力场，输出在 J2000.0 月心惯性系得轨道度量参数，卫星瞬时位置在以月心为中心的天球球坐标参数。

③ 计算月球引力场捕获后，近月点坐标系轨道平面中的对偶数 (f, r_{m}) 或 $(x_{\mathrm{m}}, y_{\mathrm{m}})$。

$$x_{\mathrm{m}} = r_{\mathrm{m}} \cos f$$

$$y_{\mathrm{m}} = r_{\mathrm{m}} \sin f$$

式中：f 为双曲轨道近月点辐角（近月点制动前），环月椭圆轨道近月点辐角（近月点制动后）；r_{m} 为月心距。

8.1.3 初始状态与协方差矩阵

具体工程应用中，上述滤波算法的初始状态及协方差矩阵的取值方案如下：

（1）系统初始状态 $\hat{\boldsymbol{X}}_{k-1}^+$ 由地面测控中心测量提供，并外推至滤波起始时刻。

（2）Markov 过程向量初始值为零向量。

（3）Markov 过程常数 $\beta = 1/10.0$（默认值，可以调整）。

(4) 动力学模型协方差矩阵初始化：

$$\boldsymbol{Q}=\begin{bmatrix}\boldsymbol{Q}_{\boldsymbol{r}}^{3\times3} & \boldsymbol{O}_{3\times3} & \boldsymbol{O}_{3\times3}\\ \boldsymbol{O}_{3\times3} & \boldsymbol{Q}_{\boldsymbol{r}}^{3\times3} & \boldsymbol{O}_{3\times3}\\ \boldsymbol{O}_{3\times3} & \boldsymbol{O}_{3\times3} & \boldsymbol{Q}_{\boldsymbol{\eta}}^{3\times3}\end{bmatrix}=\begin{bmatrix}\boldsymbol{O}_{3\times3} & \boldsymbol{O}_{3\times3} & \boldsymbol{O}_{3\times3}\\ \boldsymbol{O}_{3\times3} & \sigma_d^2\cdot\boldsymbol{I}_{3\times3} & \boldsymbol{O}_{3\times3}\\ \boldsymbol{O}_{3\times3} & \boldsymbol{O}_{3\times3} & \sigma_\eta^2\cdot\boldsymbol{I}_{3\times3}\end{bmatrix}$$

$$\sigma_d^2=0,\sigma_\eta^2=1\times10^{-12}\text{（默认值,可以调整）}$$

(5) 观测噪声协方差矩阵初始化：

$$\boldsymbol{R}=\begin{bmatrix}\sigma_\rho^2 & 0 & 0 & 0\\ 0 & \sigma_A^2 & 0 & 0\\ 0 & 0 & \sigma_E^2 & 0\\ 0 & 0 & 0 & \sigma_{\dot\rho}^2\end{bmatrix}$$

$$\sigma_\rho^2=20000^2,\sigma_A^2=\left(\frac{1.0}{180.0}\cdot\pi\right)^2$$

$$\sigma_E^2=\left(\frac{1.0}{180.0}\cdot\pi\right)^2,\sigma_{\dot\rho}^2=10^2\text{（默认值,可以调整）}$$

(6) 系统状态协方差矩阵初始化：

$$\boldsymbol{P}_0=\begin{bmatrix}P_r\cdot\boldsymbol{I}_{3\times3} & \boldsymbol{O}_{3\times3} & \boldsymbol{O}_{3\times3}\\ \boldsymbol{O}_{3\times3} & P_{\dot r}\cdot\boldsymbol{I}_{3\times3} & \boldsymbol{O}_{3\times3}\\ \boldsymbol{O}_{3\times3} & \boldsymbol{O}_{3\times3} & P_\eta\cdot\boldsymbol{I}_{3\times3}\end{bmatrix}$$

$$P_r=100000^2,P_{\dot r}=50.0^2,P_\eta=1.0^2\text{（默认值,可以调整）}$$

8.1.4 测站原点在地心惯性系的运动状态

设测量站原点的大地坐标为(φ,λ,h),可求得测站原点在地心固连系的运动状态 $\boldsymbol{R}$ 和 $\dot{\boldsymbol{R}}$ 为

$$\boldsymbol{R}=\begin{bmatrix}X\\Y\\Z\end{bmatrix}=\begin{bmatrix}G_1\cos\lambda\\G_1\sin\lambda\\G_2\end{bmatrix}\tag{8.7}$$

$$\dot{\boldsymbol{R}}=\begin{bmatrix}\dot X\\\dot Y\\\dot Z\end{bmatrix}=\begin{bmatrix}0\\0\\0\end{bmatrix}\tag{8.8}$$

其中

$$\begin{cases} G_1 = \left(\dfrac{R_e}{\sqrt{1-e_E^2\sin^2\varphi}}+h\right)\cdot\cos\varphi \\ G_2 = \left(\dfrac{R_e(1-e_E^2)}{\sqrt{1-e_E^2\sin^2\varphi}}+h\right)\cdot\sin\varphi \end{cases} \tag{8.9}$$

结合历元时刻和地球自转参数，可进一步得到测站原点在 J2000.0 地心惯性坐标系下的状态 $\boldsymbol{R}$ 和 $\dot{\boldsymbol{R}}$，其中 $R_e=6378140.0\text{m}$，$e_E^2=0.0066943849$。

例 8.1 某测站原点大地坐标为$(\varphi,\lambda,h)=(100.0°,20.0°,1000.0\text{m})$，该测站在历元时刻 2005 年 9 月 8 日 0 时(UTC)相对地心惯性系的转移矩阵、运动状态 $\boldsymbol{R}$ 和 $\dot{\boldsymbol{R}}$ 分别为

$$\boldsymbol{M}_I = \begin{bmatrix} -0.998703 & -0.016899 & 0.048022 \\ 0.050906 & -0.341533 & 0.938490 \\ 0.000542 & 0.939718 & 0.341950 \end{bmatrix}$$

$$\boldsymbol{R} = [306453.773923, 5989102.824205, 2167590.604868]\ (\text{m})$$

$$\dot{\boldsymbol{R}} = [-436.724819\ \ 22.260876\ \ 0.236803]\ (\text{m/s})$$

8.1.5 状态矩阵和观测矩阵

1. 状态矩阵

$$\boldsymbol{f}(t,\boldsymbol{X}) = \begin{bmatrix} \boldsymbol{f}_1(t,\boldsymbol{X}) \\ \boldsymbol{f}_2(t,\boldsymbol{X}) \\ \boldsymbol{f}_3(t,\boldsymbol{X}) \end{bmatrix} = \begin{pmatrix} \dot{\boldsymbol{r}} \\ \boldsymbol{g}_E+\boldsymbol{g}_M+\boldsymbol{g}_S+\boldsymbol{a}_F+\boldsymbol{\eta} \\ -\beta\cdot\boldsymbol{\eta} \end{pmatrix}$$

$$\boldsymbol{F}(\boldsymbol{X}) = \frac{\partial \boldsymbol{f}}{\partial \boldsymbol{X}} = \begin{bmatrix} \dfrac{\partial \boldsymbol{f}_1}{\partial \boldsymbol{r}} & \dfrac{\partial \boldsymbol{f}_1}{\partial \dot{\boldsymbol{r}}} & \dfrac{\partial \boldsymbol{f}_1}{\partial \boldsymbol{\eta}} \\ \dfrac{\partial \boldsymbol{f}_2}{\partial \boldsymbol{r}} & \dfrac{\partial \boldsymbol{f}_2}{\partial \dot{\boldsymbol{r}}} & \dfrac{\partial \boldsymbol{f}_2}{\partial \boldsymbol{\eta}} \\ \dfrac{\partial \boldsymbol{f}_3}{\partial \boldsymbol{r}} & \dfrac{\partial \boldsymbol{f}_3}{\partial \dot{\boldsymbol{r}}} & \dfrac{\partial \boldsymbol{f}_3}{\partial \boldsymbol{\eta}} \end{bmatrix}$$

其中

$$\frac{\partial \boldsymbol{f}_1}{\partial \boldsymbol{r}} = \boldsymbol{O}_{3\times3}$$

$$\frac{\partial \boldsymbol{f}_1}{\partial \dot{\boldsymbol{r}}} = \boldsymbol{I}_{3\times3}$$

$$\frac{\partial \boldsymbol{f}_1}{\partial \boldsymbol{\eta}} = \boldsymbol{O}_{3\times3}$$

$$\frac{\partial \boldsymbol{f}_2}{\partial \boldsymbol{r}} = \frac{\partial}{\partial \boldsymbol{r}}(\boldsymbol{g}_{\mathrm{E}} + \boldsymbol{g}_{\mathrm{M}} + \boldsymbol{g}_{\mathrm{S}} + \boldsymbol{a}_F + \boldsymbol{\eta}) = \frac{\partial \boldsymbol{g}_{\mathrm{E}}}{\partial \boldsymbol{r}} + \frac{\partial \boldsymbol{g}_{\mathrm{M}}}{\partial \boldsymbol{r}} + \frac{\partial \boldsymbol{g}_{\mathrm{S}}}{\partial \boldsymbol{r}} + \frac{\partial \boldsymbol{a}_F}{\partial \boldsymbol{r}} + \frac{\partial \boldsymbol{\eta}}{\partial \boldsymbol{r}}$$

$$\frac{\partial \boldsymbol{f}_2}{\partial \dot{\boldsymbol{r}}} = \boldsymbol{O}_{3\times3}$$

$$\frac{\partial \boldsymbol{f}_2}{\partial \boldsymbol{\eta}} = \boldsymbol{I}_{3\times3}$$

$$\frac{\partial \boldsymbol{f}_3}{\partial \boldsymbol{r}} = \frac{\partial}{\partial \boldsymbol{r}}(-\beta \cdot \boldsymbol{\eta}) = \boldsymbol{O}_{3\times3}$$

$$\frac{\partial \boldsymbol{f}_2}{\partial \dot{\boldsymbol{r}}} = \frac{\partial}{\partial \dot{\boldsymbol{r}}}(-\beta \cdot \boldsymbol{\eta}) = \boldsymbol{O}_{3\times3}$$

$$\frac{\partial \boldsymbol{f}_2}{\partial \boldsymbol{\eta}} = \frac{\partial}{\partial \boldsymbol{\eta}}(-\beta \cdot \boldsymbol{\eta}) = -\beta \cdot \boldsymbol{I}_{3\times3}$$

为简化状态矩阵的计算量,状态矩阵变分运动仅考虑地球引力场二阶带谐项,月球引力场二阶带谐项,太阳质心引力场,即

$$\frac{\partial \boldsymbol{g}_{\mathrm{E}}}{\partial \boldsymbol{r}} = \frac{\partial}{\partial \boldsymbol{r}}(g_r \cdot \boldsymbol{r} + g_w \cdot \boldsymbol{w}) = \boldsymbol{r}\frac{\partial g_r}{\partial \boldsymbol{r}} + g_r \cdot \boldsymbol{I}_{3\times3} + \boldsymbol{w}_e^o \frac{\partial g_w}{\partial \boldsymbol{r}}$$

$$g_r = -\frac{\mu_{\mathrm{E}}}{r^3}\left[1 + \frac{3}{2}J_{2\mathrm{E}}\left(\frac{R_{\mathrm{e}}}{r}\right)^2\left(1 - 5\left(\frac{z}{r}\right)^2\right)\right]$$

$$g_\omega = -3J_{2\mathrm{E}}\frac{\mu_{\mathrm{E}}}{r^2}\left(\frac{R_{\mathrm{e}}}{r}\right)^2\left(\frac{z}{r}\right)$$

$$\boldsymbol{r} = [x \quad y \quad z]^{\mathrm{T}}, \dot{\boldsymbol{r}} = [\dot{x} \quad \dot{y} \quad \dot{z}]^{\mathrm{T}}, \boldsymbol{w}_e^o = [0 \quad 0 \quad 1]^{\mathrm{T}}$$

其中

$$\frac{\partial g_r}{\partial \boldsymbol{r}} = \left(\frac{\partial g_r}{\partial x}, \frac{\partial g_r}{\partial y}, \frac{\partial g_r}{\partial z}\right)$$

$$\frac{\partial g_r}{\partial x} = \frac{3\mu_{\mathrm{E}} x}{r^5}\left[1 + \frac{5}{2}J_{2\mathrm{E}}\left(\frac{R_{\mathrm{e}}}{r}\right)^2\left(1 - 7\left(\frac{z}{r}\right)^2\right)\right]$$

$$\frac{\partial g_r}{\partial y} = \frac{3\mu_{\mathrm{E}} y}{r^5}\left[1 + \frac{5}{2}J_{2\mathrm{E}}\left(\frac{R_{\mathrm{e}}}{r}\right)^2\left(1 - 7\left(\frac{z}{r}\right)^2\right)\right]$$

$$\frac{\partial g_r}{\partial z} = \frac{3\mu_{\mathrm{E}} z}{r^5}\left[1 + \frac{5}{2}J_{2\mathrm{E}}\left(\frac{R_{\mathrm{e}}}{r}\right)^2\left(3 - 7\left(\frac{z}{r}\right)^2\right)\right]$$

$$\frac{\partial g_w}{\partial \boldsymbol{r}} = \left(\frac{\partial g_w}{\partial x}, \frac{\partial g_w}{\partial y}, \frac{\partial g_w}{\partial z}\right)$$

$$\frac{\partial g_w}{\partial x} = 15\mu_{\mathrm{E}} J_{2\mathrm{E}}\left(\frac{R_{\mathrm{e}}}{r}\right)^2 \frac{zx}{r^5}$$

$$\frac{\partial g_w}{\partial y} = 15\mu_{\mathrm{E}} J_{2\mathrm{E}}\left(\frac{R_{\mathrm{e}}}{r}\right)^2 \frac{zy}{r^5}$$

$$\frac{\partial g_w}{\partial z} = 15\mu_{\mathrm{E}} J_{2\mathrm{E}}\left(\frac{R_{\mathrm{e}}}{r}\right)^2 \frac{z^2}{r^5} - 3\mu_{\mathrm{E}} J_{2\mathrm{E}}\left(\frac{R_{\mathrm{e}}}{r}\right)^2 \frac{1}{r^3}$$

式中:$\mu_{\mathrm{E}} = 3.986005 \times 10^{14}\mathrm{m}^3/\mathrm{s}^2$,$J_{2\mathrm{E}} = 1082.63 \times 10^{-6}$,$R_{\mathrm{e}} = 6378140.0\mathrm{m}$。

考虑月球引力场二阶带谐项,偏导数矩阵如下:

$$\frac{\partial \boldsymbol{g}_{\mathrm{M}}}{\partial \boldsymbol{r}} = \boldsymbol{M}_{\mathrm{LCI2ECI}} \cdot \frac{\partial}{\partial \boldsymbol{r}'}(g_{r'} \cdot \boldsymbol{r}' + g_{w'} \cdot \boldsymbol{w}') \cdot \frac{\partial \boldsymbol{r}'}{\partial \boldsymbol{r}} =$$

$$\boldsymbol{M}_{\mathrm{LCI2ECI}} \cdot \left(\boldsymbol{r}' \frac{\partial g_{r'}}{\partial \boldsymbol{r}'} + g_{r'} \cdot \boldsymbol{I}_{3\times3} + \boldsymbol{w}' \frac{\partial g_{w'}}{\partial \boldsymbol{r}'}\right) \cdot \frac{\partial}{\partial \boldsymbol{r}}(\boldsymbol{M}_{\mathrm{ECI2LCI}}(\boldsymbol{r} - \boldsymbol{r}_{\mathrm{M}})) =$$

$$\boldsymbol{M}_{\mathrm{LCI2ECI}} \cdot \left(\boldsymbol{r}' \frac{\partial g_{r'}}{\partial \boldsymbol{r}'} + g_{r'} \cdot \boldsymbol{I}_{3\times3} + \boldsymbol{w}' \frac{\partial g_{w'}}{\partial \boldsymbol{r}'}\right) \cdot \boldsymbol{M}_{\mathrm{ECI2LCI}}$$

式中:$\boldsymbol{M}_{\mathrm{ECI2LCI}}$为 J2000.0 地心惯性系到 J2000.0 月心真赤道惯性系的转移矩阵;$\boldsymbol{M}_{\mathrm{LCI2ECI}}$为 J2000.0 月心真赤道惯性系到 J2000.0 地心惯性系的转移矩阵;$\boldsymbol{r}' = \boldsymbol{M}_{\mathrm{ECI2LCI}} \cdot (\boldsymbol{r} - \boldsymbol{r}_{\mathrm{M}})$为卫星相对 J2000.0 月心真赤道惯性系的状态向量;$g_{r'} = -\frac{\mu_{\mathrm{M}}}{r'^3}\left[1 + \frac{3}{2}J_{2\mathrm{M}}\left(\frac{R_{\mathrm{M}}}{r'}\right)^2\left(1 - 5\left(\frac{z'}{r'}\right)^2\right)\right]$;$g_{\omega'} = -3J_{2\mathrm{M}}\frac{\mu_{\mathrm{M}}}{r'^2}\left(\frac{R_{\mathrm{M}}}{r'}\right)^2\left(\frac{z'}{r'}\right)$。

显然,考虑天球引力加速度对相对天球质心度量状态的偏导数,地球引力场

$\boldsymbol{g}_E$ 对 $\boldsymbol{r}$ 与月球引力场 $\boldsymbol{g}'_M$ 对 $\boldsymbol{r}'$ 的偏导数矩阵，推导过程类似，不再赘述。注意公式中月球引力常数、月球半径和月球引力场二阶项分别替换地球引力常数、地球半径和地球引力场二阶项。若仅考虑月球中心引力，则偏导数矩阵为

$$\frac{\partial \boldsymbol{g}_M}{\partial \boldsymbol{r}} = \frac{\partial}{\partial \boldsymbol{r}}\left[-\mu_M\left(\frac{\boldsymbol{r}-\boldsymbol{r}_m}{\|\boldsymbol{r}-\boldsymbol{r}_m\|^3}+\frac{\boldsymbol{r}_m}{\|\boldsymbol{r}_m\|^3}\right)\right] = -\mu_M\frac{\partial}{\partial \boldsymbol{r}}\left[\left(\frac{\boldsymbol{r}-\boldsymbol{r}_m}{\|\boldsymbol{r}-\boldsymbol{r}_m\|^3}\right)\right] =$$

$$-\mu_M\left[-\frac{3}{\|\boldsymbol{r}-\boldsymbol{r}_m\|^5}((\boldsymbol{r}-\boldsymbol{r}_m)\cdot(\boldsymbol{r}-\boldsymbol{r}_m)^T)+\frac{1}{\|\boldsymbol{r}-\boldsymbol{r}_m\|^3}\cdot \boldsymbol{I}_{3\times 3}\right]$$

式中：$\mu_M = 490280.1076\times 10^7 m^3/s^2$，$J_{2M} = 2032.366226\times 10^{-7}$，$R_M = 1738000.0m$。

仅考虑太阳中心引力，则太阳中心引力对卫星位置向量的偏导数矩阵为

$$\frac{\partial \boldsymbol{g}_S}{\partial \boldsymbol{r}} = \frac{\partial}{\partial \boldsymbol{r}}\left[-\mu_S\left(\frac{\boldsymbol{r}-\boldsymbol{r}_S}{\|\boldsymbol{r}-\boldsymbol{r}_S\|^3}+\frac{\boldsymbol{r}_S}{\|\boldsymbol{r}_S\|^3}\right)\right] = -\mu_S\frac{\partial}{\partial \boldsymbol{r}}\left[\left(\frac{\boldsymbol{r}-\boldsymbol{r}_S}{\|\boldsymbol{r}-\boldsymbol{r}_S\|^3}\right)\right] =$$

$$-\mu_S\left[-\frac{3}{\|\boldsymbol{r}-\boldsymbol{r}_S\|^5}((\boldsymbol{r}-\boldsymbol{r}_S)\cdot(\boldsymbol{r}-\boldsymbol{r}_S)^T)+\frac{1}{\|\boldsymbol{r}-\boldsymbol{r}_S\|^3}\cdot \boldsymbol{I}_{3\times 3}\right]$$

式中：$\mu_S = 1.32712438\times 10^{20} m^3/s^2$。

例 8.2 Epoch. SetTime(1950,8,21221,41128.0)

卫星位置：$\boldsymbol{r}$ = (218289342.898, -289476966.835, -139240289.246)

月球位置：$\boldsymbol{r}_M$ = (218391882.397 -287751761.474 -140117334.211)

太阳位置：$\boldsymbol{r}_S$ = (107170759169.440 -92990444912.325 -40314695012.284)

(1) 太阳中心引力偏导数矩阵：

---------SUN (Center)---------

$$\frac{\partial \boldsymbol{g}_S}{\partial \boldsymbol{r}} = \begin{matrix} 2.439102e-014 & -5.725922e-014 & -2.481544e-014 \\ -5.725922e-014 & 7.958365e-015 & 2.150876e-014 \\ -2.481544e-014 & 2.150876e-014 & -3.234938e-014 \end{matrix}$$

(2) 月球中心引力偏导数矩阵：

---------MOON(centre)---------

$$\frac{\partial \boldsymbol{g}_M}{\partial \boldsymbol{r}} = \begin{matrix} -6.678573e-007 & 9.516285e-008 & -4.837807e-008 \\ 9.516285e-008 & 9.275814e-007 & -8.139507e-007 \\ -4.837807e-008 & -8.139507e-007 & -2.597242e-007 \end{matrix}$$

(3) 月球二阶带谐项偏导数矩阵：

$$\text{---------- Moon with J2 ----------}$$

$$\frac{\partial \boldsymbol{g}_{\mathrm{M}}}{\partial \boldsymbol{r}}=\begin{matrix} -6.675246\mathrm{e}-007 & 9.508703\mathrm{e}-008 & -4.838209\mathrm{e}-008 \\ 9.508703\mathrm{e}-008 & 9.266747\mathrm{e}-007 & -8.140274\mathrm{e}-007 \\ -4.838209\mathrm{e}-008 & -8.140274\mathrm{e}-007 & -2.591501\mathrm{e}-007 \end{matrix}$$

(4) 地球二阶带谐项偏导数矩阵：

$$\text{---------- EARTH with J2 ----------}$$

$$\frac{\partial \boldsymbol{g}_{\mathrm{E}}}{\partial \boldsymbol{r}}=\begin{matrix} -3.556691\mathrm{e}-013 & -8.551656\mathrm{e}-012 & -4.113408\mathrm{e}-012 \\ -8.551656\mathrm{e}-012 & 4.536169\mathrm{e}-012 & 5.454855\mathrm{e}-012 \\ -4.113408\mathrm{e}-012 & 5.454855\mathrm{e}-012 & -4.180500\mathrm{e}-012 \end{matrix}$$

2. 观测矩阵

$$\boldsymbol{h}(\boldsymbol{X})=\begin{bmatrix} \rho \\ A \\ E \\ \dot{\rho} \end{bmatrix}=\begin{bmatrix} \sqrt{\rho_x^2+\rho_x^2+\rho_x^2} \\ \arctan\left(\dfrac{\rho_x}{\rho_y}\right) \\ \arctan\left(\dfrac{\rho_z}{\sqrt{\rho_x^2+\rho_y^2}}\right) \\ \dfrac{1}{\rho}(\boldsymbol{r}-\boldsymbol{R},\dot{\boldsymbol{r}}-\dot{\boldsymbol{R}}) \end{bmatrix}$$

$$\boldsymbol{H}_k=\frac{\partial \boldsymbol{h}(\boldsymbol{X})}{\partial \boldsymbol{X}}=\begin{bmatrix} \dfrac{\partial \rho}{\partial \boldsymbol{r}} & \dfrac{\partial \rho}{\partial \dot{\boldsymbol{r}}} & \dfrac{\partial \rho}{\partial \boldsymbol{\eta}} \\ \dfrac{\partial A}{\partial \boldsymbol{r}} & \dfrac{\partial A}{\partial \dot{\boldsymbol{r}}} & \dfrac{\partial A}{\partial \boldsymbol{\eta}} \\ \dfrac{\partial E}{\partial \boldsymbol{r}} & \dfrac{\partial E}{\partial \dot{\boldsymbol{r}}} & \dfrac{\partial E}{\partial \boldsymbol{\eta}} \\ \dfrac{\partial \dot{\rho}}{\partial \boldsymbol{r}} & \dfrac{\partial \dot{\rho}}{\partial \dot{\boldsymbol{r}}} & \dfrac{\partial \dot{\rho}}{\partial \boldsymbol{\eta}} \end{bmatrix}=\begin{bmatrix} \dfrac{\partial \rho}{\partial \boldsymbol{r}} & \boldsymbol{O}_{1\times3} & \boldsymbol{O}_{1\times3} \\ \dfrac{\partial A}{\partial \boldsymbol{r}} & \boldsymbol{O}_{1\times3} & \boldsymbol{O}_{1\times3} \\ \dfrac{\partial E}{\partial \boldsymbol{r}} & \boldsymbol{O}_{1\times3} & \boldsymbol{O}_{1\times3} \\ \dfrac{\partial \dot{\rho}}{\partial \boldsymbol{r}} & \dfrac{\partial \dot{\rho}}{\partial \dot{\boldsymbol{r}}} & \boldsymbol{O}_{1\times3} \end{bmatrix}$$

其中

$$\frac{\partial \rho}{\partial \boldsymbol{r}}=\frac{\partial \rho}{\partial \boldsymbol{\rho}}\cdot\frac{\partial \boldsymbol{\rho}}{\partial \boldsymbol{r}}=\left(\frac{\partial \rho}{\partial \rho_x},\quad \frac{\partial \rho}{\partial \rho_y},\quad \frac{\partial \rho}{\partial \rho_z}\right)\cdot \boldsymbol{M}_1^{\mathrm{T}}$$

$$\frac{\partial A}{\partial \boldsymbol{r}} = \frac{\partial A}{\partial \boldsymbol{\rho}} \cdot \frac{\partial \rho}{\partial \boldsymbol{r}} = \left(\frac{\partial A}{\partial \rho_x}, \quad \frac{\partial A}{\partial \rho_y}, \quad \frac{\partial A}{\partial \rho_z}\right) \cdot \boldsymbol{M}_1^{\mathrm{T}}$$

$$\frac{\partial E}{\partial \boldsymbol{r}} = \frac{\partial E}{\partial \boldsymbol{\rho}} \cdot \frac{\partial \rho}{\partial \boldsymbol{r}} = \left(\frac{\partial E}{\partial \rho_x}, \quad \frac{\partial E}{\partial \rho_y}, \quad \frac{\partial E}{\partial \rho_z}\right) \cdot \boldsymbol{M}_1^{\mathrm{T}}$$

$$\frac{\partial \dot{\rho}}{\partial \boldsymbol{r}} = \frac{1}{\rho}\left[(\dot{\boldsymbol{r}} - \dot{\boldsymbol{R}}) - \frac{\dot{\rho}}{\rho}(\boldsymbol{r} - \boldsymbol{R})\right]^{\mathrm{T}}$$

$$\frac{\partial \dot{\rho}}{\partial \dot{\boldsymbol{r}}} = \frac{1}{\rho}\left[(\boldsymbol{r} - \boldsymbol{R})\right]^{\mathrm{T}}$$

$$\left(\frac{\partial \rho}{\partial \rho_x}, \quad \frac{\partial \rho}{\partial \rho_y}, \quad \frac{\partial \rho}{\partial \rho_z}\right) = \left(\frac{\rho_x}{\rho}, \quad \frac{\rho_y}{\rho}, \quad \frac{\rho_z}{\rho}\right)$$

$$\left(\frac{\partial A}{\partial \rho_x}, \quad \frac{\partial A}{\partial \rho_y}, \quad \frac{\partial A}{\partial \rho_z}\right) = \left(\frac{\rho_y}{\rho_x^2 + \rho_y^2}, \quad -\frac{\rho_x}{\rho_x^2 + \rho_y^2}, \quad 0\right)$$

$$\left(\frac{\partial E}{\partial \rho_x}, \quad \frac{\partial E}{\partial \rho_y}, \quad \frac{\partial E}{\partial \rho_z}\right) = \frac{1}{\rho^2\sqrt{\rho_x^2 + \rho_y^2}}(-\rho_x\rho_z, \quad -\rho_y\rho_z, \quad \rho_x^2 + \rho_y^2)$$

8.1.6 应用实例

算法应用于“嫦娥 1 号”跟踪任务，自 2007 年 11 月 4 日 18 时 14 分 28 秒跟踪到 2007 年 11 月 5 日 11 时 26 分 27 秒，“嫦娥 1 号”卫星完成近月点制动结束，月心赤道平面中跟踪弧段如图 8.1 所示。

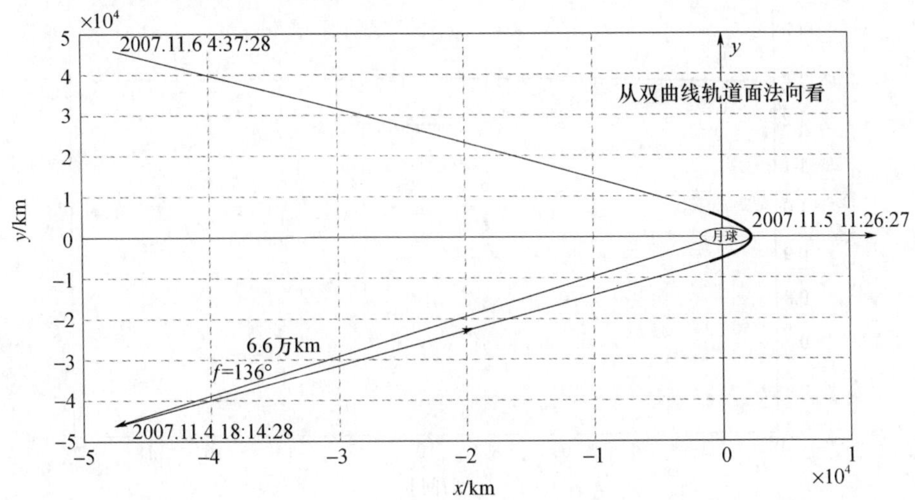

图 8.1　在月球赤道坐标系中“嫦娥”1 号卫星地月转移轨道

跟踪条件为国内两台 USB 设备，测量输出为测距、距离变化量、方位角和仰角，帧频为 1 帧/s。测距随机差为 10m，测速随机差为 0.05m/s，测角随机差为 20″。图 8.2～图 8.4 分别显示在以月心为原点的天球坐标系中"嫦娥"1 号卫星地月双曲线转移轨道和跟踪情况：

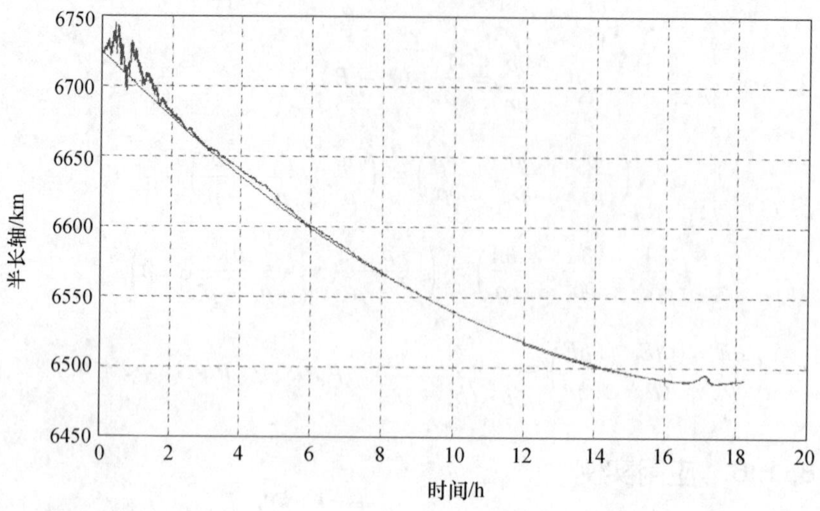

图 8.2 "嫦娥"1 号卫星地月双曲线转移轨道半长轴跟踪情况

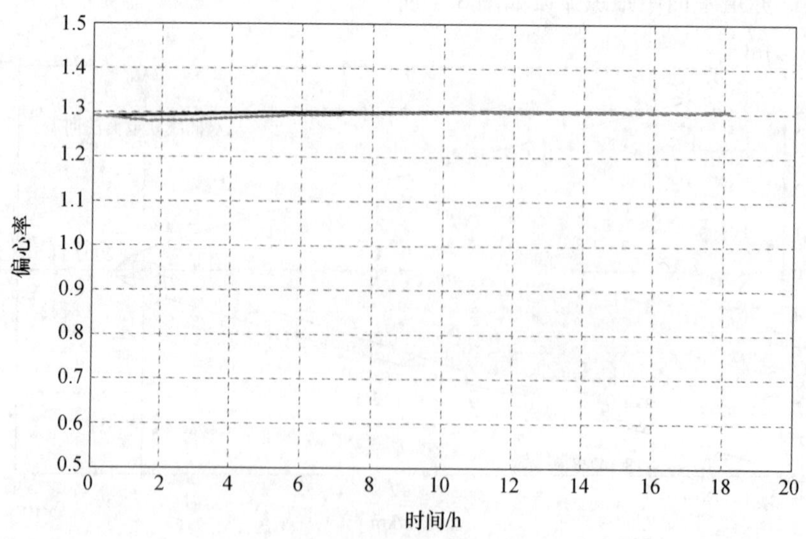

图 8.3 "嫦娥"1 号卫星地月双曲线转移轨道偏心率跟踪情况

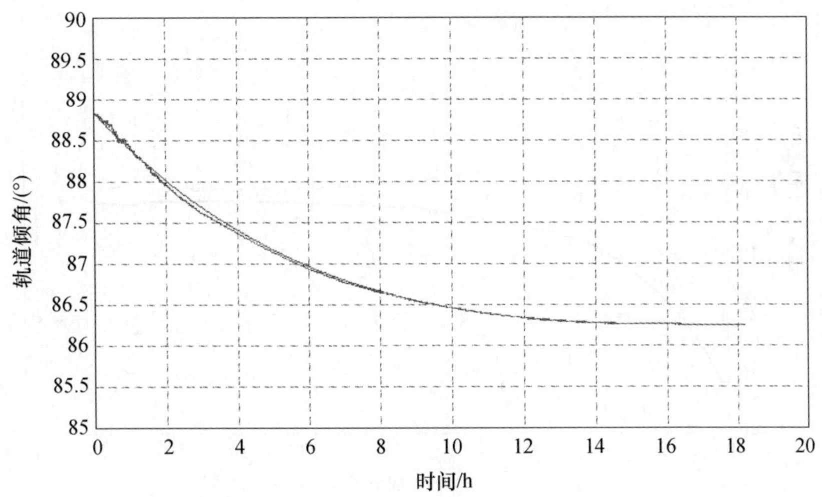

图 8.4 “嫦娥”1 号卫星地月双曲线转移轨道偏心率跟踪情况

卫星相对地心位置和速度估计误差(1σ)管道如图 8.5、图 8.6 所示。跟踪 10h 后,位置误差小于 50km(1σ),速度误差小于 1m/s;跟踪到近月点附近(约 17h 后),位置误差小于 1km,速度误差小于 0.5m/s。但近月点附近协方差矩阵又有增大趋势,这是由于卡尔曼滤波线性化的原因(见第 3 章)。

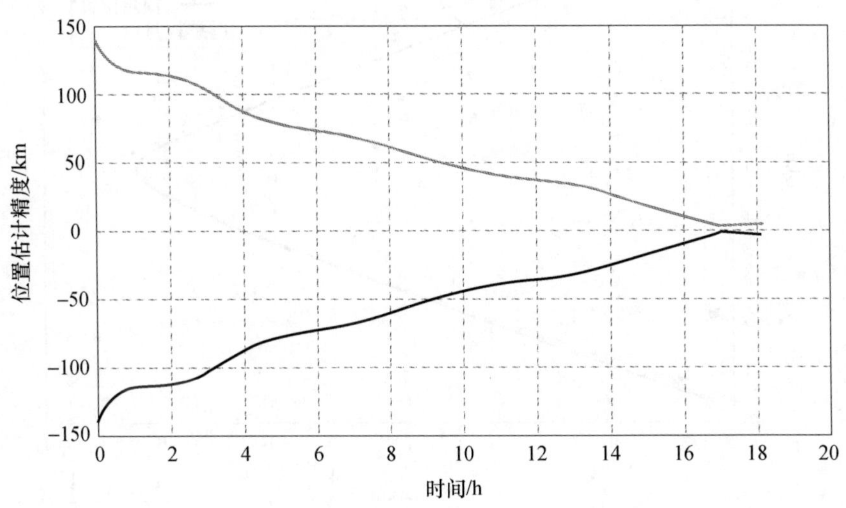

图 8.5 卫星相对地心位置估计误差(1σ)管道

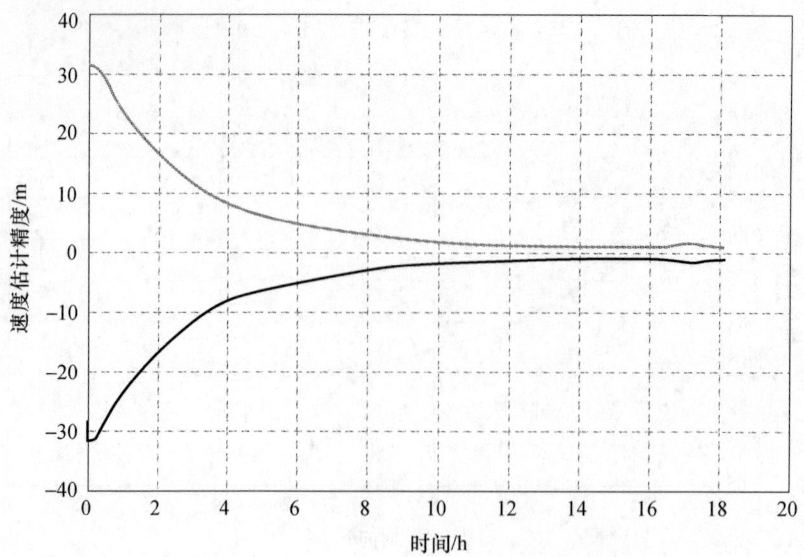

图 8.6 卫星相对地心速度估计误差(1σ)管道

在月心赤道平面中滤波跟踪结果如图 8.7 所示,跟踪稳定性和精度满足工程要求。

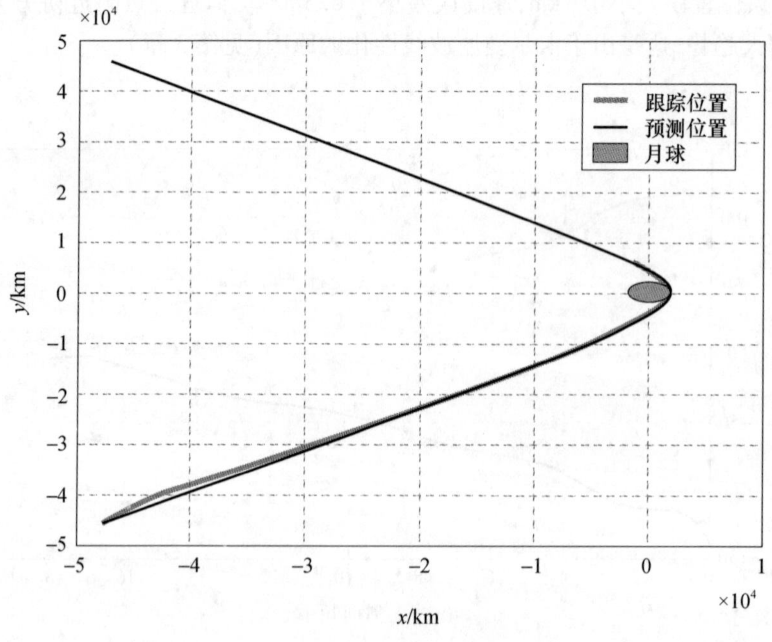

图 8.7 跟踪结果

8.2 推力加速度补偿动力学模型轨道确定

8.1 节建立的滤波模型是在假设轨道机动初始时刻卫星运动状态精确已知的前提下提出的。如果卫星运动状态存在初始偏差，则该算法对推力加速度的估计过程收敛速度较慢，而且初值误差将折合到推力加速度上，使得推力加速度的估计值不能完全反映实际的发动机等效推力。此外，如果跟踪国外航天器，更是无从获取轨道机动初始时刻和卫星运动参数的精确值。为此，本节对上述应用背景进一步拓展，从另一角度考虑推力加速度和轨道参数的联合估计算法。

8.2.1 系统状态动力学模型

首先，分析决定系统状态行为的系统状态参数。在 8.1 节关于轨道机动过程变质量动力学模型中，假设推力方向已知，系统状态的动态传递关系由卫星的位置、速度和推力加速度决定，如果仅考虑地球非球形引力摄动和推力加速度，则机动目标在地心惯性坐标系中的变质量动力学模型可以描述为

$$\frac{\mathrm{d}\boldsymbol{r}}{\mathrm{d}t} = \dot{\boldsymbol{r}}$$

$$\frac{\mathrm{d}\dot{\boldsymbol{r}}}{\mathrm{d}t} = g_r \cdot \boldsymbol{r} + g_w \cdot \boldsymbol{w} + a \cdot \boldsymbol{p} \tag{8.10}$$

为叙述简洁，仅考虑 J_2 项，则

$$\begin{cases} g_r = -\dfrac{\mu_{\mathrm{E}}}{r^3}\left[1 + \dfrac{3}{2}J_2\left(\dfrac{R_{\mathrm{e}}}{r}\right)^2\left(1 - 5\left(\dfrac{z}{r}\right)^2\right)\right] \\ g_w = -2\dfrac{\mu_{\mathrm{E}}}{r^2}\dfrac{3}{2}J_2\left(\dfrac{R_{\mathrm{e}}}{r}\right)^2\left(\dfrac{z}{r}\right) \end{cases} \tag{8.11}$$

式中：$\boldsymbol{r} = [x, y, z]^{\mathrm{T}}$；$\dot{\boldsymbol{r}} = [\dot{x}, \dot{y}, \dot{z}]^{\mathrm{T}}$；$\boldsymbol{w} = [0, 0, 1]^{\mathrm{T}}$。

$\boldsymbol{p}$ 为地心惯性系的推力方向矢量。若轨道机动开始时刻机动目标的质量 m_0、推进剂质量秒耗量 $\dot{m}$ 和发动机排气速度 u 已知，则推力加速度

$$a = \frac{u \cdot \dot{m}}{m_0 - \dot{m} \cdot (t - t_0)} \tag{8.12}$$

式中：t 为当前时刻；t_0 为轨道机动开始时刻。常推力 $F = u \cdot \dot{m}$ 和变加速度 a 由推进剂质量秒耗量 $\dot{m}$ 和发动机排气速度 u 决定，且

$$\frac{\mathrm{d}a}{\mathrm{d}t} = \left[\frac{\dot{m} \cdot u}{m_0 - \dot{m} \cdot (t - t_0)}\right]^2 \cdot \frac{1}{u} = \frac{a^2}{u} \tag{8.13}$$

式(8.13)表明，常推力发动机加速度呈指数递增传递。可见，机动目标运动状态由 $\boldsymbol{r}$、$\dot{\boldsymbol{r}}$ 和轨控推力加速度 a 决定。

基于上述推力加速度模型，同时考虑测量设备的系统差 $\delta\rho$、δA、δE（以雷达

测量为例),则增广系统动力学模型为

$$\dot{\boldsymbol{X}}=\begin{bmatrix}\dfrac{\mathrm{d}\boldsymbol{r}}{\mathrm{d}t}\\ \dfrac{\mathrm{d}\dot{\boldsymbol{r}}}{\mathrm{d}t}\\ \dfrac{\mathrm{d}a}{\mathrm{d}t}\\ \dfrac{\mathrm{d}\delta\rho}{\mathrm{d}t}\\ \dfrac{\mathrm{d}\delta A}{\mathrm{d}t}\\ \dfrac{\mathrm{d}\delta E}{\mathrm{d}t}\end{bmatrix}=\boldsymbol{f}(\boldsymbol{X})=\begin{bmatrix}\dot{\boldsymbol{r}}\\ g_r\cdot\boldsymbol{r}+g_w\cdot\boldsymbol{w}+a\cdot\boldsymbol{p}\\ a^2/u\\ 0\\ 0\\ 0\end{bmatrix}+\begin{bmatrix}\boldsymbol{w}_r(t)\\ \boldsymbol{w}_v(t)\\ \boldsymbol{w}_a(t)\\ \boldsymbol{w}_{\delta\rho}(t)\\ \boldsymbol{w}_{\delta A}(t)\\ \boldsymbol{w}_{\delta E}(t)\end{bmatrix}\tag{8.14}$$

$\boldsymbol{Q}$ 为模型噪声协方差矩阵,即

$$\boldsymbol{Q}=E\left\{\begin{bmatrix}\boldsymbol{w}_r\\ \boldsymbol{w}_v\\ \boldsymbol{w}_a\\ \boldsymbol{w}_{\delta\rho}\\ \boldsymbol{w}_{\delta A}\\ \boldsymbol{w}_{\delta E}\end{bmatrix}\left[\boldsymbol{w}_r^{\mathrm{T}},\quad \boldsymbol{w}_v,\quad \boldsymbol{w}_a^{\mathrm{T}},\quad \boldsymbol{w}_{\delta\rho}^{\mathrm{T}}\quad \boldsymbol{w}_{\delta A}^{\mathrm{T}}\quad \boldsymbol{w}_{\delta E}^{\mathrm{T}}\right]\right\}=$$

$$\begin{bmatrix}\boldsymbol{O}_{3\times3} & 0 & 0 & 0 & 0 & 0\\ 0 & \sigma_v\boldsymbol{I}_{3\times3} & 0 & 0 & 0 & 0\\ 0 & 0 & \sigma_a & 0 & 0 & 0\\ 0 & 0 & 0 & \sigma_{\delta\rho} & 0 & 0\\ 0 & 0 & 0 & 0 & \sigma_{\delta A} & 0\\ 0 & 0 & 0 & 0 & 0 & \sigma_{\delta E}\end{bmatrix}\tag{8.15}$$

相应地,在测站地平坐标系建立雷达观测的观测方程如下:

$$\boldsymbol{\rho}=\begin{bmatrix}\rho\\ \dot{\rho}\\ A\\ E\end{bmatrix}=\begin{bmatrix}\sqrt{\rho_x^2+\rho_x^2+\rho_x^2}\\ \dfrac{1}{\rho}(\boldsymbol{r}-\boldsymbol{R},\dot{\boldsymbol{r}}-\dot{\boldsymbol{R}})\\ \arctan\left(\dfrac{\rho_x}{\rho_y}\right)\\ \arctan\left(\dfrac{\rho_z}{\sqrt{\rho_x^2+\rho_y^2}}\right)\end{bmatrix}+\begin{bmatrix}\delta\rho\\ \delta\dot{\rho}\\ \delta A\\ \delta E\end{bmatrix}+\begin{bmatrix}v_\rho(t)\\ v_{\dot{\rho}}(t)\\ v_A(t)\\ v_E(t)\end{bmatrix}\tag{8.16}$$

式中:ρ_x、ρ_y、ρ_z 为测站到卫星观测视线在测站地平坐标系的分量。

设卫星在地心惯性系的位置矢量为 $\boldsymbol{r}$,测站原点在地心惯性系的运动状态为 $\boldsymbol{R}$、$\dot{\boldsymbol{R}}$,测站原点大地坐标为(λ,φ,h),则测站地平坐标系到地心惯性系的转移

矩阵为 $\boldsymbol{M}_1$，则

$$\boldsymbol{\rho} = \begin{bmatrix} \rho_x \\ \rho_y \\ \rho_z \end{bmatrix} = \boldsymbol{M}_1^{\mathrm{T}} \cdot (\boldsymbol{r} - \boldsymbol{R}) \tag{8.17}$$

$v_\rho(t)$、$v_A(t)$、$v_E(t)$分别为测距、方位和仰角观测随机噪声，为互不相关高斯白噪声，则令观测噪声协方差矩阵

$$\boldsymbol{R} = E\left\{\begin{bmatrix} \boldsymbol{v}_\rho(t) \\ \boldsymbol{v}_A(t) \\ \boldsymbol{v}_E(t) \end{bmatrix} [\boldsymbol{v}_\rho^{\mathrm{T}}(t) \quad \boldsymbol{v}_A^{\mathrm{T}}(t) \quad \boldsymbol{v}_E^{\mathrm{T}}(t)]\right\} = \begin{bmatrix} \sigma_\rho^2 & 0 & 0 \\ 0 & \sigma_A^2 & 0 \\ 0 & 0 & \sigma_E^2 \end{bmatrix} \tag{8.18}$$

8.2.2 推力加速度和轨道参数的联合估计算法

假设状态变量 $\boldsymbol{X}(t)$ 在初始时刻的统计特征是给定的，即

$$\begin{cases} \hat{\boldsymbol{X}}_1^+ = E[\boldsymbol{X}(t_1)] = \boldsymbol{X}[t_1 \mid t_1] \\ \boldsymbol{P}_1^+ = E[(\boldsymbol{X}(t_1) - E[\boldsymbol{X}(t_1)])^{\mathrm{T}}(\boldsymbol{X}(t_1) - E[\boldsymbol{X}(t_1)])] \end{cases} \tag{8.19}$$

若已知 $k-1$ 步状态估值和协方差矩阵 $\hat{\boldsymbol{X}}_{k-1}^+$ 和 $\boldsymbol{P}_{k-1}^+$，则对非线性系统式(8.14)的扩展卡尔曼滤波状态估计算法可描述如下：

（1）一步预测 $\hat{\boldsymbol{X}}_k^+$、$\boldsymbol{P}_k^+$，状态向量和协方差矩阵外推至 t_k。

$$\begin{cases} \dfrac{\mathrm{d}\hat{\boldsymbol{X}}}{\mathrm{d}t} = \boldsymbol{f}(\hat{\boldsymbol{X}}) \\ \dfrac{\mathrm{d}\boldsymbol{P}}{\mathrm{d}t} = \boldsymbol{F}(\hat{\boldsymbol{X}})\boldsymbol{P} + \boldsymbol{P}\boldsymbol{F}(\hat{\boldsymbol{X}})^{\mathrm{T}} + \boldsymbol{Q} \\ t = t_{k-1}, \hat{\boldsymbol{X}}|_{(t=t_{k-1})} = \hat{\boldsymbol{X}}_{k-1}^+, \boldsymbol{P}|_{(t=t_{k-1})} = \boldsymbol{P}_{k-1}^+ \end{cases} \tag{8.20}$$

式中：$\boldsymbol{F}(\hat{\boldsymbol{X}}) = \dfrac{\partial \boldsymbol{f}}{\partial \boldsymbol{X}} | (\boldsymbol{X} = \hat{X})$。

（2）滤波增益。

$$\boldsymbol{K}_k = \boldsymbol{P}_k^- (H_k^-)^{\mathrm{T}} [\boldsymbol{H}_k^- \boldsymbol{P}_k^- (\boldsymbol{H}_k^-)^{\mathrm{T}} + \boldsymbol{R}]^{-1} \tag{8.21}$$

式中：$\boldsymbol{H}_k^- = \dfrac{\partial \boldsymbol{h}}{\partial \boldsymbol{X}} | (\boldsymbol{X} = \hat{X})$。

（3）状态和协方差更新。

$$\begin{aligned} \hat{\boldsymbol{X}}_k^+ &= \hat{\boldsymbol{X}}_k^- + \boldsymbol{K}_k[z_k - \boldsymbol{h}(\hat{\boldsymbol{X}}_k^-)] \\ \boldsymbol{P}_k^+ &= [\boldsymbol{I} - \boldsymbol{K}_k \boldsymbol{H}_k] \cdot \boldsymbol{P}_k^- \end{aligned} \tag{8.22}$$

估计算法流程如图 8.8 所示。

在应用卡尔曼滤波算法之前，应对增广系统动力学模型和雷达观测模型进行线性化，得到系统动力学模型和雷达观测模型关于增广系统状态变量的偏导

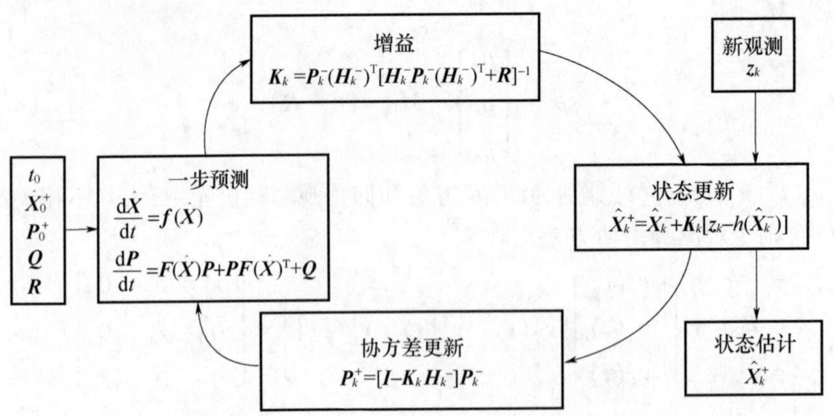

图 8.8　推力加速度和轨道参数的联合估计算法

数,分别称为系统矩阵 $\boldsymbol{F}(\boldsymbol{X})$ 和观测矩阵 $\boldsymbol{H}(\boldsymbol{X})$。

8.2.3　系统状态矩阵

对增广系统动力学模型进行线性化,可得

$$\boldsymbol{F}(\boldsymbol{X})=\frac{\partial \boldsymbol{f}(\boldsymbol{X})}{\partial \boldsymbol{X}}=\begin{bmatrix} \frac{\partial \dot{\boldsymbol{r}}}{\partial \boldsymbol{r}} & \frac{\partial \dot{\boldsymbol{r}}}{\partial \dot{\boldsymbol{r}}} & \frac{\partial \dot{\boldsymbol{r}}}{\partial a} & 0 & 0 & 0 \\ \frac{\partial}{\partial \boldsymbol{r}}\left(\frac{\mathrm{d}\dot{\boldsymbol{r}}}{\mathrm{d}t}\right) & \frac{\partial}{\partial \dot{\boldsymbol{r}}}\left(\frac{\mathrm{d}\dot{\boldsymbol{r}}}{\mathrm{d}t}\right) & \frac{\partial}{\partial a}\left(\frac{\mathrm{d}\dot{\boldsymbol{r}}}{\mathrm{d}t}\right) & 0 & 0 & 0 \\ \frac{\partial}{\partial \boldsymbol{r}}\left(\frac{a^2}{u}\right) & \frac{\partial}{\partial \dot{\boldsymbol{r}}}\left(\frac{a^2}{u}\right) & \frac{\partial}{\partial a}\left(\frac{a^2}{u}\right) & 0 & 0 & 0 \\ 0 & 0 & 0 & 0 & 0 & 0 \\ 0 & 0 & 0 & 0 & 0 & 0 \\ 0 & 0 & 0 & 0 & 0 & 0 \end{bmatrix}=$$

$$\begin{bmatrix} \boldsymbol{O}_{3\times 3} & \boldsymbol{I}_{3\times 3} & \boldsymbol{O}_{3\times 1} & 0 & 0 & 0 \\ \boldsymbol{\Gamma}_{3\times 3} & \boldsymbol{\Sigma}_{3\times 3} & \boldsymbol{p} & 0 & 0 & 0 \\ \boldsymbol{O}_{1\times 3} & \boldsymbol{O}_{1\times 3} & 2a/u & 0 & 0 & 0 \\ 0 & 0 & 0 & 0 & 0 & 0 \\ 0 & 0 & 0 & 0 & 0 & 0 \\ 0 & 0 & 0 & 0 & 0 & 0 \end{bmatrix} \tag{8.23}$$

其中

$$
\begin{aligned}
\boldsymbol{\Gamma}_{3\times3} &= \frac{\partial}{\partial \boldsymbol{r}}\left(\frac{\mathrm{d}\dot{\boldsymbol{r}}}{\mathrm{d}t}\right) = \\
&\frac{\partial}{\partial \boldsymbol{r}}(g_r \cdot \boldsymbol{r} + g_\omega \cdot \boldsymbol{\omega} + a \cdot \boldsymbol{p}) = \\
&\boldsymbol{r}\frac{\partial g_r}{\partial \boldsymbol{r}} + g_r \frac{\partial \boldsymbol{r}}{\partial \boldsymbol{r}} + \boldsymbol{\omega}\frac{\partial g_\omega}{\partial \boldsymbol{r}} + g_\omega \frac{\partial \boldsymbol{\omega}}{\partial \dot{\boldsymbol{r}}} + a \cdot \frac{\partial \boldsymbol{p}}{\partial \boldsymbol{r}} = \\
&\boldsymbol{r}\frac{\partial g_r}{\partial \boldsymbol{r}} + g_r \cdot \boldsymbol{I}_{3\times3} + \boldsymbol{\omega}\frac{\partial g_\omega}{\partial \boldsymbol{r}} + a \cdot \frac{\partial \boldsymbol{p}}{\partial \boldsymbol{r}}
\end{aligned} \tag{8.24}
$$

$$
\begin{aligned}
\boldsymbol{\Sigma}_{3\times3} &= \frac{\partial}{\partial \dot{\boldsymbol{r}}}\left(\frac{\mathrm{d}\dot{\boldsymbol{r}}}{\mathrm{d}t}\right) = \frac{\partial}{\partial \dot{\boldsymbol{r}}}(g_r \cdot \boldsymbol{r} + g_\omega \cdot \boldsymbol{\omega} + a \cdot \boldsymbol{p}) = \\
&\boldsymbol{r}\frac{\partial g_r}{\partial \dot{\boldsymbol{r}}} + g_r \cdot \frac{\partial \boldsymbol{r}}{\partial \dot{\boldsymbol{r}}} + \omega\frac{\partial g_\omega}{\partial \dot{\boldsymbol{r}}} + g_\omega \frac{\partial \boldsymbol{\omega}}{\partial \dot{\boldsymbol{r}}} + a \cdot \frac{\partial \boldsymbol{p}}{\partial \dot{\boldsymbol{r}}} = \\
&a \cdot \frac{\partial \boldsymbol{p}}{\partial \dot{\boldsymbol{r}}}
\end{aligned} \tag{8.25}
$$

其中

$$
\frac{\partial g_r}{\partial \boldsymbol{r}} = \left(\frac{\partial g_r}{\partial x}, \frac{\partial g_r}{\partial y}, \frac{\partial g_r}{\partial z}\right) \tag{8.26}
$$

$$
\begin{cases}
\dfrac{\partial g_r}{\partial x} = \dfrac{3\mu_{\mathrm{E}}x}{r^5}\left[1 + \dfrac{5}{2}J_2\left(\dfrac{R_{\mathrm{E}}}{r}\right)^2\left(1 - 7\left(\dfrac{z}{r}\right)^2\right)\right] \\
\dfrac{\partial g_r}{\partial y} = \dfrac{3\mu_{\mathrm{E}}y}{r^5}\left[1 + \dfrac{5}{2}J_2\left(\dfrac{R_{\mathrm{E}}}{r}\right)^2\left(1 - 7\left(\dfrac{z}{r}\right)^2\right)\right] \\
\dfrac{\partial g_r}{\partial z} = \dfrac{3\mu_{\mathrm{E}}z}{r^5}\left[1 + \dfrac{5}{2}J_2\left(\dfrac{R_{\mathrm{E}}}{r}\right)^2\left(3 - 7\left(\dfrac{z}{r}\right)^2\right)\right]
\end{cases} \tag{8.27}
$$

$$
\frac{\partial g_w}{\partial \boldsymbol{r}} = \left(\frac{\partial g_w}{\partial x}, \frac{\partial g_w}{\partial y}, \frac{\partial g_w}{\partial z}\right) \tag{8.28}
$$

$$
\begin{cases}
\dfrac{\partial g_w}{\partial x} = 15\mu J_2\left(\dfrac{R_{\mathrm{e}}}{r}\right)^2\dfrac{zx}{r^5} \\
\dfrac{\partial g_w}{\partial y} = 15\mu J_2\left(\dfrac{R_{\mathrm{e}}}{r}\right)^2\dfrac{zy}{r^5} \\
\dfrac{\partial g_w}{\partial z} = 15\mu J_2\left(\dfrac{R_{\mathrm{e}}}{r}\right)^2\dfrac{z^2}{r^5} - 3\mu J_2\left(\dfrac{R_{\mathrm{e}}}{r}\right)^2\dfrac{1}{r^3}
\end{cases} \tag{8.29}
$$

机动推力矢量对状态向量的偏导数与推力方向的度量有关，通常，在工程上机动航天器推力方向在东南固连坐标系或瞬时轨道坐标系中度量，因此，有必要分别给出推力矢量在两种坐标系中度量时对系统状态向量的偏导数矩阵。

1. 推力方向矢量 $\boldsymbol{p}$ 在东南固连坐标系度量

假设推力稳定在东南固连坐标系上,在该坐标上推力分量为 p_x、p_y、p_z(由卫星姿态和推力器配置决定),东南固连坐标系三轴在地心惯性系可以表示为

$$\boldsymbol{x}_p = \frac{\boldsymbol{w} \times \boldsymbol{r}}{\|\boldsymbol{w} \times \boldsymbol{r}\|}, \boldsymbol{y}_p = \frac{(\boldsymbol{w} \times \boldsymbol{r}) \times \boldsymbol{r}}{\|(\boldsymbol{w} \times \boldsymbol{r}) \times \boldsymbol{r}\|}, \boldsymbol{z}_p = -\frac{\boldsymbol{r}}{\|\boldsymbol{r}\|} \tag{8.30}$$

则推力矢量在地心惯性系中为

$$\boldsymbol{p} = p_x \boldsymbol{x}_p + p_y \boldsymbol{y}_p + p_z \boldsymbol{z}_p \tag{8.31}$$

$$\begin{aligned} \frac{\partial \boldsymbol{p}}{\partial \boldsymbol{r}} &= \left[p_x \frac{\partial \boldsymbol{e}_x}{\partial \boldsymbol{r}} + p_y \frac{\partial \boldsymbol{e}_y}{\partial \boldsymbol{r}} + p_z \frac{\partial \boldsymbol{e}_z}{\partial \boldsymbol{r}}\right] \\ \frac{\partial \boldsymbol{p}}{\partial \dot{\boldsymbol{r}}} &= \left[p_x \frac{\partial \boldsymbol{e}_x}{\partial \dot{\boldsymbol{r}}} + p_y \frac{\partial \boldsymbol{e}_y}{\partial \dot{\boldsymbol{r}}} + p_z \frac{\partial \boldsymbol{e}_z}{\partial \dot{\boldsymbol{r}}}\right] \end{aligned} \tag{8.32}$$

其中

$$\begin{cases} \dfrac{\partial \boldsymbol{e}_x}{\partial \boldsymbol{r}} = \left[-\dfrac{\partial}{\partial \boldsymbol{r}}\left(\dfrac{y}{\rho}\right), \dfrac{\partial}{\partial \boldsymbol{r}}\left(\dfrac{x}{\rho}\right), 0\right]^{\mathrm{T}} \\ \dfrac{\partial \boldsymbol{e}_y}{\partial \boldsymbol{r}} = \left[\left(\dfrac{x}{\rho}\right)\dfrac{\partial}{\partial \boldsymbol{r}}\left(\dfrac{z}{r}\right) + \left(\dfrac{z}{r}\right)\dfrac{\partial}{\partial \boldsymbol{r}}\left(\dfrac{x}{\rho}\right), \left(\dfrac{y}{\rho}\right)\dfrac{\partial}{\partial \boldsymbol{r}}\left(\dfrac{z}{r}\right) + \left(\dfrac{z}{r}\right)\dfrac{\partial}{\partial \boldsymbol{r}}\left(\dfrac{y}{\rho}\right), \dfrac{\partial}{\partial \boldsymbol{r}}\left(\dfrac{\rho}{r}\right)\right]^{\mathrm{T}} \\ \dfrac{\partial \boldsymbol{e}_z}{\partial \boldsymbol{r}} = -\dfrac{1}{r^3} \cdot \boldsymbol{r} \cdot \boldsymbol{r}^{\mathrm{T}} + \dfrac{1}{r} \cdot \boldsymbol{I}_{3\times3} \end{cases} \tag{8.33}$$

$$\begin{cases} \dfrac{\partial \boldsymbol{e}_x}{\partial \dot{\boldsymbol{r}}} = \boldsymbol{O}_{3\times3} \\ \dfrac{\partial \boldsymbol{e}_y}{\partial \dot{\boldsymbol{r}}} = \boldsymbol{O}_{3\times3} \\ \dfrac{\partial \boldsymbol{e}_z}{\partial \dot{\boldsymbol{r}}} = \boldsymbol{O}_{3\times3} \end{cases} \tag{8.34}$$

其中

$$\frac{\partial}{\partial \boldsymbol{r}}\left(\frac{x}{\rho}\right) = \left[\frac{1}{\rho}\left[1 - \left(\frac{x}{\rho}\right)^2\right], -\frac{xy}{\rho^3}, 0\right] \tag{8.35}$$

$$\frac{\partial}{\partial \boldsymbol{r}}\left(\frac{y}{\rho}\right) = \left[-\frac{xy}{\rho^3}, \frac{1}{\rho}\left[1 - \left(\frac{y}{\rho}\right)^2\right], 0\right] \tag{8.36}$$

$$\frac{\partial}{\partial \boldsymbol{r}}\left(\frac{z}{r}\right) = \left[-\frac{xz}{r^3}, -\frac{yz}{r^3}, \frac{1}{r}\left[1 - \left(\frac{z}{r}\right)^2\right]\right] \tag{8.37}$$

$$\frac{\partial}{\partial \boldsymbol{r}}\left(\frac{\rho}{r}\right) = r^{-1}\left[x\left(-\frac{\rho}{r^2} + \frac{1}{\rho}\right), y\left(-\frac{\rho}{r^2} + \frac{1}{\rho}\right), z\left(-\frac{\rho}{r^2}\right)\right] \tag{8.38}$$

式中：$r=\|\boldsymbol{r}\|$，$\rho=\sqrt{x^2+y^2}$。

2. 推力方向矢量 $\boldsymbol{p}$ 在瞬时轨道坐标系度量

假设推力稳定在瞬时轨道坐标系上，在该坐标系中推力分量为 $\boldsymbol{p}_{\mathrm{TNR}}=[p_x,p_y,p_z]^{\mathrm{T}}$（由卫星姿态和推力器配置决定），$\boldsymbol{p}_{\mathrm{TNR}}^0=[1,0,0]^{\mathrm{T}}$ 代表航天器在瞬时轨道面切向机动，$\boldsymbol{p}_{\mathrm{TNR}}^0=[0,1,0]^{\mathrm{T}}$ 代表航天器在瞬时轨道面法向机动，$\boldsymbol{p}_{\mathrm{TNR}}^0=[0,0,1]^{\mathrm{T}}$ 代表航天器在瞬时轨道面径向机动。假设机动航天器瞬时状态向量在地心惯性系可以表示为 $\boldsymbol{X}=[\boldsymbol{r},\dot{\boldsymbol{r}},a]$，则推力矢量在地心惯性系可以表示为

$$\boldsymbol{p}=[\boldsymbol{x}_o,\boldsymbol{y}_o,\boldsymbol{z}_o]\cdot\boldsymbol{p}_{\mathrm{TNR}}=p_x\cdot\boldsymbol{x}_o+p_y\cdot\boldsymbol{y}_o+p_z\cdot\boldsymbol{z}_o \tag{8.39}$$

其中，瞬时轨道坐标系三轴在地心惯性系中表示如下：

$$\begin{cases}\boldsymbol{x}_O=\dfrac{\boldsymbol{r}\times(\dot{\boldsymbol{r}}\times\boldsymbol{r})}{\|\boldsymbol{r}\times(\dot{\boldsymbol{r}}\times\boldsymbol{r})\|}=\dfrac{\boldsymbol{r}_T}{r_T}\\[2ex]\boldsymbol{y}_O=\dfrac{\dot{\boldsymbol{r}}\times\boldsymbol{r}}{\|\dot{\boldsymbol{r}}\times\boldsymbol{r}\|}=\dfrac{\boldsymbol{r}_N}{r_N}\\[2ex]\boldsymbol{z}_O=-\dfrac{\boldsymbol{r}}{\|\boldsymbol{r}\|}=-\dfrac{\boldsymbol{r}}{r}\end{cases} \tag{8.40}$$

推力矢量对系统状态向量的偏导数矩阵如下：

$$\begin{aligned}\frac{\partial\boldsymbol{p}}{\partial\boldsymbol{r}}&=\left[p_x\frac{\partial\boldsymbol{x}_O}{\partial\boldsymbol{r}}+p_y\frac{\partial\boldsymbol{y}_O}{\partial\boldsymbol{r}}+p_z\frac{\partial\boldsymbol{z}_O}{\partial\boldsymbol{r}}\right]\\\frac{\partial\boldsymbol{p}}{\partial\dot{\boldsymbol{r}}}&=\left[p_x\frac{\partial\boldsymbol{x}_O}{\partial\dot{\boldsymbol{r}}}+p_y\frac{\partial\boldsymbol{y}_O}{\partial\dot{\boldsymbol{r}}}+p_z\frac{\partial\boldsymbol{z}_O}{\partial\dot{\boldsymbol{r}}}\right]\end{aligned} \tag{8.41}$$

其中

$$\begin{cases}\dfrac{\partial\boldsymbol{x}_O}{\partial\boldsymbol{r}}=\dfrac{\partial}{\partial\boldsymbol{r}}\left(\dfrac{\boldsymbol{r}_T}{r_T}\right)=\dfrac{\partial}{\partial\boldsymbol{r}_T}\left(\dfrac{\boldsymbol{r}_T}{r_T}\right)\cdot\dfrac{\partial\boldsymbol{r}_T}{\partial\boldsymbol{r}}\\[2ex]\dfrac{\partial\boldsymbol{x}_O}{\partial\dot{\boldsymbol{r}}}=\dfrac{\partial}{\partial\dot{\boldsymbol{r}}}\left(\dfrac{\boldsymbol{r}_T}{r_T}\right)=\dfrac{\partial}{\partial\boldsymbol{r}_T}\left(\dfrac{\boldsymbol{r}_T}{r_T}\right)\cdot\dfrac{\partial\boldsymbol{r}_T}{\partial\dot{\boldsymbol{r}}}\end{cases} \tag{8.42}$$

$$\begin{aligned}\frac{\partial}{\partial\boldsymbol{r}_T}\left(\frac{\boldsymbol{r}_T}{r_T}\right)&=\boldsymbol{r}_T\frac{\partial}{\partial\boldsymbol{r}_T}(r_T^{-1})+\frac{1}{r_T}\frac{\partial\boldsymbol{r}_T}{\partial\boldsymbol{r}_T}=\boldsymbol{r}_T(-1)r_T^{-2}\frac{\partial r_T}{\partial\boldsymbol{r}_T}+\frac{1}{r_T}\cdot\boldsymbol{I}_{3\times3}=\\&-r_T^{-3}\boldsymbol{r}_T\boldsymbol{r}_T^T+\frac{1}{r_T}\cdot\boldsymbol{I}_{3\times3}=\frac{1}{r_T}\left(\boldsymbol{I}_{3\times3}-\frac{1}{r_T^2}\boldsymbol{r}_T\boldsymbol{r}_T^T\right)\end{aligned} \tag{8.43}$$

$$\begin{aligned}\frac{\partial\boldsymbol{r}_T}{\partial\boldsymbol{r}}&=\frac{\partial}{\partial\boldsymbol{r}}(\boldsymbol{r}\times(\dot{\boldsymbol{r}}\times\boldsymbol{r}))=\\&\frac{\partial}{\partial\boldsymbol{r}}((\boldsymbol{r}\cdot\boldsymbol{r})\dot{\boldsymbol{r}}-(\boldsymbol{r}\cdot\dot{\boldsymbol{r}})\boldsymbol{r})=\\&\frac{\partial}{\partial\boldsymbol{r}}((\boldsymbol{r}\cdot\boldsymbol{r})\dot{\boldsymbol{r}})-\frac{\partial}{\partial\boldsymbol{r}}((\boldsymbol{r}\cdot\dot{\boldsymbol{r}})\boldsymbol{r})=\end{aligned}$$

$$\dot{\boldsymbol{r}}\frac{\partial}{\partial \boldsymbol{r}}(\boldsymbol{r}\cdot\boldsymbol{r})+(\boldsymbol{r}\cdot\boldsymbol{r})\frac{\partial \dot{\boldsymbol{r}}}{\partial \boldsymbol{r}}-\left(\boldsymbol{r}\frac{\partial}{\partial \boldsymbol{r}}(\boldsymbol{r}\cdot\dot{\boldsymbol{r}})+(\boldsymbol{r}\cdot\dot{\boldsymbol{r}})\frac{\partial \boldsymbol{r}}{\partial \boldsymbol{r}}\right)=$$

$$2\dot{\boldsymbol{r}}\boldsymbol{r}^{\mathrm{T}}-(\boldsymbol{r}\dot{\boldsymbol{r}}^{\mathrm{T}}+\boldsymbol{r}^{\mathrm{T}}\dot{\boldsymbol{r}}\cdot\boldsymbol{I}_{3\times3})=$$

$$2\dot{\boldsymbol{r}}\boldsymbol{r}^{\mathrm{T}}-\boldsymbol{r}\dot{\boldsymbol{r}}^{\mathrm{T}}-\boldsymbol{r}^{\mathrm{T}}\dot{\boldsymbol{r}}\cdot\boldsymbol{I}_{3\times3} \tag{8.44}$$

$$\frac{\partial \boldsymbol{r}_{\mathrm{T}}}{\partial \dot{\boldsymbol{r}}}=\frac{\partial}{\partial \dot{\boldsymbol{r}}}(\boldsymbol{r}\times(\dot{\boldsymbol{r}}\times\boldsymbol{r}))=$$

$$\frac{\partial}{\partial \dot{\boldsymbol{r}}}((\boldsymbol{r}\cdot\boldsymbol{r})\dot{\boldsymbol{r}}-(\boldsymbol{r}\cdot\dot{\boldsymbol{r}})\boldsymbol{r})=$$

$$\frac{\partial}{\partial \dot{\boldsymbol{r}}}((\boldsymbol{r}\cdot\boldsymbol{r})\dot{\boldsymbol{r}})-\frac{\partial}{\partial \dot{\boldsymbol{r}}}((\boldsymbol{r}\cdot\dot{\boldsymbol{r}})\boldsymbol{r})=$$

$$\dot{\boldsymbol{r}}\frac{\partial}{\partial \dot{\boldsymbol{r}}}(\boldsymbol{r}\cdot\boldsymbol{r})+(\boldsymbol{r}\cdot\boldsymbol{r})\frac{\partial \dot{\boldsymbol{r}}}{\partial \dot{\boldsymbol{r}}}-\left(\boldsymbol{r}\frac{\partial}{\partial \dot{\boldsymbol{r}}}(\boldsymbol{r}\cdot\dot{\boldsymbol{r}})+(\boldsymbol{r}\cdot\dot{\boldsymbol{r}})\frac{\partial \boldsymbol{r}}{\partial \dot{\boldsymbol{r}}}\right)=$$

$$(\boldsymbol{r}\cdot\boldsymbol{r})\cdot\boldsymbol{I}_{3\times3}-\boldsymbol{r}\boldsymbol{r}^{\mathrm{T}}=\boldsymbol{r}^{\mathrm{T}}\boldsymbol{r}\cdot\boldsymbol{I}_{3\times3}-\boldsymbol{r}\boldsymbol{r}^{\mathrm{T}} \tag{8.45}$$

$$\begin{cases}\dfrac{\partial \boldsymbol{y}_O}{\partial \boldsymbol{r}}=\dfrac{\partial}{\partial \boldsymbol{r}}\left(\dfrac{\boldsymbol{r}_N}{r_N}\right)=\dfrac{\partial}{\partial \boldsymbol{r}_N}\left(\dfrac{\boldsymbol{r}_N}{r_N}\right)\cdot\dfrac{\partial \boldsymbol{r}_N}{\partial \boldsymbol{r}}\\[2ex]\dfrac{\partial \boldsymbol{y}_O}{\partial \dot{\boldsymbol{r}}}=\dfrac{\partial}{\partial \dot{\boldsymbol{r}}}\left(\dfrac{\boldsymbol{r}_N}{r_N}\right)=\dfrac{\partial}{\partial \boldsymbol{r}_N}\left(\dfrac{\boldsymbol{r}_N}{r_N}\right)\cdot\dfrac{\partial \boldsymbol{r}_N}{\partial \dot{\boldsymbol{r}}}\end{cases} \tag{8.46}$$

$$\frac{\partial}{\partial \boldsymbol{r}_N}\left(\frac{\boldsymbol{r}_N}{r_N}\right)=\frac{1}{r_N}\left(\boldsymbol{I}_{3\times3}-\frac{1}{r_N^2}\boldsymbol{r}_N\cdot\boldsymbol{r}_N^{\mathrm{T}}\right) \tag{8.47}$$

$$\frac{\partial \boldsymbol{r}_N}{\partial \boldsymbol{r}}=\frac{\partial}{\partial \boldsymbol{r}}(\dot{\boldsymbol{r}}\times\boldsymbol{r})=$$

$$\boldsymbol{\chi}[\dot{\boldsymbol{r}}]\cdot\frac{\partial \boldsymbol{r}}{\partial \boldsymbol{r}}-\boldsymbol{\chi}[\boldsymbol{r}]\cdot\frac{\partial \dot{\boldsymbol{r}}}{\partial \boldsymbol{r}}=\begin{bmatrix}0 & -\dot{z} & \dot{y}\\ \dot{z} & 0 & -\dot{x}\\ -\dot{y} & \dot{x} & 0\end{bmatrix} \tag{8.48}$$

$$\frac{\partial \boldsymbol{r}_N}{\partial \dot{\boldsymbol{r}}}=\frac{\partial}{\partial \dot{\boldsymbol{r}}}(\dot{\boldsymbol{r}}\times\boldsymbol{r})=$$

$$\boldsymbol{\chi}[\dot{\boldsymbol{r}}]\cdot\frac{\partial \boldsymbol{r}}{\partial \dot{\boldsymbol{r}}}-\boldsymbol{\chi}[\boldsymbol{r}]\cdot\frac{\partial \dot{\boldsymbol{r}}}{\partial \dot{\boldsymbol{r}}}=-\begin{bmatrix}0 & -z & y\\ z & 0 & -x\\ -y & x & 0\end{bmatrix} \tag{8.49}$$

$$\begin{cases} \dfrac{\partial z_O}{\partial \boldsymbol{r}} = -\dfrac{\partial}{\partial \boldsymbol{r}}\left(\dfrac{\boldsymbol{r}}{r}\right) = -\dfrac{1}{r}\left(\boldsymbol{I}_{3\times 3} - \dfrac{1}{r^2}\boldsymbol{r}\cdot\boldsymbol{r}^{\mathrm{T}}\right) \\ \dfrac{\partial z_O}{\partial \dot{\boldsymbol{r}}} = -\dfrac{\partial}{\partial \dot{\boldsymbol{r}}}\left(\dfrac{\boldsymbol{r}}{r}\right) = \boldsymbol{O}_{3\times 3} \end{cases} \tag{8.50}$$

8.2.4 观测矩阵

由系统观测模型可得

$$\boldsymbol{H}(\boldsymbol{X}) = \frac{\partial \boldsymbol{h}(\boldsymbol{X})}{\partial \boldsymbol{X}} = \begin{bmatrix} \dfrac{\partial \rho}{\partial \boldsymbol{r}} & \boldsymbol{O}_{1\times 3} & 0 & 1 & 0 & 0 & 0 \\ \dfrac{\partial \dot{\rho}}{\partial \boldsymbol{r}} & \dfrac{\partial \dot{\rho}}{\partial \dot{\boldsymbol{r}}} & 0 & 0 & 1 & 0 & 0 \\ \dfrac{\partial A}{\partial \boldsymbol{r}} & \boldsymbol{O}_{1\times 3} & 0 & 0 & 0 & 1 & 0 \\ \dfrac{\partial E}{\partial \boldsymbol{r}} & \boldsymbol{O}_{1\times 3} & 0 & 0 & 0 & 0 & 1 \end{bmatrix} \tag{8.51}$$

其中

$$\begin{bmatrix} \dfrac{\partial \rho}{\partial \boldsymbol{r}} \\ \dfrac{\partial A}{\partial \boldsymbol{r}} \\ \dfrac{\partial E}{\partial \boldsymbol{r}} \end{bmatrix} = \begin{bmatrix} \dfrac{\rho_x}{\rho} & \dfrac{\rho_y}{\rho} & \dfrac{\rho_z}{\rho} \\ \dfrac{\rho_y}{\rho_x^2 + \rho_y^2} & \dfrac{-\rho_x}{\rho_x^2 + \rho_y^2} & 0 \\ \dfrac{-\rho_x \cdot \rho_z}{\rho^2\sqrt{\rho_x^2 + \rho_y^2}} & \dfrac{-\rho_y \cdot \rho_z}{\rho^2\sqrt{\rho_x^2 + \rho_y^2}} & \dfrac{\sqrt{\rho_x^2 + \rho_y^2}}{\rho^2} \end{bmatrix} \cdot \boldsymbol{M}_I^{\mathrm{T}} \tag{8.52}$$

$$\frac{\partial \dot{\rho}}{\partial \boldsymbol{r}} = \frac{1}{\rho}\left[(\dot{\boldsymbol{r}} - \dot{\boldsymbol{R}}) - \frac{\dot{\rho}}{\rho}(\boldsymbol{r} - \boldsymbol{R})\right]^{\mathrm{T}} \tag{8.53}$$

$$\frac{\partial \dot{\rho}}{\partial \dot{\boldsymbol{r}}} = \frac{1}{\rho}[(\boldsymbol{r} - \boldsymbol{R})]^{\mathrm{T}} \tag{8.54}$$

式中:$\boldsymbol{M}_I$ 为测站地平坐标系到地心惯性坐标系的转移矩阵。

8.2.5 仿真实例

假设目标航天器初始轨道为

$T = 2002^{\mathrm{Y}}\ 12^{\mathrm{M}}\ 12^{\mathrm{D}}, 0.0^{\mathrm{s}}$

$a = 6712000.0\mathrm{m}$

$e = 0.75$

$i = 27.4°$

$\Omega = 123.0°$

$w = 100.0°$

$M = 179.0°$

质量 $M_0 = 2000.0\text{kg}$，在瞬时轨道切向常推力（推进剂质量秒耗量 $\dot{m} = 0.18\text{kg/s}$ 和发动机排气速度 $u = 2942.0\text{m/s}$）作用下进行轨道机动，则推力矢量在瞬时轨道坐标系的投影为 $\boldsymbol{p} = [1,0,0]^{\mathrm{T}}$，即切向推力；假设雷达观测序列（采样频率 1s）随机测量噪声方差为：测距 100m，测角 0.02°。图 8.9 为轨道半长轴随轨道机动时间的变化曲线。

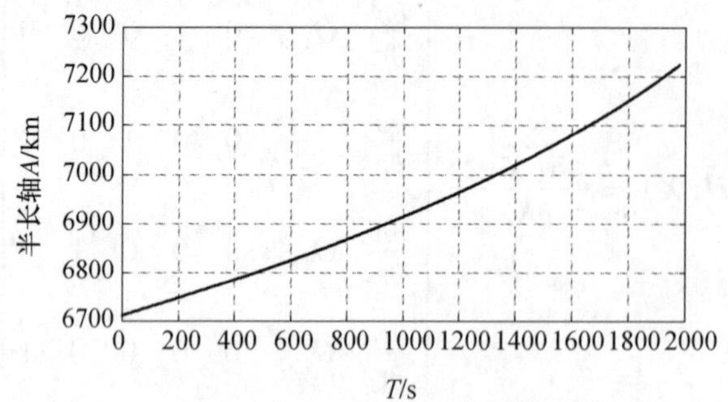

图 8.9　轨道半长轴随轨道机动时间的变化曲线

考虑在实际应用中不可能得到精确的滤波初值，滤波初值与实际状态会有偏差，因此，滤波初值在仿真初始轨道上增加偏差：$\Delta a = 1000.0\text{m}$，$\Delta e = 0.001$，$\Delta i = 0.01°$，$\Delta\Omega = 0.0001°$，$\Delta w = 0.0001°$，$\Delta M = 0.001°$。且加速度初值 $a_0 = 0.0$（初始状态认为没有推力加速度）。

由于在线性化状态方程时考虑了 J_2 摄动项，模型方差矩阵 $\boldsymbol{Q}$ 和观测矩阵 $\boldsymbol{R}$ 分别取：

$$\boldsymbol{Q} = \begin{bmatrix} \boldsymbol{O}_{3\times3} & \boldsymbol{O}_{3\times3} & \boldsymbol{O}_{3\times1} & 0 & 0 & 0 \\ \boldsymbol{O}_{3\times3} & \sigma\boldsymbol{I}_{3\times3} & \boldsymbol{O}_{3\times1} & 0 & 0 & 0 \\ \boldsymbol{O}_{1\times3} & \boldsymbol{O}_{1\times3} & \sigma_a & 0 & 0 & 0 \\ 0 & 0 & 0 & \sigma_{\delta\rho} & 0 & 0 \\ 0 & 0 & 0 & 0 & \sigma_{\delta A} & 0 \\ 0 & 0 & 0 & 0 & 0 & \sigma_{\delta E} \end{bmatrix}$$

$$\boldsymbol{R} = \begin{bmatrix} 100^2 & 0 & 0 \\ 0 & \left(0.02 \times \dfrac{\pi}{180}\right)^2 & 0 \\ 0 & 0 & \left(0.02 \times \dfrac{\pi}{180}\right)^2 \end{bmatrix}$$

式中：$\sigma = 1.0 \times 10^{-7}$，$\sigma_a = 1 \times 10^{-5}$，$\sigma_{\delta\rho} = 1 \times 10^{-6}$，$\sigma_{\delta A} = 1 \times 10^{-5}$，$\sigma_{\delta E} = 1 \times 10^{-5}$。

滤波过程表明：该算法具有良好的收敛性和较高的定位精度。由图 8.10、图 8.11 可知，滤波 250s 后加速度估值收敛，估值精度达到10^{-2}，轨道半长轴估值误差小于 400m；滤波 1200s 后加速度估值精度达到10^{-5}，轨道半长轴估值误差小于 100m。完全满足机动目标跟踪和定位目的的需要。

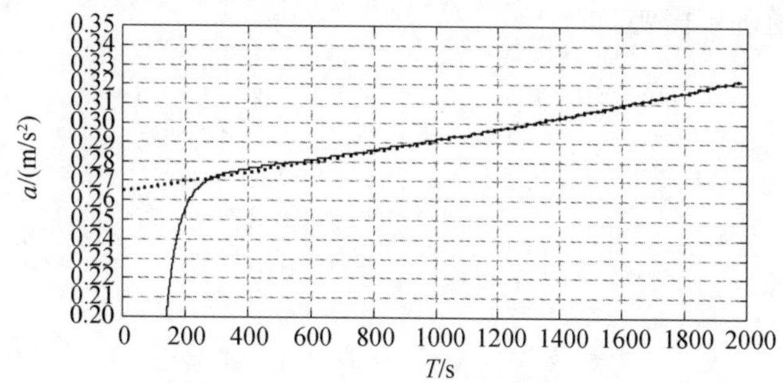

图 8.10　加速度估值（实线）与仿真值（虚线）的比较

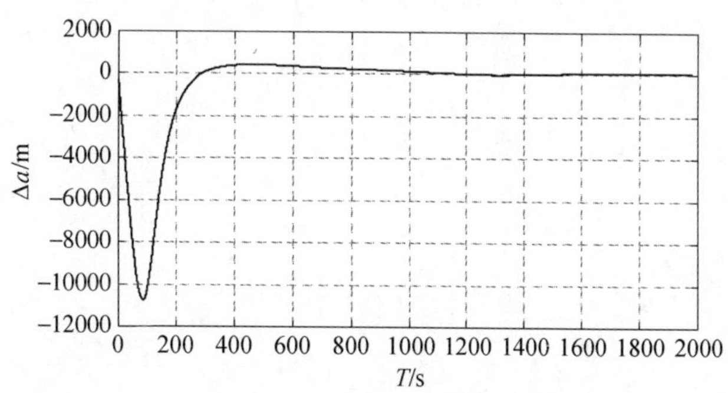

图 8.11　轨道半长轴估值与仿真值的偏差曲线

在轨道机动过程中，常推力作用通常使得系统状态发生“阶跃”，外力加速度的不确定或者不可知性显著影响建模和跟踪机动目标的精度。因此，通过统计方法处理离散的雷达观测数据，实时估计发动机推力加速度和航天器的瞬时运动参数，是定位和跟踪变加速度机动目标的主要任务。鉴于机动航天器状态迁移过程中的行为变化，机动航天器状态迁移过程是个时变过程，而且随着燃料的消耗，迁移过程还是个变质量动力学过程，单位时间质量消耗量和速度是衡量变质量动力学行为状态的决定因素，因此，在建立系统动力学行为状态变化模型的基础上，应用观测量实时辨识出动力学行为的决定因素，是系统辨识原理在空间机动航天器测量控制中的应用范例。本章讨论常推力机动航天器的跟踪定位和精确轨道确定问题，从满足我国星际探索和导航定位的需要出发，假设推力加速度的方向已知，实际上合作目标由姿态敏感器测量可以方便得到本体轴相对度量坐标系的转移矩阵，而推力总是沿本体轴某一轴配置的，引入单位质量秒耗量和耗散速度作为机动航天器增广状态变量,以度量推力加速度大小。基于此假设,分别建立了推力加速度的实时辨识的扩展卡尔曼滤波算法,推力加速度和轨道参数的扩展卡尔曼滤波联合精确估计算法。给出了系统状态变分运动方程和观测矩阵的推导过程和应用实例。结果表明,利用常规测量,算法精度达到轨道半长轴估值误差小于100m,完全满足我国星际探索和导航定位中机动目标跟踪定位和轨道确定需要。

附录A 向量微分与雅可比变换

1. 向量函数内积对向量的微分

假设向量 $\boldsymbol{a}(\boldsymbol{X})$,$\boldsymbol{b}(\boldsymbol{X})$ 是关于向量 $\boldsymbol{X}$ 的函数,则 $\boldsymbol{a}(\boldsymbol{X})$,$\boldsymbol{b}(\boldsymbol{X})$ 内积关于向量 $\boldsymbol{X}$ 的微分为

$$\frac{\partial \boldsymbol{a}^{\mathrm{T}}(\boldsymbol{X})\boldsymbol{b}(\boldsymbol{X})}{\partial \boldsymbol{X}} = \boldsymbol{a}^{\mathrm{T}}(\boldsymbol{X})\frac{\partial \boldsymbol{b}(\boldsymbol{X})}{\partial \boldsymbol{X}} + \boldsymbol{b}^{\mathrm{T}}\frac{\partial \boldsymbol{a}(\boldsymbol{X})}{\partial \boldsymbol{X}} \tag{A.1}$$

在航天器动力学系统模型线性化过程中,常常遇到如下的微分。

航天器位置标量 r 对位置矢量 $\boldsymbol{r}$ 的微分:

$$\frac{\partial r}{\partial \boldsymbol{r}} = \frac{1}{r}\cdot \boldsymbol{r}^{\mathrm{T}}$$

由 $r^2 = \boldsymbol{r}^{\mathrm{T}}\boldsymbol{r}$,等式左边$\frac{\partial r^2}{\partial \boldsymbol{r}} = 2r\frac{\partial r}{\partial \boldsymbol{r}}$,等式右边由式(A.1)有

$$\frac{\partial}{\partial \boldsymbol{r}}\boldsymbol{r}^{\mathrm{T}}\boldsymbol{r} = \boldsymbol{r}^{\mathrm{T}}\frac{\partial \boldsymbol{r}}{\partial \boldsymbol{r}} + \boldsymbol{r}^{\mathrm{T}}\frac{\partial \boldsymbol{r}}{\partial \boldsymbol{r}} = 2\boldsymbol{r}^{\mathrm{T}}\cdot I = 2\boldsymbol{r}^{\mathrm{T}}$$

则

$$\frac{\partial r}{\partial \boldsymbol{r}} = \frac{1}{r}\cdot \boldsymbol{r}^{\mathrm{T}}$$

又如,求向量 $\boldsymbol{a}$ 的归一化向量对向量 $\boldsymbol{a}$ 的微分:

$$\frac{\partial}{\partial \boldsymbol{a}}\left(\frac{\boldsymbol{a}}{a}\right) = \frac{1}{a}\left(I - \frac{1}{a^2}\boldsymbol{a}\cdot\boldsymbol{a}^{\mathrm{T}}\right)$$

其中

$$a = \|\boldsymbol{a}\|$$

$$\frac{\partial}{\partial \boldsymbol{a}}\left(\frac{\boldsymbol{a}}{a}\right) = \boldsymbol{a}\frac{\partial}{\partial \boldsymbol{a}}(a^{-1}) + \frac{1}{a}\frac{\partial \boldsymbol{a}}{\partial \boldsymbol{a}} = \frac{1}{a}\left(I - \frac{1}{a^2}\boldsymbol{a}\cdot\boldsymbol{a}^{\mathrm{T}}\right)$$

2. 向量函数矢量积对向量的微分

假设向量 $\boldsymbol{a}(\boldsymbol{X})$、$\boldsymbol{b}(\boldsymbol{X})$ 是关于向量 $\boldsymbol{X}$ 的函数,则 $\boldsymbol{a}(\boldsymbol{X})$、$\boldsymbol{b}(\boldsymbol{X})$ 向量积关于向量 $\boldsymbol{X}$ 的微分为

$$\frac{\partial}{\partial \boldsymbol{X}}[\boldsymbol{a}(\boldsymbol{X})\times \boldsymbol{b}(\boldsymbol{X})] = \boldsymbol{\chi}[\boldsymbol{a}(\boldsymbol{X})]\frac{\partial \boldsymbol{b}(\boldsymbol{X})}{\partial \boldsymbol{X}} - \boldsymbol{\chi}[\boldsymbol{b}(\boldsymbol{X})]\frac{\partial \boldsymbol{a}(\boldsymbol{X})}{\partial \boldsymbol{X}} \tag{A.2}$$

其中,$\boldsymbol{\chi}\lfloor \boldsymbol{f}\rfloor$定义为

$$\forall \boldsymbol{f} = [f_1, f_2, f_3]^{\mathrm{T}}, \boldsymbol{\chi}[\boldsymbol{f}] = \begin{bmatrix} 0 & -f_3 & f_2 \\ f_3 & 0 & -f_1 \\ -f_2 & f_1 & 0 \end{bmatrix}$$

例如,在航天器动力学系统模型线性化过程中,常常遇到求相对速度矢量 $\boldsymbol{v}_r$ 对地心矢 $\boldsymbol{r}$ 的微分。

$$\frac{\partial}{\partial \boldsymbol{r}}[\boldsymbol{v} - \boldsymbol{\omega} \times \boldsymbol{r}] = -\frac{\partial}{\partial \boldsymbol{r}}[\boldsymbol{\omega} \times \boldsymbol{r}] = -\left[\boldsymbol{\chi}[\boldsymbol{\omega}] \cdot \frac{\partial \boldsymbol{r}}{\partial \boldsymbol{r}} - \boldsymbol{\chi}[\boldsymbol{r}] \cdot \frac{\partial \boldsymbol{\omega}}{\partial \boldsymbol{r}}\right] = -\begin{bmatrix} 0 & -\omega & 0 \\ \omega & 0 & 0 \\ 0 & 0 & 0 \end{bmatrix}$$

3. 向量对向量的雅可比变换

假设向量 $\boldsymbol{\xi} = [\xi_1, \xi_2, \cdots, \xi_m]^{\mathrm{T}}$ 是关于向量 $\boldsymbol{\zeta} = [\zeta_1, \zeta_2, \cdots, \zeta_n]^{\mathrm{T}}$ 的非线性变换,则向量对向量的雅可比矩阵为

$$\boldsymbol{J} = \frac{\partial \boldsymbol{\xi}}{\partial \boldsymbol{\zeta}} = \frac{\partial(\xi_1, \xi_2, \cdots, \xi_m)}{\partial(\zeta_1, \zeta_2, \cdots, \zeta_m)} = \begin{bmatrix} \frac{\partial \xi_1}{\partial \zeta_1} & \frac{\partial \xi_1}{\partial \zeta_2} & \cdots & \frac{\partial \xi_1}{\partial \zeta_n} \\ \frac{\partial \xi_2}{\partial \zeta_1} & \frac{\partial \xi_2}{\partial \zeta_2} & \cdots & \frac{\partial \xi_2}{\partial \zeta_n} \\ \vdots & \vdots & \vdots & \vdots \\ \frac{\partial \xi_m}{\partial \zeta_1} & \frac{\partial \xi_m}{\partial \zeta_2} & \cdots & \frac{\partial \xi_m}{\partial \zeta_n} \end{bmatrix}_{n \times m} \tag{A.3}$$

附录 B　随机变量及随机过程

随机过程为随时间变化的动态随机变量，为区分随机变量与随机过程，通常定义随机变量为 X，为描述随机过程与时间的动态变化过程，定义随机过程为 $X(t)$。描述随机变量分布特征的两个主要统计量，分别是数学期望和均方差，而描述随机过程除随机变量的静态特征外，动态过程的两个统计量分别是相关性矩阵和协方差矩阵。

设 X 是一个离散型的随机变量，其可能的值域是 $\{x_1, x_2, \cdots, x_n\}$，$X$ 取得这些可能值的概率分别是 $p_1, p_2, \cdots, p_n$。同样，设 $X(t)$ 是一个离散型随机过程，在 t 时刻可能的值域是 $\{x_1(t), x_2(t), \cdots, x_n(t)\}$，$X$ 取得这些可能值的概率分别是 $p_1(t), p_2(t), \cdots, p_n(t)$。描述随机变量分布特征的两个主要统计量和随机过程的两个统计量分别定义如下。

1. 均值或数学期望

对离散型随机变量：

$$\begin{aligned} \overline{X} &= E[X] = \sum_{i=1}^{n} p_i x_i \\ \overline{\boldsymbol{X}}(t) &= E[X(t)] = \sum_{i=1}^{n} p_i(t) x_i(t) \end{aligned} \tag{B.1}$$

对连续型随机变量：

$$\overline{X} = \int_{-\infty}^{+\infty} x \cdot p(x)\,\mathrm{d}x, \overline{X}(t) = \int_{-\infty}^{+\infty} x(t) \cdot p(x,t)\,\mathrm{d}x \tag{B.2}$$

2. 均方差

对离散型随机变量：

$$\begin{gathered} \sigma^2 = \mathrm{Var}[X] = E[(X - \overline{X})^2] = \sum_{i=1}^{n} p_i (x_i - \overline{X})^2 \\ \sigma^2(t) = \mathrm{Var}[\boldsymbol{X}(t)] = E[(\boldsymbol{X}(t) - \overline{\boldsymbol{X}}(t))^2] = \sum_{i=1}^{n} p_i(t)(x_i(t) - \overline{\boldsymbol{X}}(t))^2 \end{gathered} \tag{B.3}$$

对连续型随机变量：

$$\sigma^2 = \int_{-\infty}^{+\infty} (x - \overline{X})^2 p(x)\,\mathrm{d}x$$

$$\sigma^2(t) = \int_{-\infty}^{+\infty} (x(t) - \overline{X}(t))^2 p(x,t)\mathrm{d}x \tag{B.4}$$

3. 相关性矩阵

相关性矩阵描述随机过程随时间前后取值之间的相关性统计特征。

$$\mathrm{Cor}[\boldsymbol{X}(t_1),\boldsymbol{X}(t_2)] = E[\boldsymbol{X}^{\mathrm{T}}(t_1)\boldsymbol{X}(t_2)] \tag{B.5}$$

其中,对离散型随机过程:

$$E[\boldsymbol{X}^{\mathrm{T}}(t_1)\boldsymbol{X}(t_2)] = \sum_{i=1}^{n}\sum_{j=1}^{n} p_{ij}(x_i(t_1),x_j(t_2))x_i(t_1)x_j(t_2)$$

对连续型随机过程:

$$E[\boldsymbol{X}^{\mathrm{T}}(t_1)\boldsymbol{X}(t_2)] = \int_{-\infty}^{\infty}\int_{-\infty}^{\infty} x_i(t_1)x_j(t_2)\cdot p[x_i(t_1),x_j(t_2)]\mathrm{d}x_i\mathrm{d}x_j$$

当 $\boldsymbol{X}(t)$ 为 n 维随机向量, $\boldsymbol{X}(t) = (\boldsymbol{X}_1(t),\boldsymbol{X}_2(t),\cdots,\boldsymbol{X}_n(t))^{\mathrm{T}}$ 时,有

$$\mathrm{Cor}[\boldsymbol{X}(t_1),\boldsymbol{X}(t_2)] = \begin{bmatrix} E[\boldsymbol{X}_1^{\mathrm{T}}(t_1)\cdot\boldsymbol{X}_1(t_2)] & \cdots & E[\boldsymbol{X}_1^{\mathrm{T}}(t_1)\cdot\boldsymbol{X}_n(t_2)] \\ E[\boldsymbol{X}_2^{\mathrm{T}}(t_1)\cdot\boldsymbol{X}_1(t_2)] & \cdots & E[\boldsymbol{X}_2^{\mathrm{T}}(t_1)\cdot\boldsymbol{X}_n(t_2)] \\ \vdots & \vdots & \vdots \\ E[\boldsymbol{X}_n^{\mathrm{T}}(t_1)\cdot\boldsymbol{X}_1(t_2)] & \cdots & E[\boldsymbol{X}_n^{\mathrm{T}}(t_1)\cdot\boldsymbol{X}_n(t_2)] \end{bmatrix} \tag{B.6}$$

任意两个随机过程, n 维随机过程 $\boldsymbol{X}(t)$, m 维随机过程 $\boldsymbol{Y}(t)$,相关性矩阵为 $n\times m$ 维矩阵:

$$E[\boldsymbol{X}^{\mathrm{T}}(t)\boldsymbol{Y}(t)] = \begin{bmatrix} E[x_1(t)y_1(t)] & \cdots & E[x_1(t)y_m(t)] \\ \vdots & \vdots & \vdots \\ E[x_n(t)y_1(t)] & \cdots & E[x_n(t)y_n(t)] \end{bmatrix} \tag{B.7}$$

4. 协方差矩阵

$$\mathrm{Cov}[\boldsymbol{X}(t_1),\boldsymbol{X}(t_2)] = E[(\boldsymbol{X}(t_1) - \overline{\boldsymbol{X}}(t_1))^{\mathrm{T}}\cdot(\boldsymbol{X}(t_2) - \overline{\boldsymbol{X}}(t_2))]$$

当随机过程任意时刻均值为零时,随机过程协方差矩阵与相关性矩阵相同。

任意两个随机过程, n 维随机过程 $\boldsymbol{X}(t)$, m 维随机过程 $\boldsymbol{Y}(t)$,两个随机过程协方差矩阵为 $n\times m$ 维矩阵:

$$\mathrm{Cov}[\boldsymbol{X}(t),\boldsymbol{Y}(t)] = E[(\boldsymbol{X}(t) - \overline{\boldsymbol{X}}(t))^{\mathrm{T}}(\boldsymbol{Y}(t) - \overline{\boldsymbol{Y}}(t))] = \begin{bmatrix} \mathrm{Cov}(x_1(t)y_1(t)) & \cdots & \mathrm{Cov}(x_1(t)y_m(t)) \\ \vdots & \vdots & \vdots \\ \mathrm{Cov}(x_n(t)y_1(t)) & \cdots & \mathrm{Cov}(x_n(t)y_m(t)) \end{bmatrix} \tag{B.8}$$

附录 C　Cholesky 分解

对半正定对称矩阵进行 Cholesky 分解,是构造无味变换采样点的基本算法。设 $\boldsymbol{P}$ 为随机变量方差矩阵,显然 $\boldsymbol{P}$ 为半正定对称矩阵,$\boldsymbol{C}$ 为矩阵 $\boldsymbol{P}$ 的平方根矩阵,则 $\boldsymbol{C}$ 为下对角矩阵,满足 Cholesky 分解方程:

$$\boldsymbol{P} = \boldsymbol{C}\boldsymbol{C}^{\mathrm{T}} \tag{C.1}$$

假设 $\boldsymbol{P}$ 为 3×3 半正定对称矩阵,$\boldsymbol{C}$ 为 3×3 下对角矩阵,由 Cholesky 分解方程有

$$\begin{bmatrix} p_{11} & p_{21} & p_{31} \\ p_{21} & p_{22} & p_{32} \\ p_{31} & p_{32} & p_{33} \end{bmatrix} = \begin{bmatrix} c_{11} & 0 & 0 \\ c_{21} & c_{22} & 0 \\ c_{31} & c_{32} & c_{33} \end{bmatrix} \begin{bmatrix} c_{11} & 0 & 0 \\ c_{21} & c_{22} & 0 \\ c_{31} & c_{32} & c_{33} \end{bmatrix}^{\mathrm{T}} = \begin{bmatrix} c_{11}^2 & c_{11}c_{21} & c_{11}c_{31} \\ c_{11}c_{21} & c_{21}^2 + c_{22}^2 & c_{21}c_{31} + c_{22}c_{32} \\ c_{11}c_{31} & c_{21}c_{31} + c_{22}c_{32} & c_{31}^2 + c_{32}^2 + c_{33}^2 \end{bmatrix} \tag{C.2}$$

由于矩阵为对称矩阵,故对 3×3 半正定对称矩阵的 Cholesky 分解算法如下:

$$\begin{aligned}
p_{11} &= c_{11}^2 & c_{11} &= \sqrt{p_{11}} \\
p_{21} &= c_{11}c_{21} & c_{21} &= p_{21}/c_{11} \\
p_{22} &= c_{21}^2 + c_{22}^2 & c_{22} &= \sqrt{p_{22} - c_{21}^2} \\
p_{31} &= c_{11}c_{31} & c_{31} &= p_{31}/c_{11} \\
p_{32} &= c_{21}c_{31} + c_{22}c_{32} & c_{32} &= (p_{32} - c_{21}c_{31})/c_{22} \\
p_{33} &= c_{31}^2 + c_{32}^2 + c_{33}^2 & c_{33} &= \sqrt{p_{33} - c_{31}^2 - c_{32}^2}
\end{aligned}$$

对高维半正定对称矩阵的 Cholesky 分解算法,类似对 3×3 半正定对称矩阵,可采用顺次递推算法。

参考文献

[1] Tapley B D. Statistical Orbit Determination Theory[M]. Recent Advances in Dynamical Astronomy, Dordrecht Reidel, 1973.

[2] 刘林. 人造地球卫星运动理论[M]. 北京:科学出版社,1974.

[3] 刘林,王海红,胡松杰. 卫星定轨综述[J]. 飞行器测控学报,2005,24(02):28 - 34.

[4] 刘林. 卫星精密定轨中的数学方法[M],北京:解放军出版社,2002.

[5] 李济生. 人造卫星精密轨道确定[M]. 北京:解放军出版社,1995.

[6] 周江文,黄幼才,杨元喜. 抗差最小二乘法[M],武汉:华中理工大学出版社,1997.

[7] 汤锡生,陈贻迎,朱民才. 载人飞船轨道确定和返回控制[M]. 北京:国防工业出版社,2002.

[8] Moyer T. Mathematical Formulation of the Double-Precision Orbit Determination Program(DPOD)[R]. JPL Technical Report 32 - 1527.

[9] Oliver M, Eberhard G. 卫星轨道 - 模型、方法和应用[M]. 王家松,祝开建,胡小工译. 北京:国防工业出版社,2012.

[10] Gelb A, Kasper J. Nash R etcs. Applied Optimal Estimation[M]. The MIT Press, Cambridge, MA, 1974.

[11] 潘晓刚,周海银. 基于补偿最小二乘的航天器轨道确定方法研究[J]. 中国空间科学技术,2008,28(02):15 - 20,50.

[12] 赵德勇,王正明,潘晓刚,王炯琦. 基于半参数回归的联合定轨误差估计仿真算法[J]. 系统仿真学报,2007,19(08):1692 - 1695.

[13] Kalman R E. A New Approach to Linear Filtering and Prediction Problem[J]. Trans. ASME, Series D 1960, 82(4):352;359.

[14] Kalman R E. A new Approach to Linear Filtering and Prediction Problem[J]. The Journal of Basic Engineering, 1960, 82:35 - 45.

[15] 杨元喜. 动态系统的抗差 Kalman 滤波[J]. 测绘学报,1997(14):79:84.

[16] 杨元喜,何海波,徐天河,论自适应滤波[J]. 测绘学报,30(04),2001:293 - 298.

[17] Soop E M. Geostationary Orbit Determination by Single Ground Station Tracking[R]. Esoc OAD working Paper No. 162, January, 1980.

[18] Singer R A. Estimating optimal tracking filter performance for manned maneuvering targets[J]. IEEE Transactions on Aerospace and Electronic Systems, 1970, 6(4):473 - 483.

[19] Mendel J M. Computational Requirement for a discrete Kalman Filter[J]. IEEE Tranc. 1971, 16:748 - 756.

[20] Wishner R, Larson R, Athans M. Status of Radar Tracking Algorithms[C]. IEEE Proceedings Symposium on Nonlinear Estimation Theory and its Application, 1970, 70(66): 32 - 54.

[21] Fraiture L. An approach to Mear Real Time Geos Dynamic Monitoring of Boom Motions[J]. ESOC: OAD working paper No. 21, 1975.

[22] 杨元喜,文援兰. 卫星精密轨道综合自适应抗差滤波技术[J]. 中国科学(D 辑),33(11),2003:1112 - 1119.

[23] 贾沛璋. 卡罗曼滤波定轨算法的研究进展[J]. 飞行器测控学报,2001,20(03):45 - 50.

[24] Julier J, Uhlmann J K, Durrant-Whyte H F. A New Approach for Filtering Nonlinear Systems [C]. Proceedings of the American Control Conference, Seattle, Washington. 1995: 1628 - 1632.

[25] Julier J, Uhlmann J K. A new extension of the Kalman filter to nonlinear system[A], the Proc. Of Aerosense, 11th Int Symposium Aerospace/Defense Sensing, Simulation and Controls [C]. Orlando, 1997: 54 - 65.

[26] Julier J, Uhlmann J K. A consistent, debiased method for converting between polar and Cartesian cooedinate system[A], the Proc. Of Aerosense, 11th Int Symposium Aerospace/Defense Sensing, Simulation and Controls[C]. Orlando, 1997: 110 - 121.

[27] 潘泉,杨峰,叶亮,梁彦,程咏梅. 一类非线性滤波器 - UKF 综述,决策与控制,20(05),2005: 481 - 494.

[28] 程水英. 无味变换与无味卡尔曼滤波[J]. 计算机工程与应用,2008,44(24):25 - 35.

[29] 姜伟南,周海银,段晓君,潘晓刚. 比例 UT 变换的一种比例因子自适应选取方法[J]. 中国空间科学技术,2008(03):1 - 7.

[30] 王建琦,曹喜滨,孙兆伟. 基于 UKF 算法的航天器自主导航研究[J]. 飞行力学,2004,22(02): 41 - 44.

[31] 潘晓刚,胡永刚,李强,周海银. 基于数据深度加权的卫星轨道确定技术[J]. 宇航学报,2011,32(03):529 - 536.

[32] 蔡志武,赵东明. UKF 滤波器性能分析及其在轨道计算中的仿真试验[J]. 武汉大学学报,信息科学版,2006,31(02):180 - 183.

[33] 李丹,刘建业,熊智,等. 基于最小偏度采样的卫星自主导航 SRUKF 算法[J]. 南京航空航天大学学报,2009,41(01):54 - 58.

[34] 林健,林晓辉,曹喜滨. 粒子滤波在机动飞行器轨道确定中的应用[J]. 控制理论与应用,2008,25(05):811 - 814.

[35] 蔡洪. Unscented Kalman 滤波用于再入飞行器跟踪[J]. 飞行器测控学报,2003,21(02):59 - 62.

[36] 周宏仁,敬忠良,王培德. 机动目标跟踪[M]. 北京:国防工业出版社,1991.

[37] Zhou H, Kumar K A. Current statisctical model and adaptive algorithm for estimating maneuvering targets [J]. AIAA Journal of Guidance, 1984, 7(5):596 - 601.

[38] Rong L X, Jilkov V P. Asurvey of maneuvering target tracking-Part Ⅰ: Dynamic models[J]. IEEE Transactions on Aerospace and electronic Systems, 2002, 36(3):1333 - 1364.

[39] Rong L X, Vesselin P. J. A survey of maneuvering target tracking, decision based methods[C], Proc. Of SPIE conf. on signal and data processing of small targets, 2002.

[40] Rong L X, Vesselin P. J. A survey of maneuvering target tracking, multiple model methods[J]. IEEE Trans. On AES, 2005, 41(04):1255 - 1321.

[41] Blom H. P., Bar Shalom, the interacting multiple model algorithm for system with markovian switching coefficients[J]. IEEE Trans. On Automatic Control, 1988, 33(08):780:783.

[42] Bar S Y, Campo L. The Effect of Common Process Noise on the Two-Sensor Fused-Track Covariance[J]. IEEE Transactions on Aerospace and Electronic Systems, 1986, 22(6): 803 - 805.

[43] David G H, Jason L S. Adaptive Noise Estimation for Homing Missiles[J]. Journal of Guidance, 1984, 7(4):322 - 328.

[44] Shalom Y B, Birmiwal K. Variable Dimension Filter for Maneuvering Target Tracking[J]. IEEE Transactions on Aerospace and Electronic Systems, 1982, 18(5): 621 - 629.

[45] 潘泉,王培德,张洪才,周宏仁. 一种有效的交互式多模型自适应跟踪算法[J]. 西北工业大学学报,1993,11(2):211 - 217.

[46] 丁春山,安瑾,何佳洲. 机动目标跟踪典型算法评述[J]. 舰船电子工程,2006(01):25 - 35.

[47] Hough M E. Improved Performance of Recursive Tracking Filters Using Batch Initialization and Process Noise Adaptation[J]. Journal of Guidance, Control, and Dynamics,1999,22(5):675 - 681.

[48] Hough M E. Nonlinear Recursive Filter for Boost Trajectories [J]. The Journal of Guidance, Control, and Dynamics. 2001,24(5):991 - 997.

[49] Hough M E. Optimal Guidance and Nonlinear Estimation for Interception of Decelerating Targets [J]. Journal of Guidance, Control, and Dynamics,1995,18(2):316 - 324.

[50] Hough M E. Optimal Guidance and Nonlinear Estimation for Interception of Accelerating Targets [J]. Journal of Guidance, Control, and Dynamics,1995,18(5):959 - 968.

[51] Hepner S, Geering H. Adaptive Two-Time-Scale Tracking Filter for Target Acceleration Estimation [J]. Journal of Guidance, Control, and Dynamics. 1991,14(3):581 - 588.

[52] Hepner S, Geering H. Observability Analysis for Target Maneuver Estimation via Bearing-Only and Bearing-Rate_only Measurements [J]. Journal of Guidance, Control, and Dynamics. 1990,13(6):977 - 983.

[53] Hua S. Orbit Determination of IGSO, GEO and MEO Satellites[D]. Charpter - 8, Germany Navy,2000.

[54] 韩崇昭,王月娟,万百五. 随机系统理论[M]. 西安:西安交通大学出版社,1987.

[55] 韩崇昭,朱红艳,段战胜等. 多源信息融合[M]. 北京:清华大学出版社,2006.

[56] 章燕申. 最优估计与工程应用[M]. 北京:宇航出版社,1991.

[57] 张金槐,蔡洪. 飞行器试验统计学[M]. 长沙:国防科技大学出版社,1995.

[58] 张金槐. 线性模型参数估计及其改进[M]. 长沙:国防科技大学出版社,1992.

[59] 王正明,易东云. 测量数据建模与参数估计[M]. 长沙:国防科技大学出版社,1997.

[60] 徐国亮. 机动目标跟踪算法[J]. 情报指挥控制系统与仿真技术,2002(8):42 - 56.

[61] 徐国亮,邓雅娟. 机动目标建模及机动检测算法[J]. 情报指挥控制系统与仿真技术,2005,27(4):81 - 83.

[62] 宋小勇,贾小林,焦文海,毛悦. 基于随机姿控力模型的GEO卫星机动定轨[J]. 武汉大学学报:信息科学版,2009,34(05):573 - 576.

[63] 黄勇,胡小工,黄珹,杨强文,焦文海. 利用CAPS测距数据确定GEO卫星变轨期间轨道[J]. 中国科学:G辑,2008,38(12):1750 - 1758.

[64] 华爱辉,杨旭海,王晓晗. 基于转发式测轨系统的GEO卫星机动检测初探[J]. 时间频率学报,2007,30(02):118 - 124.

[65] 杨旭海,李志刚,冯初刚,等. GEO卫星机动后的星历快速恢复方法[J]. 中国科学:G辑,2008,38(12):1759 - 1765.

[66] 宋小勇,毛悦,贾小林,吴显兵. 几种机动力建模方法的分析比较[J]. 测绘科学与工程,2010,30(02):15 - 20.

[67] Li H N, Huang Y X, Li J S. Tracking and Positioning Maneuvering Target with Low Thrust Acceleration [C]. The 6th International Conference on Fuzzy Systems and Knowledge Discovery (FSKD09), Tianjing, China,2009.

[68] Li H N, Huang Y X, Li J S. Modeling and Identifying the Acceleration Imposed on Maneuvering Spacecrft [C]. The IEEE international Conference on Computational Intelligence and Software Engineering (CiSE 2009), Wuhan, China,2009.

[69] Li H N, Li J S, Huang Y X. Minimum-variance Estimator of Thrust Acceleration During orbit transfer Process[C]. 20th AIAA International Communication Satellite Systems and Exhibit, Montreal, Canada, 12 - 15 May,2002, AIAA Paper: 2002 - 1914.

[70] 李恒年,祝转民,李济生. 空间机动目标的跟踪与定位[J]. 中国空间科学技术,2003,23(03):

13 - 18.
[71] Li H N,Li J S,Huang Y X. On-line Tracking Filter for Maneuvered Target with Low Acceleration[J]. 宇航学报,2002,23(05):76 - 80.
[72] 李恒年,李济生,黄永宣. 轨道机动过程中推力加速度的在线最小方差估计[J]. 空间科学学报,2002,22(04):357 - 362.
[73] 李恒年,李济生,黄永宣. 有连续推力控制的卫星轨道确定算法[J]. 系统工程与电子技术,2010(09):1957 - 1961.
[74] Sorenson H W. Least-squares estimation: from Gauss to Kalman. IEEE. Spectrum,1970(07):63 - 68.
[75] Wan E A, Merwe R, Nelson A T. Dual Estimation and the Unscented Transformation[C]. Advances in Neural Information Processing Systems,2000(12):666 - 672.
[76] E. Wan, R. van der Merwe, and A. T. Nelson, "Dual Estimation and the Unscented Transformation," in Neural Information Processing Systems 12. 2000, pp. 666 - 672, MIT Press.
[77] Wan E A and R. van der Merwe, "The Unscented Kalman Filter for Nonlinear Estimation," in Proc. of IEEE Symposium 2000 (AS - SPCC), Lake Louise, Alberta, Canada, 2000, 10.
[78] 陆本魁,马静远,夏益,等. 一种适用于长弧段的初轨计算方法[J]. 天文学报,2003,44(04):369 - 374.
[79] 陈务深,掌静,马静远,等. 总体最小二乘法在初轨计算中的应用[J]. 天文学报,2006,47(02):186 - 191.
[80] 掌静,陆本魁,马静远,等. 人造卫星测轨新方法 - 单位矢量法[J]. 中国科学:G 辑,2009(06):895 - 900.

内 容 简 介

本书重点讨论卫星机动轨道跟踪和确定问题，主要内容包括卫星机动轨道确定理论，卫星机动动力学模型、跟踪和估计方法，以及相关动力学模型、参数估计、状态滤波相关理论、方法、算法和应用实例。

全书共 8 章，第 1 章概述全书主要内容；第 2 章至第 4 章主要介绍卫星轨道运动和确定基础；第 5 章介绍卫星机动运动模型；第 6 章介绍卫星初始轨道确定；第 7 章介绍卫星机动轨道跟踪与机动检测；第 8 章介绍卫星机动轨道确定方法和算法。

本书结合明确的工程应用背景，讨论和总结了实际工程应用中的方法和算法，具有较强的参考意义，主要面向卫星跟踪、测量、导航与控制等相关专业科研技术人员，也可供有关院、校师生参考。

This Book summarizes the mathematical foundations for orbital parameter estimation for maneuvering satellite. The contents focus on the methods and application of the parameter estimation for dynamics of the spacecraft with powered thrust, and detail information presented in this book is how to handle the dedicated problems with estimation theory, and how to establish a filter arithmetic to solve this problem, the book presents some applications which assert the algorithms and mathematical models to help readers to master the corrective knowledge for spacecraft' s tracking and navigating. Hopefully, it would be a useful book of engineers and scientists related.